T0150915

Índice

TERCERA PARTE: ¿CÓMO REPRESENTAR EL DESASTRE?

Agradecimientos

Este proyecto se inició con una conferencia organizada por Yarimar Bonilla en la universidad de Rutgers, en el primer aniversario del huracán María.[1] Pensar y escribir sobre las consecuencias y los legados del huracán María a solo un año de su devastador paso es un reto para cualquiera. Durante la conferencia, los participantes atravesaron olas de emoción. Tuvieron que sobrellevar sus traumas individuales y colectivos, a veces conteniendo las lágrimas y manejando con cuidado sus voces temblorosas, para poder lograr una perspectiva analítica sobre los impactos de María. Este evento fue una ocasión de duelo colectivo y solidaridad transboricua. Agredecemos enormemente a lxs ponentes de la conferencia y a lxs que luego se unieron a esta antología por haber asumido este reto mientras lidiaban con sus propios aftershocks del desastre.

Cuando se publicó este volumen en inglés, a casi dos años después de María, Puerto Rico seguía envuelto en crisis y confusión. La mayoría de los eventos traumáticos que se vivieron durante María seguía latente. Seguíamos sin saber los nombres de todxs los

[1] Esta conferencia fue posible gracias al patrocinio de la Oficina de la Vicepresidencia de Asuntos Académicos, el Departamento de Estudios Latinos y del Caribe, el Instituto de Investigación sobre la Mujer, el Centro de la Mujer en las Artes y las Humanidades, el Comité para el Fomento de Nuestros Propósitos Comunes y el Instituto Avanzado de Estudios Críticos del Caribe. En particular, quisiéramos agradecer a Isabel Nazario, vicepresidenta asociada de iniciativas estratégicas en Rutgers, por su visión y compromiso con el evento.

Los detalles completos de la conferencia están disponibles en https://academicaffairs.rutgers.edu/pr y los videos de las actuaciones y paneles están disponibles en https://livestream.com/rutgersitv/aftershocks.

9

fallecidxs, el verdadero total de los daños, o el alcance de la mala administración—mucho menos si algún día llegaríamos a tener una verdadera recuperación. Agradecemos a nuestros colaboradores el haber finalizado sus ensayos en medio de estas dificultades a la vez que lideraban numerosos y polifacéticos esfuerzos para impulsar una recuperación justa en Puerto Rico. Nuestro deseo siempre fue que este texto pudiera, de alguna manera, contribuir a la gran rendición de cuentas que aún estaba por venir.

La traducción al español de esta obra se llevó a cabo a tres años de María, en el medio de nuevas y al parecer incesantes réplicas del desastre. El 2020 en Puerto Rico comenzó con una serie de terremotos que le brindan un nuevo significado al título de esta colección. Luego entramos a una era de pandemia global en la que el estado de emergencia se ha vuelto una condición permanente. Sin embargo, en medio de estos desafíos, los puertorriqueñxs siguen encontrando nuevas formas de convivencia y transformación. Las réplicas del desastre continúan, pero así mismo continúan también las réplicas políticas como la que vimos en el verano del 2019 cuando se logró colectivamente la renuncia del auto-nombrado "gobernador resiliente", Ricardo Rosselló.

Es entonces con gran esperanza que le agradecemos al equipo de Callejón por permitirnos presentar esta obra en español, en este momento de réplicas, pero también de reflexión. Era muy tentador aprovechar la traducción para hacer cambios y añadir nuevos ensayos al compendio original, pero al final resistimos hacer cambios para preservar la importancia del texto original. El único texto adicional que incluímos es el ensayo de Rocío Zambrana, que nos ayuda a pensar mas allá del desastre, mas allá de las réplicas, para imaginar una vida nueva, poscatástrofe.

Agradecemos nuevamente al equipo de Haymarket Books, y en particular a Anthony Arnove, por reconocer la importancia de esta conversación y trabajar con nosotros para su publicación en inglés y ahora su diseminación en otro idiomas. Seguimos agradecidas a Pablo Morales, Dawn Welles y Kimberly Roa, quienes facilitaron el texto en inglés y a Nicole Delgado, Kahlila Chaar-Pérez, Raquel Salas-Rivera e Isabel Guzzardo Tamargo, quienes nos ayudaron a preparar esta traducción que esperamos le llegue a una nueva audiencia, generando de esta manera nuevas réplicas en la imaginación colectiva.

TRADUCIDO POR DIEGO BAENA
Y A. DÍAZ-QUIÑONES

Prólogo

Mucho antes del Huracán María, la crisis fiscal y política ya había dotado de un sentido de urgencia a todo lo relacionado con Puerto Rico. La amenaza de un colapso total sigue estimulando una seria discusión de diversos temas en un contexto global: capitalismo colonial, derechos humanos y de género, democracia, deuda impagable, cambio climático, migración y ciudadanía, política medioambiental, educación y salud públicas. Y, sin embargo, para muchas personas en los Estados Unidos, el "territorio" recién descubierto, junto con sus habitantes—de facto ciudadanxs estadounidenses de segunda clase—sigue siendo en buena parte un misterio o permanece invisible. Afortunadamente, hay señales de que la historia larga y transnacional entre Estados Unidos y Puerto Rico—por lo general silenciada—parece estar cobrando la atención que merece por parte de quienes intentan hacerse alguna idea de los legados del colonialismo y de la resistencia de lxs puertorriqueñxs.

La voluntad de plantearse una nueva y amplia serie de preguntas inspiró a lxs organizadorxs de la conferencia "Aftershocks of Disaster – Puerto Rico a Year after María", celebrada en la Universidad de Rutgers (en New Brunswick, New Jersey), en septiembre del 2018. Asistí al coloquio de Rutgers, y lo que vi y lo que oí en aquel toma-y-daca de encuentros y conversaciones se ha quedado en mi memoria hasta el día de hoy. El hecho de que tuviera lugar en New Jersey—y que otros coloquios animados por el mismo espíritu hayan tenido lugar en Nueva York, Massachussetts, Connecticut, Illinois y Washington, DC—demuestra, en primer lugar, un *ethos* solidario entre diversas comunidades diaspóricas y las instituciones y redes de apoyo que han creado. A la vez, permite ver la sensibilidad moral de sus aliados en diversas universidades y centros de investigación. En segundo lugar, e igualmente digno de considerar, demuestra hasta qué punto la escala del desastre está motivando la investigación, la escritura y el activismo de una nueva generación de intelectuales y periodistas. Es un dato alentador, especialmente a la luz de los durísimos recortes presupuestarios que han afectado de forma tan destructiva a la Universidad de Puerto Rico en el peor momento posible.

Como en otras islas del Caribe, la lucha actual en Puerto Rico está profundamente enraizada en la historia colonial, desde el dominio español hasta la ocupación militar de la isla en 1898 por los Estados Unidos. Aun así, incluso en el mundo universitario norteamericano, algunas personas tienen solo una concepción vaga e inconexa de aquella historia, a pesar del hecho crucial de que la población puertorriqueña en EEUU, a lo largo de más de un siglo, ha llegado a exceder los cinco millones de personas. La historia parece haberse borrado de la memoria. Pocas personas recuerdan, por ejemplo, las muertes de miles de soldados puertorriqueños en las guerras coloniales de Corea y de Vietnam. La dominación imperial de los Estados Unidos es raramente reconocida a pesar de que contamos con una extensa bibliografía académica y periodística, tanto en inglés como en español, y con las voces poéticas reveladoras de Julia de Burgos, Pedro Pietri y tantas otras hasta la actualidad.

El impacto político, conceptual y emocional de las transformaciones sísmicas vividas por Puerto Rico en años recientes—y a lo largo de su historia—es enorme. Mientras escuchaba las incisivas ponencias en Rutgers, se me hacía cada vez más evidente que las consecuencias del temporal—como se ha dicho también al respecto del huracán Katrina—revelan mucho de lo que hubiera quedado oculto. Esto no solo es cierto en lo que toca a las desigualdades socioeconómicas extremas o los recortes en la educación pública como parte de las nuevas medidas de "austeridad", sino con respecto a la complicidad de determinados sectores de la élite puertorriqueña con el programa oficial del neoliberalismo. Al mismo tiempo, la crisis ha dado nueva visibilidad a un poderoso y racista estado imperial y a la represión de voces puertorriqueñas radicales y disidentes, proceso que ha marcado indeleblemente a muchas personas.

Abundan los eufemismos. Se disparan con la intención de encubrir el hecho de que Puerto Rico nunca ha tenido control pleno sobre sus políticas económicas, ambientales y mediático-culturales. Gracias al impresionante trabajo de periodistas, investigadorxs y activistas –algunxs de lxs cuales se encontraban en Rutgers– se ha revelado lo suficiente como para tener una idea del enorme vórtice que ha estado girando bajo la superficie del discurso. Después del descalabro de la deuda impagable, de la creación en 2016 por el Congreso de EEUU del *Financial Control and Management Board Stability Act* (conocido en la isla como PROMESA), y después del Huracán María, ya no parece quedar mucho del viejo Estado Libre Asociado o de la *Commonwealth of Puerto Rico* (ambos nombres en sí engañosos). La imposición de la PROMESA y de la institución antidemocrática popularmente conocida como La Junta (*Board*), es la refutación contundente de quienes creyeron en su momento que el Estado Libre Asociado, creado en 1952, representaba la efectiva o definitiva descolonización del país.

Pero quizá no es menos cierto que los desastres encubren tanto como revelan. Tal es el caso de la decisión que tienen que tomar muchxs puertorriqueñxs al preguntarse si deben abandonar, o no, la isla. Un nuevo y masivo éxodo hacia los Estados Unidos, frecuentemente de personas jóvenes y profesionales –junto a familias con niñxs– se ha hecho visible. En efecto, ya desde mediados del siglo XX el aeropuerto de San Juan fue adquiriendo un poder material y simbólico impresionante. Es un lugar de la memoria, en todos los sentidos. Pero hay cosas que no son tan evidentes. En términos de la actual movilización política en la lucha por la igualdad de derechos, ¿qué se gana y qué se pierde al marcharse? Plantear esta cuestión es también preguntar: ¿a qué se enfrentan aquellxs que se quedan? ¿Se debilitan o se fortalecen sus voces? Es necesario percatarse, además, de las experiencias compartidas entre lxs miembros de la diáspora y lxs habitantes de la isla. La magnitud de esta crisis ha transformado las relaciones tanto personales como políticas e intelectuales entre distintos individuos y agrupaciones activistas. En efecto, puede decirse que se trata de una nueva comprensión del significado de la palabra *pertenencia*. Implica a menudo una toma de conciencia de lo que es en sí una comunidad diversa, y de una relación de traducción recíproca bilingüe, ya al inglés o al español. Todo ello demuestra, de forma crucial, nuevas formas de percibir y de sentir que cuestionan nuestras definiciones convencionales de la identidad. En este sentido, sigo pensando en las preguntas, dilemas y perspectivas abiertas por Albert O. Hirschman en *Exit, Voice, and Loyalty* (*Salida, voz y lealtad*).

Pero algo más –y quizá lo más importante de todo– está ocurriendo a ras de suelo mientras lxs puertorriqueñxs luchan por afirmar colectivamente su dignidad. Tenemos mucho que aprender de las personas que han encontrado la fuerza espiritual para afrontar los estragos del *disaster capitalism*, re-imaginándose a sí mismas en medio del trauma de haber perdido a miles de seres queridos mientras se enfrentan a sus propias vulnerabilidades. Lxs líderes comunitarios no buscan confrontaciones épicas. Manifiestan fundamentalmente una nueva sensibilidad existencial y comunitaria, en busca de nuevos sentidos de lo político. Grupos de periodistas, escritorxs e intelectuales están describiendo minuciosamente las maneras en que lxs puertorriqueñxs mismxs están transformando su sociedad a la sombra de los desastres. Lxs periodistas e investigadorxs que se expresaron así en Rutgers –y otras personas que han contribuido sus propios ensayos a este volumen– han emprendido la labor de iluminar las oscuras verdades económicas y sociales de la situación actual. También ofrecen perspectivas críticas y nuevas memorias de la desposesión, así como una visión de futuro.

¿Quién puede contar las historias que deben ser contadas? Una intelectual profundamente comprometida como Yarimar Bonilla merece el crédito de haber organizado, en parcial respuesta a esta pregunta, la conferencia de "Aftershocks". También merece nuestro sincero agradecimiento. La generosidad de su visión, apreciación profunda de los temas y conocimiento de primera mano de académicxs y activistas le permitió reunir un conjunto impresionante de artistas visuales, performerxs, esctritorxs, periodistas y fotógrafxs, investigadorxs, cineastas, antropólogxs, activistas medioambientales, y expertxs en cuestiones jurídicas. Son, como dijo Bonilla en su discurso de apertura, *"voices that need to be heard"*, voces que necesitan ser escuchadas.

El encuentro de Rutgers permitió la creación de un espacio necesario e imaginativo para el diálogo, y para analizar críticamente las consecuencias de los desastres y del des-empoderamiento político en Puerto Rico, revelando también formas múltiples de resistencia. La palabra *aftershocks* (réplicas de temblor) se convirtió en una metáfora rica, con múltiples matices y definiciones. El diálogo se puso en marcha gracias a dos comienzos hermosos: el primero, la *performance* de un colectivo de teatro de Puerto Rico; el segundo, una iluminadora conversación de apertura entre Bonilla y Naomi Klein.

La obra teatral *¡Ay María!* ofreció una visión mordazmente cómica de las vidas post-huracán. Los personajes giran y conviven bajo un gran mosquitero, diluyendo así las fronteras entre lo público y lo privado. Esa función interactiva captura, al mismo tiempo, el clima de frustración y rabia de la gente en contra de la impotencia y los fracasos de las agencias estatales que ni siquiera pudieron contar los muertos, o el cinismo imperial de un Presidente Trump que tira toallitas de papel a las multitudes para mostrar su muy dudosa 'compasión.' *¡Ay María!* revela cómo las vulnerabilidades y las esperanzas forman parte inextricable de un contexto político y cultural en el que las creencias, la música y el baile pueden mover y movilizar a la gente. Los personajes, en efecto, no dejan de moverse, contando historias, en conversación siempre con un público al cual brindan un mayor conocimiento de su situación. Sus movimientos y sus voces, que gravitan en torno a lo personal y lo local, en realidad estaban hablándonos (a la vez) sobre la justicia y la democracia.

Me conmovió de manera extraordinaria el diálogo entre Bonilla y Naomi Klein (distinguida comentarista política canadiense, autora de *The Shock Doctrine*). No solamente ofrecieron una evaluación crítica de las distintas 'réplicas' del desastre, y de sus consecuencias para la sociedad puertorriqueña en general, sino que sugirieron preguntas fundamentales para investigaciones venideras. Hablaron emotivamente, con plenitud de corazón y conciencia, recordando colegas, amistades, conversaciones, a la vez que sus propias experiencias y lazos afectivos y políticos con la isla y su gente. Queda muy claro que Klein y Bonilla comparten la convicción de que los desastres también abren nuevas posibilidades para el pensamiento crítico, para el arte como forma de intervenir en lo político, y para imaginar una sociedad radicalmente diferente. Sus palabras tienen gran resonancia, y nos inspiran. Hoy, quizás más que nunca, necesitamos esa inspiración.

enero del 2019

Yarimar Bonilla y Marisol LeBrón

TRADUCIDO POR NICOLE DELGADO

INTRODUCCIÓN
Réplicas del desastre

Isabel, una mujer puertorriqueña de 30 años, su esposo y sus dos hijos pequeños tuvieron que buscar asilo en un refugio local después de las inundaciones causadas por las intensas lluvias del huracán María. Isabel y su familia pasaron los siguientes diez días en un refugio de emergencia en Toa Baja junto a otras personas cuyas casas habían sido severamente afectadas o destruidas durante la tormenta. Luego de pasar más de una semana en el refugio, Isabel y su familia decidieron, al igual que miles de personas durante las siguientes semanas y meses, mudarse a los Estados Unidos. No volvieron a pisar su casa antes de emigrar a Florida, dejando atrás todas sus pertenencias. Seis meses después, Isabel le explicó a la periodista Andrea González-Ramírez lo siguiente: "No hay forma de ganar. Los que se quedaron sufren por la situación en casa. Pero los que se fueron sufren por las circunstancias bajo las que se tuvieron que ir".[1] Aunque la familia esperaba que alejarse de la devastación de la tormenta les facilitaría la vida, poco después Isabel comenzó a experimentar graves episodios de depresión. La familia se mudó por segunda vez, esta vez a Arizona, con la esperanza de que la depresión de Isabel mejoraría en un ambiente nuevo. Por el contrario, las cosas empeoraron; Isabel comenzó a sufrir ataques de pánico. La idea de no poder regresar nunca a Puerto Rico parecía ser el detonante principal de la ansiedad progresiva de Isabel. "Me fui pensando que

---

[1] Andrea Gonzalez-Ramirez, "Life, Interrupted: The Invisible Scars Hurricane María Has Left On the Women Of Puerto Rico", *Refinery 29*, 19 de marzo de 2018, https://www.refinery29.com/en-us/2018/03/193315/women-mental-health-puerto-rico-hurricane-maria.

17

íbamos a poder regresar. Pero no hay electricidad, no hay trabajo; el éxodo sigue creciendo. Aceptar que nunca voy a volver es una de las razones por las que tengo problemas de salud mental. Teníamos la expectativa poco realista de que la vida volvería a la normalidad en la isla, pero no es el caso", expresó Isabel.[2]

La historia de Isabel brinda un ejemplo desolador de cómo los desastres naturales estropean mucho más que los paisajes. Estos cambian la vida de las personas; persisten y reverberan por largo tiempo, aunque los vientos y las aguas vuelvan a su calma habitual. En el caso de Isabel, el paso del tiempo sólo contribuyó a empeorar el trauma. Su historia complica nuestro entendimiento lineal sobre desastres y recuperación y nos muestra, en cambio, que los desastres naturales son acumulativos y continuos. La ansiedad se profundiza al darse cuenta de que su vida nunca será la misma, que el Puerto Rico que conocía nunca será el mismo, pero la sensación general de pérdida se debe a la tormenta sólo parcialmente. Isabel también lamenta que no haya trabajo y que cada vez más puertorriqueños estén abandonando la isla. Aunque estas realidades dificultaban la vida en Puerto Rico mucho antes del huracán, empeoraron como resultado de su impacto. Las palabras de Isabel sugieren que la expectativa de que las cosas volvieran a la normalidad poco después de la tormenta no era del todo realista, pero entonces hay que preguntarse si los problemas sociales que plagaron a Puerto Rico antes de María forman también parte del desastre que le acortan la respiración y le aprietan el pecho.

El concepto de *réplicas* (en inglés "aftershocks") se usa principalmente en el contexto de un terremoto, para describir las sacudidas que se sienten después del sismo inicial. Las réplicas pueden continuar durante días, semanas, meses, e incluso años después del temblor principal. Cuanto más grande sea el terremoto, más numerosas y duraderas serán las réplicas. Aunque las réplicas a menudo son menos intensas, sus efectos pueden agravar el daño del choque inicial y crear nuevas urgencias que complican los esfuerzos de recuperación.

---

[2] Andrea Gonzalez-Ramirez, "Life, Interrupted", *Refinery 29*, 19 de marzo de 2018, https://www.refinery29.com/en-us/2018/03/193315/women-men-tal-health-puerto-rico-hurricane-maria.

La mayor parte de este libro atiende las réplicas del huracán María —no sólo los efectos del viento o la lluvia, sino también lo que vino después: fracaso estatal, abandono social, capitalización de la miseria humana y el trauma colectivo producido por las respuestas irresponsable. Durante los dos años después de que el huracán María tocó tierra en la isla, Puerto Rico se ha visto implacablemente sacudido por las réplicas de la tormenta. Estas ocurren cada vez que se revelan las fallas del sistema, se niegan las muertes y los daños, se obstaculiza la ayuda, se descubre especulación monetaria y los funcionarios no electos por el pueblo toman decisiones drásticas sobre el futuro de la isla. Como vemos en el caso de Isabel, estos golpes pequeños pero continuos pueden tener mayores y peores repercusiones que llegan a ser potencialmente más destructivas que el evento inicial.

Las réplicas nos recuerdan que los desastres no son eventos únicos, sino procesos continuos. Sobre la base de esta idea, *Aftershocks del desastre* examina tanto las réplicas del huracán María como sus premoniciones: la crisis de la deuda, la migración y la colonialidad, el contexto sociohistórico existente al momento del azote de la tormenta. Incluso, nos atrevemos a preguntar si el huracán María debe considerarse el "shock principal", o si la tormenta y sus efectos serían mejor entendidos como el resultado combinado de una historia colonial más larga.

✍

El huracán María atravesó Puerto Rico el 20 de septiembre de 2017, produciendo uno de los desastres naturales más mortíferos en la historia de los Estados Unidos; esto atrajo atención sin precedentes al territorio colonial. Para muchos en Puerto Rico, así como para quienes siguieron las noticias desde lejos, uno de los momentos más devastadores de las secuelas inmediatas de la tormenta fue la conferencia de prensa llevada a cabo por Donald Trump, presidente de los Estados Unidos, en la que se jactó del bajo recuento de muertes causadas por la tormenta. Según Trump, el huracán María no había sido una "catástrofe real" como el huracán Katrina, que azotó Luisiana y la costa del Golfo en 2005 y dejó mil ochocientas personas muertas. Durante la conferencia de prensa, alardeó de que en el caso de María habían muerto solamente dieciséis personas, gracias a la preparación y el desempeño del gobierno local y federal. El recuento oficial de muertes comenzó a incrementar inmediatamente después de su visita, alcanzando el número de sesenta y cuatro muertes. Pero los reporteros, los funcionarios de salud pública, los directores de funerarias y los puertorriqueños que habían perdido a alguien como resultado de la tormenta, todos sostuvieron que el número verdadero tenía que ser mucho mayor, tomando en cuenta lo que habían presenciado y experimentado. Según documenta Carla Minet en su contribución a este volumen, los esfuerzos conjuntos de periodistas de medios locales y nacionales, abogados e investigadores independientes comenzaron a revelar la verdad de las fatales consecuencias de María. Finalmente, el gobierno local aceptó la cifra de 2,975 como el número oficial de muertes, a pesar de que algunos estudios indican que es mucho mayor y queda pendiente un recuento definitivo.

El 12 de septiembre de 2018, sólo unos días antes del primer aniversario del azote de la tormenta en Puerto Rico, Trump tuiteó que la cifra revisada de muertes era poco más que una teoría de conspiración partidista. Los políticos locales, por su parte, han aceptado los números más altos, pero se niegan a rendir cuentas de su mal manejo de las certificaciones de defunción, de las incineraciones reportadas sin autopsia, ni de las formas más generales de negligencia estructural que causaron las muertes en primer lugar. Ahora sabemos que la gran mayoría de quienes perdieron la vida por María no perecieron por la tormenta en sí, sino por las fallas estructurales subsiguientes: caminos obstruidos que no permitieron la llegada de ambulancias, falta de distribución de agua que llevó a los residentes a utilizar fuentes de agua contaminada, falta de generadores en los hospitales, y más de medio año sin electricidad para utilizar equipos médicos, refrigerar medicamentos vitales como la insulina, y restablecer el alumbrado público y los semáforos para evitar accidentes mortales. Aunque no se perdieron vidas por el viento y la lluvia, ni siquiera por la falta de respeto de Trump, los residentes de la isla se ahogaron en la burocracia y la negligencia institucional.

Además, durante las semanas y meses que pasaron esperando que se restableciera el servicio eléctrico, o con la incertidumbre de saber si el agua que daban a sus hijos era segura para consumir, o preguntándose si iban a poder volver al trabajo o a la escuela, muchos puertorriqueños y puertorriqueñas sufrieron ansiedad, miedo y un profundo sentimiento de abandono, lo que exacerbó la actual y oculta crisis de salud mental en la isla. Los suicidios se dispararon después del huracán, al igual que los casos de violencia doméstica y de pareja. Los suicidios aumentaron un 28% en 2017, mientras que las llamadas a las líneas directas de prevención de suicidios se duplicaron entre septiembre de 2017 y marzo de 2018.[3] Los grupos que trabajan con mujeres y familias que sufren violencia doméstica y de género también informaron un incremento en las solicitudes de servicios y programas educativos preventivos.[4] Mari Mari Narváez, periodista y activista, señala en su entrevista con Marisol LeBrón en este volumen que la vulnerabilidad de las poblaciones marginadas se intensificó a medida que el estado fallaba en proporcionar incluso los recursos y protecciones más básicos.

En este escenario, es difícil predecir cuándo terminará el desastre asociado con el huracán María, ya que cada réplica crea una nueva serie de problemas que se extienden por todas partes. Ni siquiera queda claro cuándo comenzó realmente este desastre. Mucho antes de María, Puerto Rico ya sufría los efectos de una recesión económica prolongada, crecientes niveles de deuda y profundos recortes a los recursos públicos y políticas de austeridad. Esto fue precedido por más de cinco siglos de colonialismo (primero español, luego estadounidense) y por una larga historia de vulnerabilidad estructural y dependencia forzada. Por ejemplo, el debilitado gobierno local de Puerto Rico está sujeto a los caprichos de Washington y, por lo tanto, no puede trazar un plan político y económico centrado en las nece-

---

[3] Departamento de Salud, "Estadísticas Preliminares de Casos de Suicidio Puerto Rico, Enero—Diciembre, 2017", http://www.salud.gov.pr/Estadisticas-Registros-y-Publicaciones/Estadisticas%20Suicidio/Diciembre%20 2017. pdf y https://www.usatoday.com/story/news/2018/03/23/mental-health-crisis-puerto-rico-hurricane-María/447144002/.

[4] Andrea Gonzalez-Ramirez, "After Hurricane María, A Hidden Crisis of Violence Against Women in Puerto Rico", 19 de septiembre de 2018, https://www. refinery29.com/en-us/2018/09/210051/domestic-violence-puerto-rico-hur-ri-cane-maria-effects-anniversary; Claire Tighe y Lauren Gurley, "Official Reports of Violence Against Women in Puerto Rico Unreliable After Hurricane María", *Centro De Periodismo Investigavo*, 7 de mayo de 2018, http://periodismoin-vestigativo.com/2018/05/official-reports-of-violence-against-wom- en-in-puerto-rico-unreliable-after-hurricane-maria/.

sidades locales (como el caso de la imposibilidad de derogar la Ley Jones, que requiere que todos los bienes de consumo lleguen a la isla en buques estadounidenses, lo cual aumenta drásticamente el costo de los artículos de necesidad básica). Además, las redes de seguridad social se ven limitadas por las desigualdades estructurales entre los Estados Unidos y sus territorios, lo que resulta en salarios más bajos, seguridad social restringida, limitaciones en los beneficios de Medicare, y una tasa de pobreza mayor al doble del promedio nacional. Según lo demuestran las contribuciones a este volumen, estas vulnerabilidades estructurales prepararon el contexto del impacto de María.

DESASTRE Y DEUDA COLONIAL

Mucho antes del huracán, Puerto Rico ya se sentía como una sociedad en ruinas, tanto a nivel financiero como político. Durante las últimas dos décadas, este territorio no-incorporado de los Estados Unidos cayó en una profunda recesión económica a medida que se fueron eliminando gradualmente los incentivos fiscales para empresas extranjeras. Las compañías abandonaron la isla en masa, en busca de menos regulaciones y mayor bienestar corporativo. Casi de inmediato, aumentó el desempleo, disminuyeron las arcas públicas, se le pidió a los residentes que se apretaran el cinturón, y cada vez más personas comenzaron a migrar en busca de estabilidad económica y oportunidades.

La deuda pública de Puerto Rico, que eventualmente ascendió a más de $72 mil millones, ayudó a sentar las bases que provocaron que el huracán María fuera tan devastador y la recuperación tan lenta. La deuda se disparó cuando los funcionarios puertorriqueños acudieron a Wall Street para atender el estancamiento económico que siguió a la fuga corporativa, asumiendo cada vez más deuda en un intento por mantenerse a flote.

La crisis de la deuda de Puerto Rico también fue alimentada por el carácter excepcional del aparato financiero de los bonos puertorriqueños. Además de que el repago de los bonos está garantizado constitucionalmente, los bonos emitidos por el gobierno puertorriqueño también tienen una cualidad particular que no existe en los 50 estados: una exención contributiva triple, libre de obligaciones fiscales a nivel estatal, federal y local. Para los financieros de Wall Street, esto los convirtió en una inversión irresistible. Cuando los niveles de deuda superaron los límites constitucionales, se crearon nuevos mecanismos de captura económica. En 2006 se implementó un impuesto sobre ventas sugerido por los estrategas financieros de Lehman Brothers para garantizar nuevos préstamos. Mientras tanto, se siguió vendiendo la infraestructura pública (como los aeropuertos, puentes y hospitales) al mejor postor, erosionando aun más las arcas públicas.[5] Como resultado, aproximadamente un tercio del presupuesto de Puerto Rico se utiliza actualmente para pagar el servicio de una deuda que muchos creen que es tanto inconstitucional como insostenible.[6] Sin embargo, la actual crisis de deuda de Puerto Rico es un síntoma de un malestar económico y político mucho más profundo que se deriva de su estatus colonial no resuelto. Después de la creación del Estado Libre Asociado en 1952 (a menudo etiquetado en inglés como "commonwealth"), se creía que Puerto Rico tenía "lo mejor de ambos mundos": una apariencia de soberanía local, respaldada por las protecciones económicas y políticas atadas a la relación con los Estados Unidos.

A mediados del siglo XX, Puerto Rico pasó de ser la "casa pobre del Caribe" al "shining star" (estrella brillante) de la democracia estadounidense en la región, ya que la isla se industrializó rápidamente y el nivel de vida aumentó para muchos puertorriqueños. Las ganancias aparentemente logradas a través del estatus de Estado Libre Asociado hicieron que muchos ignoraran las fallas fundamentales de este acuerdo político-económico. La condición de territorio impide que el gobierno local de Puerto Rico defina e implemente muchas de sus propias políticas, fomenta una dependencia excesiva de la inversión de capital de los EE. UU. y obstaculiza el crecimiento económico sostenible y a largo plazo que podría beneficiar a la población local. Esto ocasiona que Puerto Rico sea particularmente vulnerable

---

[5] Jeremy Scahill, "Hurricane Colonialism", Intercepted, podcast audio, 19 de septiembre de 2018, https://theintercept.com/2018/09/19/hurricane-colonial- ism-the-economic-political-and-environmental-war-on-puerto-rico/.

[6] Departamento del Tesoro de los Estados Unidos, "Puerto Rico's Economic and Fiscal Crisis", https://www.treasury.gov/connect/blog/Documents/ Puerto_Ricos_fis- cal_challenges.pdf.

durante los períodos de contracción económica. De hecho, en las pasadas dos décadas, muchos residentes percibían que ya se vivía en estado de crisis. Cuando llegó la crisis de la deuda, los políticos locales y federales aparentemente se quedaron sin opciones para evitar el colapso.

En un esfuerzo por detener la "espiral de la muerte" de la deuda de Puerto Rico, el gobierno local declaró la deuda como "impagable" en 2016 y firmó un proyecto de ley de emergencia que aprobó una moratoria sobre los pagos de la deuda.[7] Cuando el gobierno local intentó declararse en bancarrota, se puso en evidencia la verdadera naturaleza de la soberanía limitada de Puerto Rico. Sin el estatus legal de estado (de Estados Unidos) ni de nación independiente, Puerto Rico no pudo refinanciar ni incumplir su deuda. El Congreso de los Estados Unidos negó a Puerto Rico no sólo el derecho a bancarrota sino también cualquier tipo de rescate financiero o reparación significativa. En cambio, el Congreso "ayudó" a Puerto Rico mediante la implantación de la Ley para la Supervisión, Administración y Estabilidad Económica de Puerto Rico (conocida como Ley P.R.O.M.E.S.A. por sus siglas en inglés). Esta ley estableció una Junta de Control Fiscal no electa para administrar las finanzas locales y renegociar la deuda. Dicha junta se conoce coloquialmente en la isla como "la Junta", lo que indica que muchos puertorriqueños perciben a la junta como un cuerpo dictatorial que ha tomado el poder del gobierno local.

Los miembros de la Junta de Control Fiscal fueron nombrados por el Congreso de los Estados Unidos prácticamente sin ninguna intervención o fiscalización local. Sin embargo, los contribuyentes puertorriqueños pagan directamente todos los gastos a razón de $ 200 millones de dólares al año.[8] Según el actual presidente de la Junta de Control Fiscal, José B. Carrión III, el hecho de que la junta no ten-

---

[7] Mary Williams Walsh, "Puerto Rico's Governor Warns of Fiscal 'Death Spiral'", *New York Times*, 14 de octubre de 2016, https://www.nytimes.com/2016/10/15/business/dealbook/puerto-rico-financial-oversight-board.html; EFE, "Pasan ley de Emergencia Fiscal", *El Nuevo Herald*, 6 de abril de 2016, https://www.elnuevoherald.com/noticias/finanzas/article70337262.html

[8] Luis J. Valentin Ortiz, "Un Pueblo Quebrado, una Quiebra Costosa",*Centro De Periodismo Investigavo*,1 de noviembre de 2018, http://periodismoinvestigativo.com/2018/11/un-pueblo-quebrado-una-quiebra-costosa/

ga que responder ni al gobierno puertorriqueño ni a los ciudadanos locales es precisamente lo que le permite tomar decisiones impopulares que son necesarias para mejorar la economía de Puerto Rico.[9]

La junta no persigue una visión para el futuro de la isla más allá de restaurar su capacidad para continuar tomando préstamos y generar ganancias para los inversionistas. Se ha centrado únicamente en imponer medidas de austeridad y ajuste estructural, incluso a pesar de que muchas instituciones monetarias internacionales (entre ellos el Fondo Monetario Internacional) han admitido que estas políticas son miopes y están condenadas al fracaso.[10] El desinterés de la junta en invertir en el bienestar y los medios de vida de los puertorriqueños es evidente en su acecho inicial contra la educación pública —incluida la Universidad de Puerto Rico, según detallan Rima Brusi e Isar Godreau en su ensayo— y la imposición de recortes drásticos a las pensiones y los salarios.

Por lo tanto, Puerto Rico ya se encontraba en un estado de crisis política y social mucho antes de que llegaran los vientos de María. Las protestas contra PROMESA florecían en todo el territorio, las huelgas estudiantiles habían cerrado la universidad durante meses, las escuelas abandonadas y los edificios embargados estaban siendo tomados como centros comunitarios, y en todo el paisaje urbano había aparecido un nuevo arte callejero que exigía una reinvención de la descolonización y la autodeterminación en el contexto de una colonia en bancarrota. Los activistas ya vociferaban al gobierno "se acabaron las promesas", un eslogan que alude tanto a la ley PROMESA como a las décadas de falsas promesas posteriores a la consolidación del Estado Libre Asociado de Puerto Rico.

Para los jóvenes en particular, el avance económico y las libertades sociales prometidas por el Estado Libre Asociado demostraron ser promesas vacías, ya que la inseguridad, la precariedad y la vulnerabilidad marcaban sus vidas, limitando su futuro cada vez más.

---

[9] Shereen Marisol Meraji, "Puerto Rico's Other Storm", CodeSwitch, 19 de septiembre de 2018, https://www.npr.org/templates/transcript/transcript.php?storyId=649228215.

[10] Larry Elliot, "Austerity policies do more harm than good, IMF study concludes", *Guardian*, 27 de mayo de 2016, https://www.theguardian.com/business/2016/may/27/austerity-policies-do-more-harm-than-good-imf-study-concludes

Les preocupaba que sus vidas estuvieran esencialmente hipotecadas para pagar la deuda y generar ganancias para los capitalistas buitres. La educación, los empleos bien remunerados, la vivienda asequible y la capacidad de hacer vida en Puerto Rico estaban cada vez más fuera del alcance de muchos jóvenes puertorriqueños, quienes enfrentaban una difícil elección: migrar a los Estados Unidos o lidiar con oportunidades cada vez más reducidas en la isla. Raquel Salas Rivera capta esta incertidumbre y frustración en su poema "sinverguenza with no nation". Mediante una mímesis de la ira del épico poema de Allen Ginsburg "Howl", Salas Rivera nos dice, "i saw the best souls of my generation /swallowed by colonialism." ("vi las mejores almas de mi generación / tragadas por el colonialismo").

Si bien los residentes actuales se sienten cada vez más presionados hacia el exilio, el gobierno se ha enfocado en atraer nuevos "inversionistas" para que vengan Puerto Rico amparados bajo la Ley 20/22, una pieza crucial de legislación que permite a las élites ricas de los Estados Unidos utilizar a Puerto Rico como paraíso fiscal. Aprobada en 2012, la ley fue creada para traer inversión de capital a la isla después de que se le prohibió al gobierno local tomar más préstamos. Los funcionarios del gobierno prometieron que los recién llegados invertirían en la economía local y crearían empleos, atraídos por las seductoras exenciones fiscales. Según el estatuto, aquellas personas de los Estados Unidos que se relocalicen en Puerto Rico la mitad del año, recibirán exenciones de los impuestos federales y locales, de los impuestos sobre las ganancias de capital y de los impuestos sobre los ingresos pasivos hasta el año 2035, independientemente de si generan empleo o invierten en la economía local. Esto convierte a Puerto Rico en el único lugar bajo la jurisdicción de los EE. UU. donde dichos ingresos pueden evadir el pago de impuestos.[11] Como era de esperarse, esta protección incluye solo a los "recién llegados y no a los residentes actuales, ni tampoco a los que nacieron originalmente en el territorio y han emigrado y quisieran regresar. Sin embargo, la lógica de la Ley 20/22 no logró tener un impacto positivo en la vida de la mayoría de los puertorriqueños y

---

[11] Jesse Barron, "How Puerto Rico Became the Newest Tax Haven for the Super Rich", *GQ*, 18 de septiembre de 2018, https://www.gq.com/story/how-puer- to-rico-became-tax-haven-for-super-rich

solo alimentó el crecimiento en la isla de enclaves hipersegregados de extranjeros de la élite.

La crisis económica ya había preparado el escenario para lo que los puertorriqueños podían esperar después de María. Los servicios públicos y la infraestructura, los mismos que fallaron con resultados mortales durante y después del huracán María, ya se encontraban en estado crítico al ser despojados de los fondos necesarios para ofrecer incluso el mantenimiento mínimo, mucho menos las mejoras desesperadamente necesarias. Si bien la infraestructura pública continuó deteriorándose, el abandono del estado normalizó la idea de responsabilidad individual frente a la retirada del estado. Como resultado, en los días posteriores a María, mientras el gobierno local brillaba por su ausencia, la red eléctrica colapsaba y fallaban todos los sistemas de comunicación, los residentes de la isla se defendían por sí mismos. Como lo expresa Ana Portnoy Brimmer en su poema "Si un árbol cae en una isla: la metafísica del colonialismo", había una sensación generalizada de que mientras los puertorriqueños luchaban por hacerse oír, "solo contesta el océano / tragando".

Negándose a ser consumidos y desaparecidos por la inacción y el silencio, los puertorriqueños continuaron gritando su verdad y tomando las riendas del proceso / la obra de recuperación. Familias, vecinos, compañeros de trabajo, congregaciones y grupos que ya estaban trabajando juntos en asuntos sociales (y también quienes no lo estaban) comenzaron a unirse en "brigadas" para despejar caminos, llevar comida y agua a los olvidados y los vulnerables, distribuir toldos y eventualmente construir techos y casas. Mientras tanto, la ayuda estatal, tanto local como federal, nunca llegó.

Los esfuerzos de los activistas después de María partieron de la organización de base que precedió a la tormenta y la amplificaron. Esta organización ya se enfocaba en apoyar a individuos y comunidades ante crisis económicas y sociales prolongadas. La noción de que sólo la gente podría salvar a la gente —que el estado no mejoraría significativamente la vida de los puertorriqueños bajo la actual estructura política y económica— guiaba el trabajo de muchos activistas y organizaciones, según se demuestra en las contribuciones de Giovanni Roberto, Arturo Massol, Mari Mari Narváez y Sarah Molinari. Estos esfuerzos de base se han vuelto más urgentes y necesarios después del huracán María, ya que los puertorriqueños se ven obligados a lidiar no sólo con la destrucción física causada por la tormenta, sino también con la creciente desestabilización de muchas comunidades a medida que la inacción del gobierno exacerbaba las condiciones de vulnerabilidad.

Dos años después de la tormenta, los residentes de la isla continúan reparando su sociedad. Se han unido para lidiar con los problemas a largo plazo de la lenta recuperación: falta de alumbrado público, infraestructura rota, denegaciones de asistencia de FEMA y reclamos de seguros, y la pérdida de miles de empleos, circunstancias que han obligado a muchas personas a reimaginar sus vidas, a menudo más allá de los límites geográficos del territorio puertorriqueño. Mientras tanto, el gobierno local afirma que está abierto para negocios y continúa atrayendo a los recién llegados con la promesa de incentivos fiscales, contratos gubernamentales de fondos de emergencia y la garantía de una población "resiliente" que puede continuar adaptándose a los desafíos que se avecinan. Mientras el gobierno local trabaja para vender al Puerto Rico pos-María como una pizarra en blanco sobre la cual los inversionistas millonarios pueden proyectar sus fantasías más salvajes de crecimiento de capital sin restricciones, los puertorriqueños en la isla y en la diáspora toman fuerza a partir de una profunda historia de resistencia para construir un Puerto Rico para los puertorriqueños y lidiar con las continuas réplicas de la tormenta.

DEL DESASTRE AL FUTURO DECOLONIAL

A partir de la premisa de que el huracán María no es un evento singular, los colaboradores de este libro documentan los muchos "shocks" que los puertorriqueños han sufrido antes y después de la tormenta. A través de reportajes, poesía, narrativa personal e investigación académica, muestran que los efectos del huracán María se pueden entender mejor como el producto de un desastre colonial de larga duración. Los eventos que continúan aconteciendo en Puerto Rico parecen seguir los guiones ya conocidos del "capitalismo de desastre", de procesos de recuperación con fines de lucro y de austeridad económica que han sido implementados en otras partes del mundo. Sin embargo, según discuten Yarimar Bonilla y Naomi Klein en la conversación que abre el libro, estas políticas adquieren un color particular en el contexto de Puerto Rico. Como afirma Klein, los momentos de crisis se ven como oportunidades para la ingeniería social y económica en la mayoría de las sociedades afectadas por desastres. Pero en el caso de Puerto Rico no fue necesario que las élites se apresuraran a aprovechar las nuevas oportunidades, porque ya existía una infraestructura de desposesión y desplazamiento firmemente establecida. El Congreso de Estados Unidos había instituido una Junta de Control Fiscal para acelerar la transformación económica después de la crisis financiera. Favorecida por la historia colonial de Puerto Rico, la junta empleó fácilmente las tecnologías neoliberales propias de un sistema económico dirigido a extraer riquezas y complacer a los extranjeros—como las lagunas fiscales e incentivos financieros para el capital extranjero, sumados a la privatización acelerada de los recursos locales. Para Klein y Bonilla, esta es la razón principal por la cual el gobierno de María ha mostrado tan poco interés en crear nuevos modelos sociales y económicos para Puerto Rico y ha recurrido en cambio a los trillados caminos de las economías extractivas del Caribe, con meras actualizaciones cosméticas para la era digital.

Es en parte por esta razón que Nelson Maldonado-Torres cierra el libro preguntándonos si María es realmente una crisis —una instancia que requiere una decisión crítica—o un desastre, según su propia definición: una instancia en que las decisiones parecen haber sido ya tomadas y el destino trágicamente predeterminado. Maldonado-Torres no es el único que señala las profundas raíces históricas del desastre de María y el rol que juega el colonialismo al momento de definir sus resultados. Varios de los colaboradores incluidos describen lo que se puede llamar como *colonialidad del desastre*, es decir, la forma en que las estructuras y los legados duraderos del colonialismo preparan el escenario para el impacto de María y sus consecuencias. Por ejemplo, Frances Negrón-Muntaner examina cómo una retórica liberal de inclusión en la que los puertorriqueños se enmarcan como "compatriotas" buscaba que el sufrimiento de los puertorriqueños fuera legible y digno de indignación moral por parte del público estadounidense. Sin embargo, estos recuentos afianzan en última instancia las divisiones entre los puertorriqueños como un grupo minoritario y los "reales" estadounidenses que se preocupan. De manera similar, Hilda Lloréns muestra cómo los tropos coloniales establecidos configuran la forma en que los puertorriqueños son representados como "refugiados climáticos" en medio de un éxodo masivo. Lloréns argumenta que estas representaciones juegan con la antigua idea que ubica a Puerto Rico como parte de los "trópicos desastrosos", una idea que funciona no sólo para omitir el papel del colonialismo estadounidense en la formación y creación de desastres, sino también para posicionar la migración hacia los Estados Unidos como una salvación para los puertorriqueños en lugar de otra forma de incertidumbre desastrosa. Tanto Chris Gregory como Erika Rodríguez presentan cómo los fotoperiodistas locales trataron de rechazar estas representaciones mediante el uso de diferentes técnicas fotográficas, negándose a reproducir los guiones visuales tradicionales de víctimas en reportajes de desastres. Rodríguez, quien creó una serie de fotos que explora cómo la relación colonial entre Estados Unidos y Puerto Rico moldea la identidad puertorriqueña, mantuvo este hilo en su trabajo de cobertura de la tormenta. Rodríguez afirma que sintió la responsabilidad de documentar la dignidad de los puertorriqueños "más allá del ruido del desastre", a fin de combatir precisamente los tipos de tropos históricos que Lloréns rastrea. Del mismo modo, los retratos de Gregory, sus composiciones y su elección de temas, impugnan las representaciones de puertorriqueños como simples víctimas desafortunadas de la naturaleza. Al mismo tiempo, la tristeza es palpable en sus representaciones —no sólo a través de retratos sino también de paisajes y bodegones— e insinúa el complejo tejido emocional del Puerto Rico pos-María.

Como demuestran muchos de los colaboradores, el trauma particular experimentado en Puerto Rico después de María está profundamente ligado a un trauma colonial preexistente más prolongado. Varios señalan cómo el impacto de María en la psique local nos empuja a pensar de manera más crítica sobre cuestiones de dependencia, autosuficiencia, sostenibilidad y soberanía. Tanto Benjamín Torres Gotay como Eduardo Lalo sugieren que los sentimientos de abandono de los puertorriqueños y el trauma experimentado por la negligencia gubernamental e imperial están tan arraigados en la lógica colonial que se vuelven "innombrables", como dice Lalo. Torres Gotay describe cómo los residentes locales parecían casi incapaces de reconocer y asimilar el abandono que experimentaron. Ante las negaciones de FEMA y la retirada del estado, los residentes ofrecieron narrativas de resignación, afirmando repetidamente que las cosas "podrían ser peores" y que, a pesar de todo, estaban "bien". Torres Gotay ubica esta disonancia en las narrativas imperiales contradictorias que los puertorriqueños se han alimentado sobre su lugar dentro del imperio estadounidense.

A sabiendas de la naturaleza histórica y largamente documentada del impacto del trauma en diferentes comunidades puertorriqueñas, activistas y académicos como Patricia Noboa enfatizan la importancia de proporcionar no sólo asistencia económica y legal sino también acompañamiento psicoterapéutico. Noboa ofrece una descripción etnográfica convincente de cómo las comunidades marginadas, acostumbradas durante mucho tiempo al abandono del estado, lidian con pérdidas que se extienden mucho más allá de lo material. Su texto muestra que, si bien algunos profesionales de la salud mental se centran únicamente en el trauma específico de María, la tormenta desencadenó conexiones con traumas pasados que muchos no mencionan ni reconocen. Noboa también desafía el lema de "Puerto Rico se levanta" que surgió después de la tormenta. Para ella, esa retórica patologiza las dificultades de superar el trauma como resultado de deficiencias individuales y falta de resiliencia, a la vez que no responsabiliza al estado por la violencia estructural que existía aún antes del huracán.

Muchos de los autores incluidos aquí también señalan la dificultad de narrar dicho trauma. Como sugiere Lalo, algunos escritores sólo alcanzan a esbozar mínimamente lo que no se puede expresar con palabras. Vemos esta ausencia de lenguaje a lo largo de los textos. Por ejemplo, la contribución de Beatriz Llenín Figueroa es un diario de huracanes que nunca fue, una crónica que está por escribirse. Sofía Gallisá comparte una serie de listas que intentan hacer inventario de las pérdidas —estos fragmentos apenas de testimonio no llegan a tejerse del todo dentro de una narrativa formal. Carla Minet analiza en su texto la forma en que los periodistas locales abordaron la falta de transparencia y responsabilidad particularmente en relación al conteo de las muertes, lo que sigue siendo para muchas personas un acto imperdonable de engaño gubernamental. Si bien el trabajo dedicado de periodistas, abogados y activistas nos ha ayudado a comenzar a comprender el alcance del impacto humano del huracán, Minet nos recuerda que la contabilidad total de los efectos de María continúa sin esclarecerse. Noboa sugiere que incluso ante estas experiencias innombrables, es importante escuchar, presenciar y crear espacios de narración. En lugar de promover una carrera frenética hacia la "recuperación" sin evaluar lo que se experimentó, lo que se perdió y lo que se transformó, los textos de este volumen nos invitan a detenernos en las narraciones fracturadas que surgieron del huracán María y sus consecuencias. Aún en sus fracturas nos revelan verdades poderosas y complejas.

Frente a estos silencios y disimulos, las artes adquieren un rol central para comprender los efectos de la tormenta y sus réplicas. La obra de teatro *¡Ay María!* —que se presentó alrededor de la isla inmediatamente después del huracán— fue producida por un grupo de actores independientes como una forma de hacer frente a sus propias experiencias personales de la tormenta. La obra muestra toda la gama de experiencias humanas que caracterizaron la vida cotidiana durante el huracán, desde lo conmovedor hasta lo absurdo. Marianne Ramírez y Carlos Rivera Santana también ofrecen crónicas de los esfuerzos artísticos que surgieron después de María, tanto en la isla como en la diáspora. Rivera Santana detalla cómo las artes visuales brindan un espacio de catarsis a medida que los puertorriqueños se enfrentan a los efectos de los desastres naturales y humanos. Ramírez brinda perspectivas sobre las formas en que los artistas visuales se han involucrado con la larga historia del colonialismo en Puerto Rico y han utilizado su trabajo para afirmar una estética decolonial y crear espacios de soberanía cultural. Mientras tanto, Richard Santiago ofrece una descripción de primera mano del dolor y la dificultad de convertirse en un artista en el exilio. Santiago también muestra la importancia de las artes al revelar verdades feas y dolorosas que el gobierno busca mantener invisibles, como la muerte y la devastación humana que ocurrió después del huracán. Por último, Adrián Román describe su experiencia como artista de la diáspora que viaja a la ciudad natal de su familia para reunir y preservar piezas desechadas de vidas rotas. Estas obras de arte aportan a una experiencia colectiva que no se puede expresar completamente en palabras, mucho menos en un programa político.

Otros colaboradores también muestran que María no se trata solamente de explotación económica y desigualdades sociales, sino también de una crisis de imaginación cada vez más profunda. Ante los asuntos inmediatos de vida y muerte, puede ser difícil pensar más allá de los lazos políticos actuales en ruta a nuevas posibilidades colectivas. En su ensayo, la historiadora Mónica Jiménez nos anima a mirar hacia el pasado para redescubrir los impulsos revolucionarios que pueden ayudarnos a pensar en soluciones a los problemas que enfrenta el Puerto Rico contemporáneo. Jiménez examina cómo el Partido Nacionalista Puertorriqueño y su líder, Pedro Albizu Campos, advirtieron en contra de depender de los Estados Unidos para proporcionar soluciones cuando se enfrentaron con la inestabilidad económica y los desastres naturales a principios del siglo XX. Por el contrario, argumentaron que los puertorriqueños necesitaban afirmar su soberanía económica y política frente a la pauperización colonial. El texto de Jiménez, junto con los de otros autores en esta colección, demuestran que el pasado es un prólogo no sólo de la crisis actual, sino también de los tipos de pensamiento político radical necesarios para construir nuevos futuros.

A lo largo del volumen, los colaboradores exigen algo más que una mera recuperación, si recuperación se refiere a un retorno al estado anterior de las cosas. Varias de las piezas invitan audazmente a romper con las estructuras sociales, políticas y económicas vigentes que producen desastres y que siguen sacudiendo a la sociedad puertorriqueña. Las contribuciones de Ed Morales, Natasha Lycia Ora Bannan y Eva Prados muestran formas en que los activistas locales hacen presión para reinventar los lazos de obligación y deuda que unen a Puerto Rico con los Estados Unidos a través de un examen crítico de la crisis fiscal. Sarah Molinari detalla cómo los residentes se unieron para alimentar a sus comunidades, limpiar sus alrededores y prestarse apoyo mutuo ante la violencia burocrática. Sandra Rodríguez Cotto narra cómo, ante un colapso gubernamental y de telecomunicaciones, una pequeña estación de radio comunitaria fue capaz de brindar consuelo y comunidad a quienes se quedaron solos en la oscuridad. Mari Mari Narváez hace un llamado a los puertorriqueños para que ejerzan más presión sobre los gobiernos locales y federales y les reclamen responsabilidad y transparencia. La autora afirma que sólo al atender las necesidades y los deseos de los puertorriqueños, Puerto Rico podrá funcionar como una sociedad libre y democrática. Tanto Arturo Massol como Giovanni Roberto examinan cómo la búsqueda de nuevas relaciones sociales en Puerto Rico no se trata sólo de la autosuficiencia, sino también de pasar del apoyo mutuo a nuevas formas de autodeterminación colectiva. Este cambio requiere sanar los muchos traumas y conmociones que los puertorriqueños han enfrentado, entre ellos el desplazamiento y el despojo que sienten los millones de puertorriqueños que se encuentran, por elección o circunstancia, forjando sus vidas más allá de los confines geográficos del archipiélago puertorriqueño.

En general, los autores incluidos en este volumen nos piden que pensemos en qué realmente significaría para Puerto Rico recuperarse de la devastación del huracán María. ¿La recuperación se mide simplemente por un retorno a las condiciones que marcaron la vida en Puerto Rico antes de la tormenta? De ser así, implicaría un retorno al *status quo* de extracción y explotación servil al capitalismo colonial. Los textos a continuación sugieren que esto no representaría una recuperación real, sino simplemente la continuación del desastre colonial. En última instancia, el huracán María nos obliga a considerar no sólo los efectos desastrosos del cambio climático, particularmente para las personas ya vulnerables, sino también la descolonización necesaria como pieza central de una recuperación justa para Puerto Rico y el Caribe en general.

PRIMERA PARTE

APERTURAS

Traducido por Nicole Delgado

La doctrina del trauma
Una conversación entre Yarimar Bonilla y Naomi Klein

Y ARIMAR BONILLA. Quería comenzar pidiéndole que hable sobre su decisión de escribir directamente sobre Puerto Rico. Usted ha estado escribiendo sobre Puerto Rico, indirectamente y tal vez ni siquiera a sabiendas, durante muchos años. Su trabajo ha sido importante para pensar en lo que está sucediendo en Puerto Rico, no solo desde el huracán María, sino también en términos de la crisis de la deuda y las diversas transformaciones políticas y económicas que están en curso. Quisiera escuchar lo que tiene que decir especialmente desde su perspectiva, como persona no-puertorriqueña que ha reflexionado sobre estos temas a escala global. ¿Cuál es la particularidad de Puerto Rico al pensar en los problemas amplios del capitalismo del desastre y la doctrina del shock? ¿Qué matiz particular ofrece el colonialismo a estas relaciones?

NAOMI KLEIN. Cuando estuve en Puerto Rico investigando para este libro también hicimos un cortometraje al que usted hizo referencia.[1] Trabajé con un maravilloso director de fotografía, Christian Carretero, quien a menudo se refería a María como "nuestra maestra". Él me dijo: "María fue una maestra muy estricta, aprendimos mucho sobre cómo estamos viviendo. Las debilidades de esto, las vulnerabilidades de aquello". Muchas lecciones dolorosas de las que sé que vamos a hablar más adelante. Solo quiero reconocer que muchos de mis maestros están en esta sala. La gente que me ofreció un

---

[1] Lauren Feeney, "The Battle for Paradise: Naomi Klein Reports from Puerto Rico", *Intercept*, 20 de marzo de 2018, http://theintercept.com/2018/03/20/puerto-rico-hurricane-maria-recovery.

curso intensivo sobre el colonialismo que ha impactado a Puerto Rico en estos quinientos años. Tú [Yarimar] eres una de esas maestras clave, y te cito en el libro y en la película. Comienzo el libro con Arturo Massol, con ese faro que es Casa Pueblo: la casa rosa que se iluminó porque tenían paneles solares en el techo y tenían otro modelo de energía renovable controlado por la comunidad. Eva Prados, quien lidera el movimiento en favor de la auditoría de la deuda de Puerto Rico, fue muy paciente conmigo cuando la conocí en Puerto Rico y también mientras escribía el libro. Ella me ayudó a comprender la ilegalidad y la naturaleza odiosa de la deuda de Puerto Rico.

Tu pregunta sobre la particularidad —cada lugar es particular. Muchos de los lugares donde he estudiado el proceso que llamo "doctrina del shock" o "capitalismo del desastre" tienen en común una historia muy dolorosa de colonialismo y esclavitud. Tenemos esas fuerzas que se cruzan... Creo que el lugar que más me recuerda a Puerto Rico cuando pienso en las intersecciones particulares y las capas de crisis es Nueva Orleans después del huracán Katrina. La gente hablaba de un "desastre natural", pero no había nada natural en ello, por supuesto. Tuvimos una tormenta sobrealimentada por el cambio climático que se estrelló contra una infraestructura que había sido descuidada deliberadamente. Recordamos las advertencias, "Reparen los diques. Reparen los diques". Y nadie reparó los diques porque las personas al otro lado de esos diques eran consideradas desechables. Las personas más pobres de Nueva Orleans. Entonces tenemos la capa de supremacía blanca encima de eso; veías Fox News y te encontrabas con la animalización de las víctimas que habían sido abandonadas en el Superdome. Todas estas mentiras que se perpetuaron en los medios de derecha, como "están violando bebés", etc. Creo que hubo muchos paralelos.

Algo que fue diferente es lo que llamo "la doctrina del shock luego del shock" en *La Batalla por el Paraíso*. Leeré una cita que uso en *La Doctrina del Shock*. Es una cita útil de Milton Friedman, arquitecto de la economía neoliberal en muchos sentidos, quien escribió esto en 1980: "Solo una crisis, real o percibida, produce un cambio real. Cuando se produce esa crisis, las acciones que se toman dependen de las ideas que ya están circulando. Creo que esa es nuestra función básica. Desarrollar alternativas a las políticas existentes, mantenerlas vivas y disponibles hasta que lo políticamente imposible se vuelva políticamente inevitable".

NPR entrevistó recientemente a Natalie Jaresko, directora ejecutiva de la Junta de Control Fiscal en Puerto Rico, y el entrevistador le preguntó por las lecciones que trajo a Puerto Rico viniendo de Europa del Este; ella contestó: ("Creo que las lecciones que traigo a esto son usar el momento de crisis —esta crisis fiscal, esta crisis de los huracanes. Usar la voluntad política del momento para hacer todo lo posible por cambiar la estructura de la economía".[2] Esa es una articulación bastante clara de la doctrina del shock. En momentos así, por lo general es difícil producir esas ideas, pero en Puerto Rico las ideas estaban listas para ejecutarse gracias a la crisis fiscal preexistente.

Por ejemplo, con Katrina, hubo una reunión de emergencia en la Fundación Heritage dos semanas después de que se rompieron los diques. Mike Pence dirigió la reunión, quien entonces era el jefe del Grupo de Estudio Republicano, que era el caucus de la derecha en Capitol Hill. Estaban todos los *think-tanks* de derecha, como el American Enterprise Institute. Se les ocurrió hacer una lista de prioridades. Las aguas aún no habían retrocedido en Nueva Orleans, pero hicieron la lista: no abrir las escuelas públicas, dar vales a los padres para matricular a sus hijos en escuelas privadas, apoyar la creación de escuelas *charter*, cerrar proyectos de vivienda pública, crear una zona industrial libre de impuestos. Cuando lees la lista, hay treinta y cinco puntos con lo que ellos llaman "soluciones de libre mercado" para el huracán Katrina, y aumentos en el precio de la gasolina —por cierto, simplemente hicieron énfasis en los altos precios de la gasolina. La lista es increíble, porque incluso dice: "Abrir el Refugio de Vida Silvestre del Ártico a la extracción de petróleo"... ¿Qué demonios hace eso en la lista? Lo más sorprendente es que tienes una crisis en la intersección entre el cambio climático —la supertormenta— y una esfera pública deliberadamente debilitada y descuidada. Y la solución es eliminar la esfera pública y acelerar el cambio cli-

---

[2] Michel Martin, "Hurricane María's Devastation of Puerto Rico, 1 Year Later", *All Things Considered*, NPR, 23 de septiembre de 2018, https://www.npr.org/2018/09/23/650956637/hurricane-marias-devastation-of-puerto-rico-1-year-later

mático extrayendo más petróleo. Simplemente, haga todo lo posible para empeorar la situación.

Una de las cosas diferentes en el caso de Puerto Rico es que esa infraestructura de explotación de la crisis no necesitaba ser montada, y no era necesaria ninguna reunión, porque la Junta de Control Fiscal, localmente conocida como "la Junta", ya estaba en efecto. Ellos ya tenían todas las políticas; no hacía falta más planificación. Lo único que necesitaban era el oportunismo sangriento para ejecutarlas. No aprovechar la voluntad política, eso es mentira. Es aprovechar el trauma, el estado de emergencia, el hecho de que las personas realmente luchaban por mantenerse con vida, y usar esa dislocación para embestir con una agenda preexistente y totalmente articulada. Es por eso que escuchamos sobre el plan de privatizar la electricidad después de Irma, antes incluso de que María tocara tierra.

Me preguntaste específicamente sobre el colonialismo. Una de las cosas más poderosas que escuché cuando estaba investigando para este libro fue de alguien llamado Juan Rosario, a quien algunos de ustedes conocen por su labor como activista ambiental y laboral en Puerto Rico. Habló sobre cómo el colonialismo es una guerra contra la imaginación, y sobre cómo en estos momentos, cuando los oportunistas vienen con ideas para su "Puertopía" y con planes de mayor privatización y desregulación, el legado del colonialismo hace difícil que los/as propios/as puertorriqueños/as digan: "No, este es nuestro plan". Pero cuando estuve en la isla, descubrí que había más voluntad de juntarse para crear un plan, un plan de la gente, más que en cualquier otro lugar que haya estudiado. Y usted [Yarimar] mencionó a Junte Gente[3] y por eso decidí hacer el libro, para que pudiéramos llevar dinero a esa coalición —no suficiente, pero algo. Es tan contundente; ya sea Nueva Orleans después de Katrina o Irak después de la invasión, ciertamente he visto que las personas en circunstancias extraordinarias tienen mucha disposición de unirse y decir no a la doctrina del shock, al capitalismo del desastre. Pero lo que vi en Mariana no lo había visto antes, una asamblea en una comunidad que todavía no tenía electricidad, excepto por los paneles solares que ellos mismos instalaron, que todavía no tenían agua, que estaban todavía

---

[3] "JunteGente", consultado el 14 de febrero de 2019, 2019, http://juntegente.org/en/

alimentándose en una cocina comunitaria.[4] Donde las escuelas todavía estaban cerradas. Que las personas se unieran en esas circunstancias terribles y trataran de idear un programa político. Esto no se ha logrado tan rápido como deseaban algunos, pero sigue siendo extraordinario, absolutamente extraordinario que las personas hayan podido participar y organizarse a ese nivel, con visión de futuro, en medio de un desastre en curso. Y creo que eso tiene que ver con la infraestructura de resistencia contra el colonialismo y la Junta.

Quiero que continúes tú, Yarimar, porque sabes mucho más sobre esto que yo. Cuando nos conocimos en San Juan y te entrevisté, lo que más me sorprendió fue que estabas en una posición realmente única para documentar y teorizar sobre las múltiples capas de shock, porque ya estabas involucrada en esta investigación antes del impacto de María. Pudiste volver a hablar con algunas de las personas con quienes ya estabas discutiendo sobre cómo se explotaba la crisis económica y la crisis de la deuda. Pudiste volver y preguntarles: "¿Y ahora qué implica María en tu vida?" Tu libro aún no se ha publicado, va a ser increíble, estoy muy entusiasmada. Pero me encantaría que compartieras algo de lo que has aprendido en las primeras etapas, en esas conversaciones que fueron a la vez interrumpidas y acentuadas por el huracán María.

YARIMAR BONILLA. He estado investigando en Puerto Rico desde 2015. Originalmente, mi proyecto era sobre el movimiento de la estadidad en Puerto Rico. Me interesaba hacer un estudio etnográfico sobre las personas que creen que la mejor opción para descolonizarnos es que Puerto Rico se convierta en el estado cincuenta y uno de los Estados Unidos. Es un movimiento político que no ha sido estudiado seriamente y tampoco se ha analizado como una opción anticolonial en particular. También quería usar el movimiento de la estadidad para mostrarle un espejo a los Estados Unidos. Plantear la pregunta de por qué los Estados Unidos adquirieron territorios que desde sus orígenes no estaban destinados a la inclusión —en otras palabras, cómo y por qué los Estados Unidos se convirtieron en un imperio colonial que se niega a asumirse como tal.

---

[4] "Arecma", consultado el 14 de febrero de 2019, https://www.apoyomutuomaría na.com/eng

Mientras trabajaba en ese proyecto, anunciaron públicamente la crisis fiscal que se venía desarrollando. El gobernador declaró que Puerto Rico estaba en una espiral de deuda, se aprobó la ley PROMESA y se designó a la Junta de Control Fiscal —la Junta anti-democrática que ahora decidía el destino de Puerto Rico. Además, una serie de casos de la Corte Suprema en 2016 hizo más evidente el estatus colonial de Puerto Rico y los límites de su soberanía. Hubo entonces discusiones paralelas sobre la crisis económica y "la muerte del ELA", el Estado Libre Asociado o "Commonwealth". Para muchos, la crisis económica implicó el fin del espejismo de prosperidad que representaba el ELA. Que la Corte Suprema reconociera que Puerto Rico no tenía autogobierno, ni siquiera la capacidad de declararse en bancarrota, fue el último clavo en el ataúd. Incluso hubo ritos funerarios performativos, con manifestantes que simbólicamente llevaban al ELA en un ataúd. Muchos artistas y activistas comenzaron a crear espontáneamente murales, camisetas y pancartas con la bandera puertorriqueña pintada de negro. Para algunas personas la bandera negra representaba un símbolo de duelo, mientras que para otras era el signo de una nueva era de resistencia.

Entonces me interesó pensar el momento actual como una "muerte política". Mi enfoque se expandió más allá del movimiento pro-estadidad, y empecé a pensar más ampliamente sobre la crisis económica en Puerto Rico también como un momento de crisis política. De hecho, parte del problema con el colonialismo en Puerto Rico es que éste nos ha encerrado dentro de un conjunto limitado de opciones, ninguna de las cuales representa completamente lo que los/as puertorriqueños/as realmente quieren, pero que al mismo tiempo condiciona nuestra capacidad para pensar más allá de estas opciones. Como dijo una vez Christine Nieves Rodríguez, activista del Barrio Mariana en Humacao, Puerto Rico: "La mayor crisis de Puerto Rico en este momento es su crisis de imaginación".

Salí de Puerto Rico tres días antes de Irma. Iba a Nueva York con una beca de escritura y el resumen de un libro que iba a escribir sobre la crisis política y económica de Puerto Rico. Inmediatamente pasó Irma y luego remató María. Por supuesto, en el contexto del trabajo que había estado haciendo, estaba preparada para pensar en los huracanes en relación a las transformaciones políticas y económicas que ya estaban ocurriendo en Puerto Rico. Mi enfoque desde entonces no está en lo que María provocó, sino en lo que ha revelado: siglos de colonialismo, décadas de crisis económica y formas profundas de negligencia estructural e infraestructural.

Es importante tener en cuenta que estos problemas ya estaban siendo cuestionados antes de las tormentas. En 2017, Puerto Rico vivió las manifestaciones más grandes del 1 de mayo que se habían visto en mucho tiempo. Habían surgido formas nuevas de activismo contra la austeridad, contra la deuda y contra la Junta. Es cierto que María reorganizó muchos de esos esfuerzos, pero fue precisamente gracias a ese impulso político ya existente que las personas pudieron moverse rápido y llevar a cabo importantes acciones políticas y sociales inmediatamente después de la tormenta.

En parte por esto es que sostengo que lo que vemos en Puerto Rico no es doctrina de shock sino doctrina de trauma. Este no es un caso de intereses económicos y políticos que aprovechan un momento de shock, sino más bien de intereses corporativos y políticos que aprovechan traumas coloniales profundamente arraigados en la población —demasiado acostumbrada al abandono y la autogestión—, dejándola vulnerable a la explotación. La tan aclamada resiliencia de los/as puertorriqueños/as, debe entenderse por lo tanto como una forma de trauma: los años de abandono por parte de los gobiernos locales y federales han obligado a las comunidades a cuidarse a sí mismas. Creo que esta es la razón por la cual las personas pudieron moverse tan rápido y empezar a pensar de inmediato en alternativas a nivel comunitario. Esto es maravilloso pero también preocupante, dada la capacidad sobrehumana de resiliencia que ahora se espera de los residentes de Puerto Rico.

Por eso quise comenzar la conferencia de hoy con la obra ¡Ay María!, para abrir nuestras emociones, para despejar un poco las cosas que hemos estado reteniendo. A veces me preocupa que al moverse tan rápido para lidiar con lo que estaba pasando, muchas personas no se tomaron el tiempo para procesar la experiencia colectiva de muerte que sufrieron y el trauma provocado por el abandono estructural a gran escala. Pasar por estas experiencias sin tomarse un momento para llorar lo sucedido —llorar por los muertos, llorar por las pérdidas y llorar por el daño que se experimentó— no es necesariamente una forma saludable de resiliencia.

La resiliencia traumatizante agravada e iluminada por Irma y María nos devuelve a la cuestión de la soberanía de Puerto Rico. Actualmente, muchas personas se encuentran reinventando lo que podría ser la soberanía y lo que podría significar. Pero creo que la pregunta que debemos hacernos es: ¿Cuál es la relación entre la autosuficiencia y la autodeterminación? Por un lado, hay comunidades que toman en sus manos la responsabilidad sobre su propio futuro: cómo alimentarse, cómo garantizar el acceso al agua potable, cómo construir formas sustentables de energía, etc... Pero por otro lado está el estado impulsando medidas de austeridad, desmantelando los servicios públicos, reduciendo el sistema educativo, mientras reciben con beneplácito a quienes han denominado como "nuevos inversionistas" en la isla.

Esto incluye a algunas de las personas de las que hablas en tu libro: los criptos, o Bitcoiners, o "Puertopianos" según ellos mismos se autodenominaron en un momento dado. Creo que la pregunta sobre si se convertirán en jugadores importantes sigue abierta. El gobernador ha dicho que el Blockchain será líder en la recuperación, pero no creo que él sepa verdaderamente lo que eso significa. Lo que sí sé es que estos adinerados recién llegados ganan cada vez más poder político con su capacidad electoral: presionan a los funcionarios y escriben columnas en el periódico, ganando así cierta tracción política. Después de María el gobernador se fue de *tour* por los Estados Unidos —de Nueva York a Silicon Valley— proclamando que el Puerto Rico post-María es bueno para los negocios. Anuncia el estado colonial de Puerto Rico —sus salarios bajos, lagunas fiscales, excepciones regulatorias e incluso la resiliencia de la población— como oportunidades de negocio. Ha etiquetado a Puerto Rico como el lugar ideal para "la nube humana" ("human cloud"): trabajadores sin ataduras que pueden instalarse en cualquier lugar con una computadora portátil. Otra vez, no creo que él sepa lo que esto significa, pero me interesa saber qué piensan estos empresarios de las criptomonedas sobre la soberanía y por qué les conviene asentarse en un estado no soberano. Muchos de ellos son ideólogos libertarios que en principio no creen en un estado fuerte, por lo que ven el estado no soberano de Puerto Rico como algo a lo que le pueden sacar provecho. Sin embargo, muchas personas en Puerto Rico sí necesitan de los servicios públicos, legislación laboral, protecciones ambientales y otros componentes de un estado constituido. Queda por ver cómo se van a reconciliar estos intereses en pugna.

Su libro atiende muchas de estas preguntas. ¿Puede hablarnos un poco más sobre cómo ve este desarrollo?

NAOMI KLEIN. Claramente, los empresarios de Bitcoin que se han desplazado a Puerto Rico se solapan con un tenebroso movimiento llamado "seasteading", sobre el cual quizás algunos de ustedes han oído hablar. Algunos de los personajes son los mismos. "Seasteading" es un movimiento que comenzó hace aproximadamente una década. Fue financiado por el billonario Peter Thiel, un villano tipo James Bond que manda a cerrar los medios de comunicación que publican cosas que no le gustan. Es un libertario extremo, devoto de Ayn Rand. Él financió una organización cuyo presidente es el nieto de Milton Friedman. Y tienen el sueño de construir ciudades-estado flotantes que sean completamente soberanas, una página en blanco, literalmente, porque construyen estas islas flotantes desde cero. Llevan una década hablando y teorizando sobre eso y han enfrentado algunos problemas técnicos relacionados a la ocupación de aguas internacionales. Las imaginan verdes, totalmente autosuficientes. Hay toda clase de prototipos. Otra cosa interesante sobre Peter Thiel y el cambio climático es que compró una gran cantidad de tierra en Nueva Zelanda, donde está construyendo su búnker posapocalíptico, que apareció en el *New Yorker* en un artículo titulado "Doomsday Prep for the Ultra-Rich". Es importante pensar en esto en el contexto del cambio climático: ¿por qué resulta factible negar la realidad del cambio climático en público mientras construye en privado su propio búnker? Hemos visto muchos más casos así.

Existe esta relación y además algunas de las personas involucradas en el movimiento *seasteder* también están activas en la economía de criptomonedas. Su sueño es vivir libres del gobierno, libres de impuestos, tener soberanía total —tener su propia sociedad. Este es su movimiento de liberación. Entienden cualquier forma de impuestos y regulación como un ataque a su libertad. Mientras enfrentan todos estos problemas logísticos en la construcción de sus ciudades-estado flotantes soberanas, aparece Puerto Rico con estas leyes que prácticamente ofrecen un Club Med corporativo: 4% de impuesto corporativo, sin impuesto sobre dividendos, sin impuesto sobre intereses, sin impuesto sobre ganancias de capital. Resulta muy atractivo, particularmente para el grupo de Bitcoin, porque quieren cambiar y convertir su criptomoneda en moneda real y no quieren pagar impuestos. Hay grandes cantidades de dinero en juego aquí. Pienso que debemos analizar esto acompañado de una apuesta por despoblar la isla, donde si bien Puerto Rico no se vacía totalmente, muchos/as puertorriqueños/as sí optan por irse de Puerto Rico; entonces podrían construir sus ciudades-estado, que es una de las cosas de las que hablan abiertamente.

Entonces, tienes esa visión de soberanía que acabo de describir: una idea muy limitada de soberanía, donde soberanía significa hiper-individualismo; significa que "no soy responsable ante nadie". Esto en contraste con la visión de soberanía profunda que estamos escuchando más, que no implica solo soberanía política sino también soberanía energética, soberanía alimentaria y soberanía del agua. Este segundo tipo de soberanía tiene que ver con la interdependencia dentro y entre las comunidades y con el mundo natural. Por eso titulé el libro *La batalla por el paraíso*, porque tenemos estas dos visiones de utopía en pugna que no podrían ser más diferentes. Una excluye a la otra. No pueden coexistir felizmente porque la tierra es escasa y la necesidad de una base tributaria es muy importante.

Pero está ocurriendo un cambio. Me di cuenta cuando estuve hablando con activistas más jóvenes en Puerto Rico —personas que crecieron durante la crisis económica mundial de 2008 y que han visto a estados supuestamente soberanos como Grecia ser despojados de su soberanía. Yanis Varoufakis, el exministro de finanzas de Grecia, dice que "antes los gobiernos se derrocaban con tanques; ahora es con bancos" ("governments used to be overthrown with tanks; now it's with banks".). Creo que existe una mayor conciencia entre la generación que ha alcanzado la mayoría de edad después de 2008 y que ha sido testigo de este despojo de soberanía, también por el recuerdo de Katrina; y en lugares como Detroit y Flint, donde se han forzado administraciones de emergencia, hay mayor conciencia de que la soberanía no se trata solo de lograr la independencia política. No que estén abandonando el proyecto de soberanía política, sino que realmente están tratando de entender lo que esto significa en la era del capitalismo global, cuando hay instituciones financieras internacionales y gobiernos nacionales que pueden despojar a los estados de su soberanía utilizando todo tipo de palancas financieras. Despojar a las ciudades de su soberanía, despojar de su soberanía a estados nacionales enteros, o simplemente tener soberanía en papel, pero sin tener control económico. Eso es lo que pasó en Grecia.

Esto no quiere decir que la soberanía política no importe, pero creo que hay un creciente interés en la idea de "soberanías múltiples", una frase que escuché por primera vez de la alcaldesa de Barcelona, Ada Colau, en el contexto de la lucha por la independencia catalana. Ella apoya el derecho del pueblo catalán a determinar su relación con España. Pero a diferencia de los soberanistas más tradicionales, ha seguido insistiendo en que las fronteras soberanas no son suficientes: necesitamos soberanía de vivienda, necesitamos soberanía energética, necesitamos soberanía del agua, necesitamos soberanía profunda. Y tenemos que proteger el espacio para hablar sobre esas múltiples soberanías porque muchas veces las luchas que giran en torno a las fronteras naturales tienden a borrar todos estos otros espacios de lucha y simplemente dicen: "Nos ocuparemos de todo eso después. Primero, tenemos que obtener la soberanía política". Y después se obtiene a expensas de todo lo demás.

Antes de continuar, sería bueno que compartas un poco acerca de tu investigación sobre los criptoempresarios que has estado entrevistando. ¿Qué has descubierto al hablar con ellos sobre su visión para la isla? ¿Qué quieren ellos?

YARIMAR BONILLA. Parte del problema es que no tienen una visión sobre la isla; tienen una visión sobre sí mismos en la isla. Lo que buscan es un lugar donde ejercer la soberanía individual, no colectiva.

Le he preguntado a algunos por qué eligieron venir a Puerto Rico y su respuesta es simple y directa: por los incentivos fiscales y el buen clima. También entrevisté a otros que llegaron después de María y les pregunté: "¿Por qué quieres hacer negocios aquí? La electricidad y el Internet no son confiables". Y me contestaron: "Bueno, en Condado el Internet es mejor que en Silicon Valley y la electricidad nunca se va". Tienen esa mentalidad de búnker y confían en que tienen los recursos personales para suplir cualquier falta de servicios colectivos. Resulta preocupante que, en un momento en que el gobierno reduce los servicios públicos e impone medidas de austeridad que impactan desproporcionadamente a los pobres, estos nuevos residentes podrían ayudar a inclinar la balanza hacia una recuperación centrada en la responsabilidad individual a la vez que se despoja a la población local de las redes colectivas de seguridad.

También me dijeron: "Después de María, los puertorriqueños vivieron lo peor que podían experimentar, y si eso es lo peor, entonces estamos bien". Es importante saber que después de María, los inversionistas de fondos de cobertura y fondos buitre estaban realmente pendientes de lo que iba a suceder en Puerto Rico, y de hecho, el valor de los bonos puertorriqueños aumentó porque la gente pudo lidiar muy bien con la tormenta.

NAOMI KLEIN. Desde que escribí *La batalla por el paraíso*, la represión contra los movimientos sociales y las protestas se ha vuelto cada vez más severa. Hubo un momento en que el gobernador temblaba de ira porque se habían lanzado proyectiles durante una protesta del Primero de Mayo (el Día Internacional de los Trabajadores) dirigida por maestros de escuela ese año. El gobernador estaba super enojado porque alguien había tirado una piedra. Él dijo: "Este es el mensaje: estamos tratando de hacer que los inversionistas vengan aquí". Entonces, lo que estás contando es tan literal que él [el gobernador] dice que necesitamos una población sumisa que no proteste, porque la resistencia es una amenaza directa contra esta visión.

YARIMAR BONILLA. Absolutamente. La manifestación del Primero de Mayo en 2017 antes de María fue una de las manifestaciones públicas más grandes de la historia reciente de Puerto Rico, mientras que un año después el evento se convirtió en una de las mayores instancias de represión estatal. La policía lanzó gases lacrimógenos no sólo a los manifestantes, sino también a transeúntes y periodistas. No sólo esto, sino que la policía también entró a las comunidades circundantes y lanzó gases en las calles aledañas.

Creo que mucha gente en los Estados Unidos que no entiende la historia de explotación económica y represión política en Puerto Rico se sorprendería de que lo único que los manifestantes le tiran al gobernador son botellas de agua y piedras. Muchos espectadores estadounidenses esperaban disturbios y saqueos después de la tormenta. Pero no hubo mucho de eso, la verdad. Hubo muy pocas protestas y muy poca violencia. En cambio, las comunidades se enfocaron en cuidarse a sí mismas.

Esto es lo realmente complicado: cómo la resiliencia puede servir como una válvula de presión para el estado. Y creo que esta es una de las grandes preguntas que debemos atender: ¿Cómo convertimos nuestra autosuficiencia en algo que puede ser autodeterminante en vez de algo que simplemente libera al estado de su responsabilidad? La resiliencia sugiere que los negocios pueden continuar como de costumbre, que Puerto Rico puede estar "abierto para negocios" incluso cuando miles de personas permanecen sin techo, sin hogar, desplazados y desamparados. Así, la resiliencia pasa a ser una mera palabra para que nos adaptemos, en lugar de enfrentar o transformar condiciones inaceptables.

NAOMI KLEIN. Me recuerda a cuando estuve en Nueva Orleans después del desastre de BP cuando ocurrió el gran derrame de petróleo. Hablé con Tracie Washington, una abogada de derechos civiles. Ella recordaba que después de Katrina, se habló mucho de la resiliencia de la gente de Nueva Orleans, y esto no se cuestionó mucho en ese momento. Pero luego la gente comenzó a usar el mismo discurso después del derrame, que tuvo un gran impacto económico en las pescaderías. Y Tracie dijo: "No quiero volver a escuchar la palabra resiliencia nunca más. Resiliencia significa que puedes golpearme de nuevo". Y estoy de acuerdo. Pero cuando pienso en el trabajo que Arturo Massol está haciendo con las microredes solares, es importante decir que sabemos que la energía renovable descentralizada es más resiliente y que vendrán más momentos de desestabilización. Eso es lo que implica el cambio climático.

YARIMAR BONILLA. Creo que queremos que nuestra infraestructura sí sea resiliente. Queremos que nuestros edificios y nuestros sistemas eléctricos resistan los golpes, pero no queremos que nuestra población tenga que soportar shocks y traumas repetitivos.

Y esto debería estar explícitamente conectado a conversaciones similares en los Estados Unidos continentales. Por ejemplo, se espera que la población afroamericana en los Estados Unidos aguante golpes hasta el punto de creer que tienen mayor resistencia al dolor.

Entonces, cuando van al hospital, no reciben el mismo tipo de medicamento para el dolor. Esto está directamente relacionado con la noción de que los/as puertorriqueños/as no necesitan los mismos salarios, no necesitan los mismos servicios públicos, no necesitan el mismo acceso a los servicios básicos. Cómo manejar estas expectativas y al mismo tiempo oponer resistencia es una de las grandes preguntas.

Lo que creo que Massol y otros activistas en Puerto Rico están buscando no es resiliencia sino sustentabilidad: la capacidad de seguir existiendo a largo plazo. No sólo sobrevivir, sino prosperar. No podemos prosperar bajo nuestro modelo energético actual o nuestro modelo político actual.

NAOMI KLEIN. Una de las cosas que las sociedades "en shock", —o cualquier persona que haya experimentado un evento traumático masivo— tienen en común es una absoluta sensación de falta de control sobre sus vidas y de capacidad para proteger a sus seres queridos. Ese es el sentimiento más aterrador para cualquier persona. Me dirijo especialmente a los padres y madres aquí presentes, esa sensación de "no puedo cuidar a mis hijos" es el sentimiento más desgarrador. Y debemos recordar esto cuando pensamos en la infraestructura del capitalismo del desastre, bajo la cual los/as puertorriqueños/as son excluidos de su propia recuperación y se les pretende colocar en esta posición pasiva, donde solo pueden observar la intervención de extraños. Puede ser una ONG o quien sea, en realidad es retraumatizante, porque una vez más, las personas afectadas no tienen control y la llamada recuperación es algo que se les impone. No tienen control.

En realidad esto genera lo opuesto a la recuperación. Porque la forma de recuperarse del trauma de perder todo el control sobre tu vida es volver a tener algo de control. Estar facultado para ejercer el control. Eso es sanador. Todos los que trabajan en procesos de recuperación de trauma saben esto: que la forma de ayudar es dar a las personas nuevamente el impulso para que sean partícipes, no espectadores, de sus propias vidas. No borra el trauma, pero trae sanación.

Vi algunos ejemplos asombrosos de esto en Puerto Rico. Por ejemplo, una de las experiencias más conmovedoras que viví fue en una escuela agrícola en Orocovis. Allí conocí a Dalma Cartagena, quien ha dirigido la escuela agrícola durante dieciocho años. Los estudiantes aprenden agroecología como parte de su educación. Lo que más me llamó la atención de esa visita fue que Dalma, a diferencia de gran parte del complejo industrial humanitario, puso a los estudiantes a trabajar inmediatamente después de María. Ella les dijo: "Pueden ayudar a alimentar a sus familias; puedes ser parte del proceso de sanación. Simplemente sembrando estas semillas y cultivando estos alimentos". Los estudiantes estaban cosechando alimentos cuando los visitamos y ese trabajo los animaba mucho. Estaban muy felices. Lo otro que dijo Dalma fue sobre lo importante que era para los jóvenes aprender a confiar nuevamente en el mundo natural. Porque haber vivido una tormenta como María te hace sentir que el mundo natural está en contra tuya. Aprender a confiar en el mundo natural como fuente de fortaleza y sustento nos recuerda que somos parte de una red de vida, que la tierra puede sostener la vida y que somos parte de esta relación interminable. Ella me contó: "Le digo a los estudiantes: toquen las flores, toquen las plantas, reconstruyan esa confianza". Ese tipo de conocimiento tiene que arrojar información sobre qué significa la recuperación. Se puede entrelazar. La gente lo está haciendo, pero solo en estos pequeños bolsillos. Las personas con recursos no están aprendiendo la lección en absoluto, no les interesa en absoluto. Están retraumatizando a las personas al tratarlas como si estuvieran indefensas, pero no lo están.

YARIMAR BONILLA. Creo que ese es un punto bien importante porque a medida que se acerca una nueva temporada de huracanes en Puerto Rico, muchas personas hablan de cómo se asustan cuando llueve o cada vez que sopla un viento fuerte. Hay tantos traumas básicos que no han sido atendidos. Creo que esta idea de agencia y acción es muy importante y también la idea de una recuperación justa. No de una recuperación a cargo de las personas en el sentido de abandonarlas a su suerte, sino más bien una recuperación que haga justicia a quienes han experimentado estos golpes repetitivos.

Parte del problema es la forma en que Puerto Rico ha sido representado en los medios: se ha convertido en una historia sobre Trump. Puerto Rico habría obtenido mucha menos cobertura si Trump no hubiera estado en el cargo. Pero los medios de comunicación no estaban realmente enfocados en cómo los/as puertorriqueños/as imaginaban su recuperación, ni en cómo encaja Puerto Rico en la historia caribeña más amplia. Su único interés estaba en encontrar la Katrina de Trump. Además, la insistencia en que debemos prestar atención a los/as puertorriqueños/as porque son ciudadanos de los Estados Unidos también es preocupante. No se les debe prestar atención porque sean ciudadanos americanos, sino porque están atravesando una crisis humanitaria. Enfatizar la distinción entre ciudadanos y no ciudadanos en el Caribe, y entre ciudadanos y no ciudadanos en los Estados Unidos, resulta de verdad problemático en estos momentos, precisamente porque los no-ciudadanos están siendo atacados. Más aún, se desvía la posibilidad de hablar de un modelo de recuperación que tenga en cuenta la historia colonial y la búsqueda de soluciones regionales.

NAOMI KLEIN. Creo que sería tremendo si Puerto Rico pudiera organizar una conferencia sobre el impacto actual del capitalismo del desastre en Caribe, porque está por todas partes. Barbuda es un ejemplo extremo. Para quienes no lo saben, de hecho casi no recibió cobertura, Irma condujo a una evacuación total de Barbuda. No quedó absolutamente nadie en Barbuda después de la evacuación. Los barbudenses fueron evacuados a Antigua, donde existe una relación muy desigual entre el gobierno de Barbuda y el de Antigua; Barbuda tiene un lugar diminuto en el gobierno de Antigua. El gobierno de Antigua puede tomar decisiones fatídicas para la gente de Barbuda, por lo que es casi una relación sub-imperial. Antes del huracán, Barbuda tenía una extraordinaria ley de tierras donde era ilegal comprar y vender tierras, no solo a los extranjeros, sino que la tierra en Barbuda era comunal —legado de un levantamiento de esclavos. En cierto modo, es uno de los pocos ejemplos de reforma agraria real después de la esclavitud. Eso fue difícil de conseguir; fue el resultado de un levantamiento y por mucho tiempo estuvo protegido, ferozmente protegido. El primer ministro Gaston Brown fue directo al grano y dijo este es nuestro momento, esta es nuestra oportunidad, las puertas de Barbuda están abiertas a los negocios ("Barbuda is open for business"). Inmediatamente después de que la isla fue evacuada, hizo gestiones para cambiar la ley de tierras. La otra cosa que quiero decir sobre el problema de que todo esto sea sobre Trump y los republicanos es que a las historias como las de Barbuda no se les da cobertura. Hasta donde tengo entendido, la falta de cobertura se debe en parte a que uno de los mayores beneficiarios del cambio en esa ley de tierras en Barbuda es Robert De Niro, héroe de la #Resistencia aquí en los Estados Unidos. Es dueño de un hotel grande en Barbuda y lleva años tratando de evadir la ley de tierras. Coescribí un artículo sobre esto en *The Intercept*, pero tuvo una respuesta muy limitada porque la gente estaba ocupada celebrando a Robert De Niro por decir "Fuck Trump". Creo que ese es solo un ejemplo claro de los límites de este encuadre y del problema de que todo sea sobre patologizar a Trump.

YARIMAR BONILLA. Sí. Y ese es el asunto con pretender que los problemas de Puerto Rico comienzan y terminan con Trump, porque no es así. Creo que es importante tener esto en cuenta, especialmente cuando se habla de que los refugiados de María se registren para votar. Primero, no podemos olvidar que estos recién llegados son poblaciones desplazadas. Son refugiados de cambio climático y de una crisis política y económica. No deberían cargar la responsabilidad de sacar a un gobierno por el cual ni siquiera votaron en primer lugar. Segundo, no debemos suponer que van a llegar a sentirse parte de un proceso político del cual han sido excluidos, de un derecho del que han sido privados toda su vida. Al imponerles esta carga, se convierten una vez más en peones coloniales. No creo que sea responsabilidad de los refugiados de María cambiar el estado de las cosas ni hacer nada por Trump, más allá de mandarlo al carajo.

Mariana Carbonell, Marisa Gómez Cuevas,
José Luis Gutiérrez, José Eugenio Hernández,
Mickey Negrón, Martiza Pérez Otero,
y Bryan Villarini

¡Ay María!

TRADUCIDO POR RAQUEL SALAS RIVERA

Los actores de ¡Ay María! frente al residencial Plaza Apartments en Manatí, noviembre 13, 2017. Imagen proveída por Mariana Carbonell.

NOTA INTRODUCTORIA DE LA EDITORA

Aun mes del paso devastador del huracán María, un pequeño grupo de actores se reunió en San Juan para montar la breve pieza teatral ¡Ay María!, basándose en experiencias que vivieron antes, durante y después de la crisis. Mientras casi todo el archipiélago carecía de electricidad y agua, muchos aún vivían en albergues y las telecomunicaciones, en el mejor de los casos, funcionaban de forma interrumpida, este grupo se dio la tarea de entretener y mitigar el trauma causado por el huracán. Tras solo una semana de talleres, colectivamente escribieron y se prepararon para presentar ¡Ay María! en todos los setentaiocho pueblos de Puerto Rico, utilizando como método de transportación un vehículo recreacional alquilado. A veces, la presentaban ante personas que lo habían perdido todo, mientras estas esperaban que les sirvieran una comida gratuita, la única comida que recibirían aquel día: un sándwich del jamón y queso y una botella de agua. A veces, la audiencia se unía a la acción, difuminando la línea entre la ficción y la realidad. Esas cinco semanas que duró el recorrido, los actores miraron directamente a la tristeza en los ojos de los espectadores y transformaron aquel dolor en una sonrisa, en la esperanza.

NOTA INTRODUCTORIA DE LA PRODUCTORA, MARIANA CARBONELL
TRADUCIDO POR RAQUEL SALSA RIVERA

El 20 de octubre del 2017, se supone que fuera la noche de estreno de mi primera producción teatral en Puerto Rico. En su lugar, me encontré lamentándome con mis amistades de la comunidad teatral sanjuanera sobre los daños que sufrieron los teatros tras el paso de María. Estábamos a un mes de la tormenta y nos preocupaba cuándo volveríamos a trabajar. Recuerdo que me vino a la mente aquello que dijo Peter Brook: "Puedo tomar un espacio vacío y llamarlo un escenario." Una cosa llevó a la otra. Si cualquier espacio vacío en San Juan puede ser un escenario, podría decirse lo mismo de Mayagüez, de Fajardo. Pregunté: "¿Qué le pasó a los teatros rodantes?" Esta fue la semilla de una idea que eventualmente se convirtió en ¡Ay María!

Contacté a mi amiga Maritza Pérez Otero, la laureada directora teatral, cuyo estilo de creación colectiva se basa en el Teatro del Oprimido. Le dije que quería montar una obra sobre el huracán y presentarla por todo Puerto Rico, usando el teatro para aliviar un poco la angustia y el trauma compartido. Quería que esto se diera lo antes posible. Ella asintió entusiasmadamente.

Fue más difícil reclutar a los actores. Contacté a más de veinte. Algunos no podían unirse porque estaban trabajando con FEMA; otros nunca recibieron mis mensajes porque no tenían servicio celular fiable; y otros tenían que cuidar a familiares de edad avanzada. Al fin de cuentas, aparecieron cinco actores para la primera reunión;

¡Ay María!

Los actores de ¡Ay María! en la escuela pública Ricardo Rodríguez Torres en Florida, noviembre 13, 2017. Imagen proveída por Mariana Carbonell.

Mickey- Hola. Mi nombre es Mickey pero ahora soy un palo de guayaba.

José Eugenio- Hola. Mi nombre es José y soy un palo de roble.

Bryan- Hola. Mi nombre es Bryan y soy un palo de ceiba.

Marisa- Hola. Mi nombre es Marisa y soy un palito de ron.

Jose Luis- Hola. Mi nombre es Jose Luis y soy un zumbador. (Vuela alrededor de palos.)

Jose Luis- ¡Crisis! Un gran desastre se avecina.

Mickey- Yo sé lo que es, es la Junta de Control Fiscal.

Marisa- Yo sé, es el gobernador.

José- Yo sé, las cenizas de Peñuelas. (Todos estornudan.)

Bryan- No, es otra huelga de la iupi. (Todos cantan "candela, candela, la iupi da candela")

Jose Luis- ¡No! Es un huracán categoría 5.

Todos- ¡Uy!

(Cantan)

> Marullo grande de mi amor
> Creciente, encantadora
> Tsunami exquisito de pasión
> Tu amor me envuelve como ola, ay qué ola. (x 2)

Marisa- Hola y buenos días a todos mi nombre es Ada Bombón. Son las 6:35 de la mañana y el cono de incertidumbre es una catástrofe segura.

Mickey- (Hablando al celular) ¿Mami, escuchaste a Ada? Dice que la tormenta viene en forma de cono. Estoy cagao. Echale gasolina a los 2 carros.

Marisa- (Ada Bombón) Estamos registrando vientos sostenidos de 275 millas por hora. El huracán María se dirige hacia Puerto Rico en dirección este-noreste según el Centro Nacional de Huracanes.

Bryan- (Hablando al celular) ¿Qué salchichas ni qué salchichas? Yo compro cerveza que lo demás, dios provee.

Marisa- (Ada Bombón) Este fenómeno atmosférico es de los más grandes y fuertes producidos en esta temporada de huracanes. Urjo a todos que se preparen, que tomen todas las medidas necesarias.

José- (Hablando al celular) Que no hay agua en el supermercado. En la farmacia tampoco. ¿Qué? ¿Que no funcionan las ATHs?

Marisa- (Ada Bombón) Vayan a comprar comidas enlatadas, pongan tormenteras, aprovechen antes de que lleguen las bandas de lluvias fuertes.

Jose Luis- (Hablando al celular) Estoy en la góndola de las baterías. No hay doble A, ni triple A ni AEE.

Marisa- (Ada Bombón) Terminen todos sus preparativos. Salgan de zonas inundables. Salgan de estructuras vulnerables. Les pido por favor: ¡MANTENGAN LA CALMA!

(Todos gritan y corren. Bryan con mosquitero encima da vueltas como huracán. Mientras dice los nombres de los municipios, los personajes van cayendo uno encima del otro.)

Bryan- Naguabo, Aibonito, Utuado, Utuado otra vez, Arecibo... (se quita el mosquitero) me marié, me voy a Tampa. (Se percata del grupo amontonado.) ¡Jose Luis! Súbete aquí que eso se está inundando. (Jose Luis se para.)

Jose Luis- ¡José! Sal de ahí que viene un deslizamiento de tierra. (José se para.)

Bryan- ¡Marisa! ¿Y tu mamá? (Marisa se para.)

Marisa- Creo que está en el refugio. ¡Mickey! (Todos ayudan a Mickey a pararse.) ¿Cuántas veces te dije que vayas al refugio?

Mickey- Chica, no me regañes.

Jose Luis- ¿Estás bien?

Mickey- Lo perdí todo.

(Pausa. Cantan)

> Fue un 20 de septiembre
> Cuando nos cogió María
> No me había llegado el agua
> Desde la dichosa Irma.
>
> Yo me fui pa casa'e mami
> Yo me fui pa casa'e papi
> Yo me quedé en mi casa
> con mi gata bien paría...

(El elenco individualmente le pregunta a integrantes del público en dónde pasaron el huracán.)

Mickey- Eso se lo debemos a...

(Todos cantan)

María bonita, María del alma
Que provocaste muchos derrumbes
E inundaciones y estos mosquitos.

(El elenco se cubre con el mosquitero.)

José- ¿Tú no tendrás de esos uff que me prestes?

Jose Luis- ¿Qué uf ni qué uff? Yo tengo una receta natural que era de mi abuela y de mi bisabuela y de mi tatarabuela.

José- Pues echa pacá esa receta.

Jose Luis- Saca papel y lápiz y apunta ahí. Vas a coger un pote de aceite de oliva extra virgen.

José- ¿Puede ser vegetal?

Jose Luis- Puede ser hasta aceite de transmisión si te da la gana.

José- Aceite vegetal virgen.

Jose Luis- A eso le añades un pote de agua maravilla.

José- ¿Eso es como el sudor de la mujer maravilla?

Jose Luis- Huele mejor que el sudor de la mujer maravilla.

José- Agua maravilla.

Jose Luis- Entonces le vas a echar unas gotitas de aceite de eucalipto.

José- ¿Puede ser malagueta?

Jose Luis- Puede ser malagueta pero machácala bien.

José- Malagueta machacá.

Jose Luis- Entonces le vas a echar par de rajas de canela.

José- ¿Como los palitos?

Jose Luis- Como los palitos. Enteros.

José- ¿Cuántos palitos?

Jose Luis- Los que te den la gana.

José- 4 palos.

Jose Luis- Entonces terminas echándole clavos.

José- ¿De acero?

Jose Luis- No seas bersuaca. Palos de especias, lo que se usa pal majarete, pal tembleque. Entonces meneas eso bien, te empavonas todo el cuerpo de eso y ya. Cura santa pa los mosquitos.

Mickey- Vecino, perdone que me meta pero eso tiene que dar una peste...

Jose Luis- Ninguna peste. Eso huele mejor que cualquier colonia.

Marisa- Bueno señores cualquier cosa mejor que esta colonia.

José- ¿En dónde consigo todas estas cosas?

Jose Luis- Tienes que hacer la fila de la tiendita.

José- Uy esa fila está bien larga.

(El elenco sale del mosquitero y se ponen en fila. Mientras hablan se van bajando hasta colapsar en el piso.)

Marisa- Esta fila no está tan mala como la que hice para comprar agua.

José- Bueno, no está tan mala como la que hice para el ATH.

Jose Luis- En realidad no está tan mala como la que hice para comprar una bolsita de hielo.

Mickey- Por lo menos esta corre más rápido que la de la gasolina.

Bryan- Esta no está tan mala como la de Western Union.

Marisa- Yo estuve más rato para entrar al supermercado.

José- Esta está peor que la de sala de emergencia.

Jose Luis- Yo estuve una semana en la fila pa comprar un inverter.

Mickey- Yo tuve que hacer hasta la del diesel.

Bryan- ¿Permiso aquí reparten toldos?

(Cantan)

Fue un 20 de septiembre
Cuando nos cogió María
Trump llegó a Puerto Rico
Después de 13 días.

Y el gobernador le dijo
"aquí no ha pasado nada"
Y el tirano anaranjado
Nos tiró papel toalla.

Mickey- (Trump) Hello brown people of Puerto Rico. Soy yo el presidente del mundo. Su gobernador me dijo que solo han habido 16 muertos. Eso no es un desastre. El verdadero desastre es que me están descuadrando el presupuesto.

Marisa- (Yulín) Our people are dying!

Mickey- (Trump) Shut up nasty woman. Aquí les he traído papel toalla suavecito para sus culitos.

Jose Luis- (Rosselló) El plan para la planificación planificada está basado en un extenso planeamiento que yo solito planié planeando en la...

(Mientras Rosselló habla, Bryan traduce a lenguaje de señas a su lado. Mickey, Marisa y José juegan fútbol americano hasta darle a Bryan en la cara con el papel toalla. Bryan colapsa "muerto".)

Mickey- Señor Gobernador ¿Y ese muerto?

Jose Luis- (Rosselló) ¿Qué muerto?

Mickey- Ese muerto al lado suyo. ¿Cuenta como una de las muertes a causa del huracán?

Jose Luis- (Rosselló) ¿Bueno, le hicieron autopsia?

Mickey- Se acaba de morir.

Jose Luis- Pues no cuenta.

José- Señor Gobernador, mi mejor amigo se suicidó una semana después del huracán porque lo perdió todo. ¿Esa muerte cuenta?

Jose Luis- (Rosselló) ¿Bueno, le hicieron autopsia?

José- Es que las morgues estaban llenas.

Jose Luis- (Rosselló) Ah, pues no cuenta.

Marisa- Señor Gobernador, y los cientos de personas que no pudieron recibir su tratamiento por falta de energía eléctrica que sí fue a causa del huracán, ¿cuentan?

Jose Luis- ¿Bueno, le hicieron autopsia?

Marisa- Es que su administración aprobó la cremación de cientos de cadáveres sin hacerles autopsia.

Jose Luis- (Rosselló) ¿Quién aprobó eso?

Marisa- Hector Pesquera.

Jose Luis- Ah, pues no cuentan.

Mickey- Señor Gobernador, y el bebé de Barranquitas que se lo llevó el viento al frente de sus padres ¿cuenta?

Jose Luis- (Rosselló) ¿Bueno, le hicieron autopsia?

Todos- ¡Que se lo llevó el viento!

Jose Luis- (Rosselló) Ah, pues no cuenta. Se acabó la conferencia de prensa. (Contesta su celular) ¿Papi, lo hice bien?

Bryan- (Revive) ¿Hay señal?

(Todos buscan señal con sus celulares)

Bryan- ¿Titi Luli? ¿Que me mandaste una planta desde Nueva York? Ay ¿por correo? Ya se la tumbaron.

(Todos hacen una fila. Mickey y Jose Luis tienen un bebé en sus brazos.)

José- Bienvenidos a la oficina de la procuraduría del ciudadano. Háganme una filita. ¿En qué los puedo ayudar?

Jose Luis- Nosotros estamos esperando el depósito electrónico de la tarjeta de la familia que no nos ha entrado.

José- Bueno mi amor, si no hay electricidad ¿cómo te va a entrar el depósito electrónico? No puedo hacer nada por ti.

Mickey- ¿No puede hacer nada por nosotros?

José- ¿Sabes dónde está el centro de convenciones en San Juan? Pues ahí está el COE. Ahí te pueden atender.

Mickey- Pues co'e por ahí que aquí no nos pueden ayudar.

José- Próximo. ¿En qué te puedo ayudar?

Marisa- (Hablando bien rápido) Mire, es que mi casa me la quitó el banco y entonces la casa que tenía alquilada se la llevó el huracán y entonces me fui para un refugio pero somos demasiadas familias en esa escuela y empezaron a subir unas aguas negras y entonces nos cambiaron a otro refugio pero ese refugio no es en mi pueblo y yo no tengo carro, yo no tengo cómo llevar a mis nenes a la escuela, yo necesito una casa, yo no puedo seguir compartiendo un baño con 45 personas y cuando uno ve las casas vacías que el banco le ha quitado a la gente, esas casas con techos, vacías... mire yo estoy desesperada ya yo no sé qué hacer...

José- ¡Respira! Mira, al lado del centro de convenciones está el hotel Sheraton. Ahí está el gobernador con todos sus amiguitos cogiendo aire acondicionado... vete a quejarte allá. Próximo. (Bryan se le acerca) ¡Qué peste!

Bryan- Bueno es que por eso estoy aquí. En mi comunidad no ha llegado el agua y queremos saber cuándo van a llevar los camiones de agua esos que le dicen los oasis...

José- Mira, te recomiendo que vayas a Roosevelt Roads en Ceiba que ahí hay un montón de botellas de agua cubiertas en unos toldos, no te la tomes pero por lo menos báñate con eso pa poder atenderte porque con esa peste no puedo hacer nada por ti. Próximo. (Mickey se acerca a José, casi le vomita encima.) Uy, Leptospirosis, echa pa-llá, vete a Centro Médico. Próximo.

Jose Luis- Yo solicité los $500 de FEMA y todavía no me han llegado.

José-Mira ¿tú ves ese letrero ahí? Ahí está el número de FEMA. Llamen todos ahí que yo estoy en horario reducido. Adiós.

Marisa- You have reached the Federal Emergency Management Agency. To continue in English say "english".

(Todos al mismo tiempo)

Bryan- English.

Mickey- Español.

Jose Luis- Espanish.

José- Spanish.

Marisa- To begin, press the 5 digit zip code where the damage occurred.

(Todos dicen un zip code diferente)

Marisa- I'll transfer yo to an operator. Hello, FEMA.

Mickey- Hello. ¿Estoy hablando con un ser humano?

Marisa- Ajá.

Mickey- Uy qué bueno es que no me entiendo con la máquina. Mire, yo estoy llamando porque solicité los $500 que le están dando a la gente...

Marisa- Muchas personas llamando para los $500. Lamentablemente si no le han entrado los $500 a su cuenta tiene que llamar a este mismo número a apelarlo.

Mickey- Pero si yo llevo 3 horas esperando en el teléfono. Apélamelo.

Marisa- Lo siento, yo no tengo autorización para apelar...

Mickey- Chica pero apélamelo...

Marisa- Va a tener que llamar otra vez. Lo siento.

Mickey- ¡No me cuelgue!

Marisa- Buen día. (Engancha. Contesta.) Hello, FEMA.

José- Hello. Mire yo tengo un problema, es que está lloviendo y me estoy mojando.

Marisa- Pues entre a su casa.

José- ¡Estoy dentro de mi casa! Es que tengo el techo como un coladero. Necesito un toldo.

Marisa- Sí, hay mucha gente pidiendo toldos pero no nos quedan. Va a tener que ir a Home Depot.

José- Pero es que nosotros pagamos por FEMA, yo no tengo chavos pa comprar un toldo.

Marisa- Lo siento. Puede tratar llamando mañana. (Engancha. Contesta.) Hello, FEMA.

Jose Luis- Hello, baby. ¿La comida militar se puede poner en el microondas?

Marisa- ¿Cuántas veces te he dicho que no me llames al trabajo? No inventes con la comida militar. Tú eres un hombre, tú puedes hacer arroz, yo estoy trabajando, se supone que tú estés cuidando a los niños, no me llames más al trabajo. (Engancha. Contesta.) Hello, FEMA.

Bryan- Hello! In English because in English the money comes faster.

Marisa- Hello? (Engancha.)

Bryan- Hello? Hello? (Mira el celular) ¡Me quedé sin batería!

(Bryan y José se convierten en un helicóptero militar. Marisa, Mickey y Jose Luis hacen señas y le gritan a los militares como niños chiquitos emocionados al ver el helicóptero. Bryan les tira paquetes de comida en slow motion.)

Bryan- Comida militar. Bien alta en sodio. Te da un estreñimiento ca-

(Helicóptero se aleja dejando a los niños tosiendo por el polvorín.)

Mickey- ¡Ya no quiero ser militar!

(Todos se convierten en plantas eléctricas en el piso. Hacen el ruido de las plantas.)

Bryan- Con razón Puerto Rico se levanta. ¿Quién puede dormir con tanta planta?

Mickey- Y esta peste.

Marisa- Y este calor.

José- ¡Buenos días vecinos!

Jose Luis- Ave María, tú estás fresh.

Mickey- José, tú tienes que hacer algo con esa planta. No me deja dormir. No puedo más.

Jose Luis- Debes ponerle un timer para que tumbe a cierta hora.

Marisa- Y yo necesito que hagas algo con el muffler que tengo a mis nenes ahogados.

José- Se quejan ahora pero no cuando les paso la extensión para que carguen sus cosas.

Mickey- Mira, José la pregunta es ¿las cervezas están frías?

José- Desde anoche.

(Todos celebran.)

Jose Luis- ¡Ah pues deja la planta encendía!

Marisa- En el juego de dominó de anoche quedamos en que el que perdiera tenía que cocinar hoy.

Jose Luis- ¡Bryan!

Bryan- Pero si yo hiervo agua y se me quema. La cocina no es lo mío.

Jose Luis- Pues yo le voy a hacer un favor a Bryan y yo voy a cocinar.

José- Si quieren, yo tengo unos churrasquitos congelados ahí que podemos compartir entre todos los vecinos…

Mickey- Ay, yo los voy a extrañar.

José- ¿Tú también te vas?

Mickey- No es que me quiera ir, es que me tengo que ir. La casa no se paga sola, la luz, el agua, el teléfono que lleva casi 2 meses cortado y me lo siguen cobrando. Y pa colmo la llamada que me entra es la de mi jefe llamando a decir que cerró el negocio y tengo que buscar otro trabajo. Vecino, yo tengo ahorros, y yo he tratado de estirar esos chavos pero no me dan. Entonces yo tengo un primo que se fue pallá afuera y está viviendo en unas carpas pa los refugiados en un parking, y él me dice que allá está bien y que debo ir con mi nena. Porque esa es otra. Mi nena tiene una condición y en donde le daban las terapias era en la escuela. Pero la escuela de mi nena no ha abierto todavía, primero porque era un refugio y después la cerraron como tantas escuelas que la Keleher se puso a cerrar. Y los maestros de mi nena son personas responsables y decentes y se pusieron a protestar el cierre de la escuela y ¿tú puedes creer que los arrestaron? Dime tú si este país no está jodido. Vecino, este país me asfixia. Este país con sus políticos corruptos se está metiendo con mi familia y con la tuya. ¿Qué tú quieres que yo haga?

Marisa- Yo te presto chavos.

Mickey- ¿Y cómo te los repago?

José- Es que estás diciendo disparates. ¿Qué es eso de irte a vivir en una carpa en un parking? Tú tienes vecinos aquí que te apoyan y que comparten contigo lo que necesites. El sol va a salir otra vez.

Mickey- (Canta a tono de "Sale el sol")

> ¿Saldrá el sol
> Dentro de esta tragedia?
> Vivo desesperado
> Pensando en el avión.

> Todos menos Mickey-
> Estarás en otra tierra no en la tuya
> En un trabajo que no te gusta
> Estarás en otra tierra sin tus hijos
> En un invierno pasando frío

Mickey- Pero es que me tengo que ir.

Marisa- Si te tienes que ir vete, y te puedes unir a la diáspora que tanto nos ha ayudado desde fuera.

Mickey- (Al público) Vecino ¿qué tú crees? ¿Me quedo o me voy?

(Contestaciones variadas del público.)

Mickey- Bueno, le voy a dar 2 meses más. Pero si me quedo, no me voy a quedar callado porque yo estoy bien rabioso. Si hay algo bueno de los vientos que soplaron es que dejaron al descubierto todos los chanchullos del gobierno.

Marisa- Ahora podemos ver lo mal administrado que está el país, desde el departamento del consumidor, departamento de hacienda, vivienda, educación. Mientras la gente pasaba hambre el gobierno estaba haciendo contratos multimillonarios con compañías americanas y uno se pregunta ¿qué ha hecho el gobierno por nosotros?

Mickey- Yo sé lo que hicieron, un hashtag: Puerto Rico se levanta. Pero es que hace tiempo que los puertorriqueños y puertorriqueñas y todo el mundo que vive aquí aunque no sean de aquí, hace tiempo que estamos de pie. Aquí lo que se tiene que levantar es el gobierno.

(Todos cantan)

Marullo grande de mi amor
Creciente encantadora
Tsunami exquisito de pasión
Tu amor me envuelve como ola, ay qué ola.

Al otro día de María
Al despertar los vecinos
Con hacha, machete y pico
Abrimos nuevos caminos, caminos.

Y levantamos escombros
Y compartimos comida
Pero pa buscar el agua
hicimos tremenda fila, ay qué fila.

Así queda demostrado
Quien levantó nuestra tierra
La gente trabajadora
Que somos una jodienda, jodienda.

Ay María
Hay caminos
Los vecinos
Construimos
Puerto Rico

SEGUNDA PARTE

¿CÓMO NARRAR EL TRAUMA?

Sandra D. Rodríguez Cotto

Traducido por Nicole Delgado

WAPA Radio:
Voces entre el silencio y la desesperación

Imagina que eres una mujer de treinta años. Eres madre soltera, tienes una hija y te mudaste hace poco a un vecindario de bajos recursos en Manatí, un pueblo en la costa norte de Puerto Rico. Allí te escondes de tu marido. Están separados. Él te ha violado y golpeado repetidamente. Una vez te golpeó tan fuerte, que te dejó legalmente ciega. Puedes ver colores sólo bajo la luz de una lámpara especial que tu hija manipula para ti. Tienes miedo, tiemblas, temes que él pueda volver y matarte a ti y a tu hija. Ella tiene sólo seis años.

Ahora imagina que además de todo esto, un huracán te deja sin electricidad durante meses. Las carreteras están cerradas, los escombros bloquean el paso y la cablería eléctrica está esparcida por el suelo.

Esto le sucedió a una mujer que caminó a cuatro diferentes cuarteles de policía después del huracán, sólo Dios sabe cómo pudo hacerlo. El primero había sido destruido por la crecida del río, y en los otros tres sólo había uno o dos agentes. Ella necesitaba denunciar que era víctima de violencia doméstica y así solicitar protección. Sabía que su agresor la estaba persiguiendo, y quería informar a la comunidad dónde vivía. Los agentes del último cuartel le dijeron que no podían ayudarla porque no había patrullas ni tenían electricidad.

Una noche, casi tres semanas después del huracán, me encontraba al aire en WAPA Radio en San Juan, la única estación de radio que tenía cobertura en toda la isla y que estaba recibiendo llamadas de los oyentes. Teníamos seis líneas telefónicas, pero sólo una funcionaba; todas las personas que llamaban debían esperar en línea para ser atendidas. La gente llamaba pidiendo ayuda o comida, o avisando a sus familiares que estaban vivos. Era casi medianoche cuando esta mujer llamó a la emisora. Era difícil escucharla entre la estática. No era para menos, el sistema de telecomunicaciones había colapsado, al igual que las antenas de radio y televisión. Tampoco había internet.

La mujer dijo que necesitaba ayuda, estaba pidiendo que alguien le donara una de esas lámparas especiales que le permitían ver. La suya se había roto durante el huracán. Dijo que necesitaba una para poder escapar, y que su hija de seis años le serviría de guía. Una especie de lazarillo. Al escuchar su voz, inmediatamente supe que algo andaba mal y seguí haciéndole preguntas. Luego nos contó a mí y a todos nuestros oyentes, su calvario.

Sólo imagina su desesperación. Ella estaba dispuesta a hablar por la radio, independientemente de si alguien la identificaba, sólo porque quería protegerse y salvar su vida y la de su hija.

Le pedí que esperara para poder atender la llamada telefónica en privado, pero la llamada se cortó justo cuando comenzó a hablar. Me volví loca. Temía lo peor. Frenéticamente, le rogué que volviera a llamar. Le pedí a Dios que la salvara. Todo esto sucedió estando al aire.

Afortunadamente para la mujer, un grupo de monjas de la Orden de las Hermanas Fátima estaban escuchando desde Guánica, en la costa sur de la isla. Una de ellas, que conocía el área porque tenía parientes cerca, subió a su camioneta junto a las demás monjas, y condujeron hacia el norte en medio de la noche, en total la oscuridad, para encontrar a la mujer. Era toda una hazaña con las carreteras devastadas, aludes en el camino y sin electricidad, pero lo lograron. La salvaron a ella y a su hija, y se las llevaron a una casa segura cerca de su convento. Dos días después de la llamada, supe de las monjas y de un pastor pentecostal y su esposa quienes habían traído a la emisora, no una, sino dos de las lámparas especiales para donárselas a la mujer. Las monjas llegaron hasta la emisora y las recogieron junto con otras donaciones.

Mis colegas de la estación de radio y yo no dejamos de escuchar historias como ésta desde el día después del huracán, el 21 de septiembre, día tras días, hasta el mes de diciembre.

❧

Nadie está preparado para experimentar lo que vivimos en la estación. Mejor dicho, nadie tenía idea de a qué nos llevaría el huracán.

Algunos de nosotros recordábamos el huracán Hugo de 1989 y el huracán Georges de 1998. Casi una generación entera no había vivido todavía un huracán. La gente escuchaba los noticieros de televisión y a los meteorólogos; habían oído los mensajes para que se prepararan, pero la verdad es que la mayoría pensó que no pasaría nada. Se confiaron.

En parte, la incredulidad generalizada era consecuencia de la mala estrategia y planificación del gobierno local. El sitio web de la propaganda oficial del gobierno, como siempre decidí llamarle, pertenecía a al Centro de Operaciones de Emergencia, pero era administrado por la misma firma de relaciones públicas que había dirigido la campaña electoral del gobernador Ricardo Rosselló y que maneja la mayoría de las comunicaciones oficiales. Días antes del huracán, en lugar de enviar tuits sobre cómo prepararse para el huracán, o de anunciar una lista de refugios disponibles, la firma tuiteó fotos de la Primera Dama Beatriz Rosselló modelando su séptimo mes de embarazo. La misma imagen apareció en varias cuentas oficiales en las redes sociales de Facebook y Twitter que mantenían entidades del gobierno como la Policía, el Sistema 911 y la Oficina del Gobernador.

Unos días antes del huracán, Rosselló realizó una rueda de prensa para decirle a la gente que se moviera a lugares seguros, pero algunas personas no tomaron su advertencia en serio. Esto cambió gracias a lo que he llamado "el efecto Pesquera". El entonces jefe del Negociado de Seguridad Pública, Héctor Pesquera, acudió ante a la prensa, y le dijo a la gente: "tienen que moverse o van a morir". Fue entonces cuando la gente se asustó. Pesquera estaba a cargo de supervisar el manejo de emergencias, pero su experiencia como policía lo llevó a amenazar a la población como una táctica para obligar a que tomaran el huracán en serio. Mirando en retrospectiva, te das cuenta de que no tenía idea de cómo manejar una emergencia, pero sus tácticas sirvieron para asustar a una buena cantidad de gente y lograr que fueran a lugares seguros. Pero ya era demasiado tarde.

Mucho antes del huracán, era evidente que había problemas con los esfuerzos de preparación.

Una semana antes de que el huracán Irma destruyera las Antillas Menores y afectara la costa este de Puerto Rico, publiqué un artículo de opinión titulado "La dependencia en las antenas" en el medio digital de noticias NotiCel. Pregunté qué pasaría si un huracán tumbaba las telecomunicaciones. Después de publicado, recibí una llamada de Sandra Torres, la presidenta de la Junta Reglamentadora de Telecomunicaciones de Puerto Rico. "Eso no va a suceder", me dijo. Según ella, las compañías de telecomunicaciones habían gastado millones de dólares en desarrollar una infraestructura sólida. Yo ya sabía que no era cierto, y que ella se equivocaba. Las empresas no estaban invirtiendo en infraestructura, sino en estrategias de ventas para aumentar su participación en el mercado. La tecnología en Puerto Rico no estaba al día.

Cuando pasó el huracán Irma, la mitad de la isla se quedó sin electricidad y sin servicio telefónico. Entonces, escribí una segunda columna en NotiCel titulada "Colapso de las telecomunicaciones". Ahí entonces, llegó María. Fue un caos total. La gente en Puerto Rico está acostumbrada a que haya interrupciones en los servicios de electricidad y agua, pero no en las telecomunicaciones. Eso realmente afectó a la población.

La gente estaba total y absolutamente desesperada por la crisis y la falta de comunicación. No había manera de saber qué ocurría. Familias enteras estacionaban sus carros a la orilla de las carreteras tratando de encontrar señal celular para poder llamar a sus familiares y decirles que estaban vivos. Las generaciones más jóvenes nunca habían experimentado algo así y estaban en estado de shock sin redes sociales ni internet. Fue como retroceder en el tiempo.

Sin televisión, periódicos, ni internet, lo único disponible era la radio. En medio del huracán, mientras escuchaba Univisión Radio en una pequeña radio de baterías desde mi casa, el reconocido presentador Rubén Sánchez dijo súbitamente al aire que las ventanas de la estación se habían roto debido a un árbol caído y que tenían que irse. Entonces la emisora se apagó. Había perdido su antena principal. Luego la emisora NotiUno se apagó, y también Radio Isla. Eran las principales emisoras AM. Lo mismo sucedió con las emisoras FM. Era increíble y aterrador ese silencio informativo mientras los vientos azotaban afuera. Después de todo, Puerto Rico tiene más estaciones de radio por milla cuadrada que cualquier otro territorio de los Estados Unidos. Un total de 125 estaciones, incluida la segunda más antigua de América Latina, tienen licencia y casi todas, salieron del aire.

Nadie podía creer que todo estuviera tan silencioso. Resultaba inquietante, como si la muerte estuviera cerca. Cambié la emisora a

WAPA Radio 680AM, una operación dirigida por una familia de exiliados cubanos cuya consigna es que Puerto Rico debe convertirse en el estado 51 de los Estados Unidos. Son tan estadistas que todos los días, a las doce del mediodía transmiten el himno estadounidense "The Star-Spangled Banner". La sede es una estación pequeña y muy modesta, pero los propietarios habían gastado miles en mejorar su sistema análogo y de microondas, y fue la única estación que sobrevivió a María. Las voces de sus tres periodistas, Jesús Rodríguez-García, Luis Penchi e Ismael Torres, fueron las únicas al aire en toda la isla mientras los vientos destruían pueblos enteros.

WAPA Radio fue la única emisora que permaneció al aire. Había más de ocho estaciones pequeñas operando en algunas áreas, pero sus señales se limitaban a pueblos específicos, alejados de la trayectoria del huracán. WAPA fue la única emisora que mantuvo cobertura en todo Puerto Rico por su red de retransmisores que se mantuvo operando.

Al cabo de treinta horas de transmisión ininterrumpida, las voces de los anfitriones comenzaron a flaquear. Desde mi casa, sentí que tenía que hacer algo. Necesitaba ayuda. Al día siguiente, después de que amainaron los vientos, verifiqué que mi casa estuviera bien, me monté en el carro y guié hasta la estación. Una de las dueñas, la octogenaria doña Carmen Blanco, se sorprendió al verme y me preguntó qué estaba haciendo allí. "Vine a ayudar", le dije. "Por favor, entra y ayuda", me contestó.

Pensé que me pedirían que escribiera los titulares, pero decidieron ponerme al aire para poder descansar un poco, ya que sus voces se iban perdiendo. No sabía qué hacer ni me lo esperaba pero como no estaba preparada, lo único que se me ocurrió fue pedir a al aire que llegaran más periodistas hasta WAPA, y llegaron. Más de sesenta reporteros de periódicos, estaciones de televisión, noticieros digitales, e incluso de las emisoras de la competencia, se presentaron en WAPA Radio para brindar ayuda. También llegaron muchos médicos, psiquiatras y voluntarios. La estación se llenó de gente.

Cientos de personas hacían largas filas alrededor de la emisora todos los días, esperando poder entrar y escribir sus nombres e una lista, para que los reporteros los mencionaran al aire y así avis a sus familiares que estaban vivos. Algunos llegaban pidiendo da, comida y agua. Otros lo habían perdido todo. Muchas igl grupos comunitarios y organizaciones sin fines de lucro trajeron donaciones. Después llegaron los alcaldes, el personal militar, e incluso hasta Rosselló, porque el centro general de operaciones de emergencia del gobierno se había inundado. Durante unos días después del huracán María, WAPA Radio se convirtió en la sede de operaciones del gobierno.

En medio del caos, transmitimos veinticuatro horas al día. Para que esto fuera posible, los otros dos propietarios de la red, Jorge y Wilfredo Blanco (hijo y esposo de Carmen) tuvieron que dar mantenimiento a la red de seis estaciones de WAPA y sus antenas repetidoras y de señal de microondas alrededor de la isla. Las estaciones son WMIA en Arecibo, WISO en Ponce, WTIL en Mayagüez, WVOZ en Aguadilla, WXRF en Guayama y WAPA en San Juan. Así, pasaron sus días, atravesando carreteras destruidas alrededor de la isla, para ir de una antena o estación a la siguiente, rellenando los generadores de gasolina y verificando las señales. Lo hicieron por cuatro meses seguidos, día tras día. Sólo así se mantuvo al aire porque no había electricidad en ningún lado. Los vientos habían arrastrado todo.

Nos quedamos en WAPA y continuamos nuestro trabajo como reporteros voluntarios. Por la noche dormíamos en el suelo. Lo hicimos, en parte porque la gente seguía llegando a la estación a todas horas pidiendo ayuda, en parte por la enorme cantidad de noticias terribles de devastación que seguíamos recibiendo, y especialmente porque todos éramos periodistas. Permanecimos en la estación porque teníamos un fuerte compromiso ético de ayudar a las personas y reportar las noticias.

Desde el día uno, hicimos preguntas difíciles que los funcionarios del gobierno no pudieron o no quisieron responder. ¿Por qué el jefe de FEMA no daba información sobre el número de muertos o las crisis ambientales que estaban pasando como las inundaciones? ¿Por qué el Secretario de Salud no estaba orientando a la población para prevenir epidemias? ¿Por qué la Secretaria del Departamento de la Familia guardó silencio sobre los administradores que habían abandonado los hogares de ancianos, dejando a las personas mayores a ~iesgo de muerte? ¿Quién podía dar información sobre cuántas per~nas habían perdido sus hogares? ¿Cómo se estaba distribuyendo ~yuda? ¿Por qué los alcaldes seguían desmintiendo las afirmacio~ el gobernador, quien aseguraba que todos estaban recibiendo las ayudas? Y lo más importante, ¿cuántas personas habían muerto? Eventualmente, el gobierno dejó de respondernos. Sólo respondían a reporteros de medios estadounidenses.

∞

Recuerdo vívidamente lo que sucedió uno de esos largos días en la ciudad de Arecibo. La gente llamó a WAPA para informar que el alcalde de la ciudad, Carlos Molina, se había apoderado de un generador eléctrico que FEMA había entregado a un refugio con más de ochenta personas mayores. Molina había trasladado a los ancianos, algunos de los cuales necesitaban ventiladores, a refugios sin electricidad en los pueblos cercanos de Barceloneta y Camuy. El generador fue a parar un restaurante llamado Arasibo Steakhouse, donde, según Molina, se usaría para preparar comidas para cientos de rescatistas. Fuimos a Arecibo a investigar la situación.

Cuando llegamos al Arasibo Steakhouse, escuchamos música a todo volumen y encontramos lo que parecía una fiesta. Resultó que los empleados del alcalde estaban usando el generador para un acto político de recaudación de fondos. Sonaba "Livin' la Vida Loca" de Ricky Martin, los empleados se divertían, mientras a pocas cuadras había gente que todavía no tenía comida y en las comunidades cercanas estaban muriendo personas. Cuando preguntamos sobre el generador, un hombre se enojó tanto que casi golpeó a Francisco Quiñones, uno de los reporteros. Ese hombre resultó ser el presidente de la Legislatura Municipal. Cuando regresamos esa tarde a la emisora, transmitimos el informe, pero no pasó nada. Dos días después, Rosselló realizó una conferencia de prensa en Arecibo y dijo que apoyaba completamente a Molina, quien era su aliado político. Nadie investigó lo sucedido. Por el contrario, hubo un canal de televisión que le creyó al alcalde, y así ayudó a intentar borrar la historia. Pero pasó, y tenemos fotos y grabaciones en audio que serán siempre las pruebas de que hubo también tanta maldad.

Los funcionarios municipales y del gobierno central desplegaron esa misma actitud durante meses. La verdad no estaba saliendo a la luz. Sin acceso a las noticias, la gente no estaba informada. Muchísimas muertes ni siquiera fueron reconocidas por los altos funcionarios del gobierno.

Quince amigos o parientes míos murieron después del huracán María. Quince. Mi mejor amiga, Aileen, era una mujer de cuarenta y dos años, jefa de Recursos Humanos de una de las cadenas de supermercados más grandes de la isla. Por días tuvo que lidiar con docenas de empleados necesitados, incluso varios que habían perdido sus hogares. No tenía electricidad ni agua en su casa. El estrés le pasó factura y sufrió un ataque al corazón en su propia oficina. Murió frente a varios empleados y frente a su hija de trece años que estaba con ella, ya que la escuela a la que asistía la niña estaba cerrada. Las autoridades enviaron su cadáver a uno de los infames vagones al exterior del Instituto de Ciencias Forenses y lo dejaron allí por casi dos meses. El gobierno argumentó que no tenía personal y que muchas familias estaban en la misma situación. Seguí llamando y llamando a diferentes funcionarios del gobierno, pidiéndoles que devolvieran su cuerpo para que pudiéramos darle un funeral apropiado, pero no pasó nada. Su cuerpo fue finalmente entregado a su esposo y sus padres el 31 de diciembre. Estaba en un estado de descomposición tan avanzado que tuvieron que incinerarla de inmediato. No tuve la oportunidad de despedirme de ella. No hubo funeral.

Después del huracán, el gobierno fijó el número de muertes en dieciséis, luego en sesenta y cuatro. Al poco tiempo, un estudio de la Universidad de Harvard estimó que más de 4,645 personas habían muerto y después, un estudio realizado por la Universidad George Washington a petición del gobierno calculó el número de muertos en aproximadamente tres mil. Todos sabemos que hubo muchos más. Hay cientos o quizás miles de personas que sufrieron, enfermaron o cuyas enfermedades empeoraron a consecuencia de la falta de electricidad, la imposibilidad de llegar a un hospital a tiempo porque las carreteras estaban destruidas, y los ríos se habían desbordado, y otros problemas causados por el huracán. Estas personas nunca serán parte de las estadísticas oficiales.

Gran parte del caos fue causado por la gente, no por la tormenta en sí. La infraestructura de Puerto Rico llevaba décadas abandonada entre la recesión económica y la política partidista local; la gente murió porque el gobierno no siguió los planes de emergencia establecidos por las administraciones anteriores. Sumado a esto, estaba el racismo y la negligencia de la administración Trump, la lentitud de las ayudas federales, y la corrupción e ineptitud del gobierno local. Esta fue la verdadera receta para el desastre.

La insensibilidad, el cinismo y la arrogancia de los funcionarios cercanos a Rosselló han sido un denominador común desde el comienzo de la emergencia. La desfachatez de mantener la cifra oficial de sesenta y cuatro muertes, mientras tantos puertorriqueños enterraban a sus familiares, constituía una burla contra el pueblo de Puerto Rico. Resultaba repulsivo ver a los funcionarios electos y a sus familiares alardear en redes sociales sobre cómo el gobierno local estaba haciendo un "buen trabajo" o diciendo que, porque los muertos no votan, no eran importantes.

Por todas esas razones, cada uno los periodistas que estábamos en la radio cuestionamos la falta de transparencia del gobierno. Las autoridades intentaron esconder los muertos, pero el hedor de la muerte lo impidió. Los muertos estaban entre nosotros y sus espíritus exigían justicia y respeto. Debemos honrar el recuerdo de nuestros muertos; tenemos que contar sus historias.

∽

El dolor colectivo nos tocó a todos de una forma u otra, independientemente de la clase social o la ubicación. No importaba si vivías en San Juan, en las montañas o en la diáspora. Quien no había perdido a un pariente, había perdido a un conocido, tenía un amigo que estaba enfermo o sabía de una familia que había sido separada cuando la gente empezó a huir de la isla. Nuestro dolor era el mismo.

El pueblo de Puerto Rico mantiene un perpetuo sentimiento de duelo cuando pensamos en lo sucedido, en los muertos y en los olvidados, aunque los funcionarios del gobierno no admitan nunca el dolor con el que tenemos que vivir. Se puede observar en la forma en que actúan las personas, en sus miradas ausentes. Podemos verlo en la tristeza de quienes siguen luchando por recuperarse y de quienes perdimos a un ser querido. Estas son las réplicas del huracán María que nadie puede negar.

El huracán y sus secuelas constituyen una historia política, una historia económica y una historia colonial; como individuo, además, conlleva una travesía personal. Implicó la tragedia de perder a muchos amigos y familiares, la innegable desesperación de ver de primera mano, a tantas personas necesitadas, y a la misma vez, ser testigos de la arrogancia de los políticos y funcionarios del gobierno.

Para mí también es una historia sobre resiliencia y supervivencia.

Si miro atrás, puedo decir que las réplicas del huracán María me cambiaron. El cambio, después de todo, es ley de vida. No quiero seguir mirando hacia el pasado, pero tampoco quiero pensar sólo en el futuro. No debemos olvidar lo que nos pasó, más debemos seguir adelante. Debemos estar presentes en este momento.

Ahora, al igual que la mayoría de las personas en la isla, soy más consciente de la necesidad de prepararse ante los desastres. Aparte de almacenar comida enlatada y agua, uno de los mayores aprendizajes que nos dejó el huracán es reconocer que debemos construir vecindarios fuertes y crear comunidad. Aprender a ser amigos, conocer a nuestros vecinos y ayudarse mutuamente, como lo hicimos en todos los rincones de la isla.

En ese sentido, el huracán abrió mis horizontes. Me hizo perder el miedo a expresar mis emociones en público, tarea difícil para un periodista. Pero la objetividad no existe durante este tipo de experiencias de vida o muerte. Asumes el lado de la verdad y debes defender a los necesitados. Cuando alguien te llama en vivo, en la oscuridad de la noche, y te dice llorando que tiene hambre, o dice al aire que se va a suicidar, como tantas veces me pasó mientras trabajaba en WAPA, aprendes a responder con el corazón. No con la mente.

Siempre llevaré en mi alma las experiencias que viví al aire. Soy la misma persona que antes del huracán, pero he cambiado. Me siento más viva y mi compromiso de ayudar a crear un mejor Puerto Rico es más fuerte.

Varios meses después del primer aniversario del huracán, hablé con una de las monjas que salvaron a la mujer que se escondía de su marido agresor. La mujer es ahora empleada regular en un refugio para mujeres administrado por las monjas. Es una mujer fuerte, resiliente y está ayudando a otras a superar el abuso. Su ejemplo me enseñó que podemos superar nuestros miedos y mantenernos firmes mirando hacia adelante. Sé que eso es lo que estamos haciendo en Puerto Rico.

Al igual que nuestra bandera desgarrada después de la tormenta, somos resistentes. Como nuestra bandera, todavía ondeando frente al mar tranquilo, solo nos queda perseverar.

Carla Minet

Traducido por Nicole Delgado

El saldo de muertes de María y la labor crucial de los periodistas de investigación en Puerto Rico

Dos días después del paso del huracán María, el Centro de Periodismo Investigativo de Puerto Rico se reagrupó. Estábamos tan desesperados por empezar a trabajar que movimos montañas para encontrarnos en el edificio de El Telégrafo en Santurce, uno de los pocos lugares que tenía señal de Wi-Fi en San Juan. Comenzamos a buscar una sala de redacción provisional, porque enfrentábamos los mismos problemas que la mayoría de los demás ciudadanos: estábamos sin electricidad, sin agua, sin internet, sin teléfono celular ni teléfono fijo, sin combustible y sin carreteras transitables. Casi no había medios de comunicación activos; ", quedaba en pie una estación de radio. El gobierno se había derrumbado, sin ofrecer datos ni estadísticas oficiales.

Después de una semana buscando lugares para poder trabajar, terminamos en el Centro de Operaciones de Emergencia del gobierno, el único lugar donde pudimos encontrar Internet confiable, servicio telefónico y electricidad, así como acceso a la mayoría de los funcionarios gubernamentales. Nos vimos en la necesidad de establecer una agenda editorial completamente nueva, que terminó enfocándose en dos temas: el número de muertes y el impacto del huracán en la deuda colonial de Puerto Rico.

Con Joel Cintrón, Luis Valentín y Omaya Sosa Pascual como reporteros, nuestra serie sobre la deuda informó sobre sus acreedores y lo que ésta implicaba para el nuevo contexto posterior al huracán. Dos meses antes del huracán, la Junta de Control Fiscal de Puerto Rico —impuesta por el gobierno de EEUU en 2016 para controlar las finanzas de la isla durante al menos cinco años— aprobó un plan fiscal que establecía la manera en que la isla pagaría su deuda de $74.7 mil millones y cubriría sus $49 mil millones en obligaciones de pensión. El plan se basaba en suposiciones acerca del gasto estatal que no aplicaban después del huracán. Además, el plan tampoco tuvo en cuenta los riesgos del cambio climático, a pesar de que la isla se encuentra dentro de una de las áreas más vulnerables del continente.

Nuestros reportajes se convirtieron en un punto de referencia, proporcionando a docenas de medios de comunicación estadounidenses e internacionales algo de contexto para mejorar sus historias y dar crédito de los problemas sistémicos de Puerto Rico.

Sin embargo, la historia más importante que publicamos fue sobre el número de muertes asociadas al huracán. Alcanzó primera plana
en medios puertorriqueños, estadounidenses e internacionales.

LA CIFRA DEL GOBIERNO VERSUS EL SENTIDO COMÚN

Durante las primeras setenta y dos horas después del huracán, el entonces gobernador de Puerto Rico Ricardo Rosselló insistía en que, como máximo, habían muerto dieciséis personas. En ese momento, nuestra reportera Omaya Sosa Pascual había entrevistado a dos médicos quienes aseguraban haber visto un total de nueve muertes en un solo día. Las estadísticas oficiales no tenían sentido.

Varios días después del huracán, el Centro de Periodismo Investigativo (CPI) comenzó a publicar reportajes que revelaron que docenas de muertes confirmadas adicionales no habían sido informadas al gobierno, porque no había un protocolo especial para manejar las muertes durante el desastre y porque la respuesta de las agencias de Puerto Rico era lenta.[1]

---

[1] Omaya Sosa Pascual y Jeniffer Wiscovitch, "Dozens of Uncounted Deaths from Hurricane María Emerge in Puerto Rico", *Centro de Periodismo Investigativo*, 16 de noviembre de 2017, http://periodismoinvestigativo. com/2017/11/ dozens-of-uncounted-deaths-from-hurricane-maria-emerge-in-puerto-rico/; Omaya Sosa Pascual y Jeniffer Wiscovitch, "Delayed and without Resources: Puerto Rico's Police Did Little to Investigate Missing Persons after Hurricane María", *Centro de Periodismo Investigativo*, 17 de diciembre de 2017, http://periodismoinvestigativo.com/2017/12/delayed-and-without-resources-puerto-ricos-police-did-little-to-investigate-missing-persons-after-hurricane-maria/

La reportera Jeniffer Wiscovitch se unió a Omaya Sosa Pascual. Durante semanas, entrevistamos a médicos, policías, rescatistas, directores de funerarias, alcaldes, personal municipal, y a vecinos de los fallecidos. Creamos nuestra propia base de datos a partir de esta información. También solicitamos información de fuentes oficiales, incluidos el Departamento de Salud, el Departamento de Seguridad, el Departamento de la Policía, el Registro Demográfico, el Departamento de Salud y Servicios Humanos de EE. UU. y los Centros para el Control y la Prevención de Enfermedades. Pero en su mayoría tenían muy poco que decir.

Comenzamos a preguntarnos cómo se estaban manejando los cuerpos de las personas muertas en Puerto Rico, ya que no había sistemas computarizados para registrar las muertes y muchas morgues no tenían electricidad para preservar los cadáveres. Nuestros reporteros recopilaron denuncias y avisos sobre personas desaparecidas, así como algunas pistas de diversas fuentes como la radio, las redes sociales y los líderes comunitarios. Hicimos la mayor parte de nuestra investigación en la calle, en las zonas más devastadas; tocamos puertas y transitamos por carreteras peligrosas y difíciles.

Uno de los casos que cubrimos fue el de Teodoro Colón-Rodríguez en Orocovis, un pueblo rural en el centro de la isla. Colón-Rodríguez había muerto el 20 de septiembre. Su cadáver permaneció en su casa por tres días, hasta que una funeraria por fin pudo buscarlo y aceptó enterrarlo sin un certificado de defunción. Ningún funcionario del gobierno respondió al aviso de muerte de la familia. Su muerte sigue sin formar parte de las cifras oficiales de defunciones relacionadas con el huracán.

Colón-Rodríguez se encontraba en su casa recuperándose de un derrame cerebral que había sufrido la semana anterior al huracán María y dependía de un suministro de oxígeno suplementario. Murió en medio de la tormenta en la casa de su hija y nieta en el barrio Damián Abajo de Orocovis. Ese mismo día, una vez que los vientos se calmaron, su yerno Ángel Luis Vázquez cogió un machete y caminó valientemente hasta el pueblo para buscar ayuda. Después de caminar durante cuatro horas por deslizamientos de tierra, un río crecido y vegetación espesa, llegó a la estación de policía, donde le dijeron que no podía mover el cuerpo y que la policía tampoco podía ir a recuperar el cuerpo porque las carreteras estaban obstruidas. En Orocovis Memorial, la funeraria del pueblo, también le dijeron que no podían encargarse del cuerpo de Teodoro.

Vázquez tuvo que regresar a pie a su casa, usar un generador para encender el aire acondicionado para el cadáver y trasladar a toda la familia a la habitación contigua, ya que el segundo piso de la casa había quedado completamente destruido. Al día siguiente tampoco llegó nadie. Desesperado, Vázquez volvió a caminar al pueblo y se dirigió al Centro de Operaciones de Emergencia para pedir ayuda. Aunque no tenían disponible ninguno de los documentos necesarios para mover un cadáver, los oficiales municipales de primeros auxilios y el personal de la funeraria acordaron ayudarlo. Esa misma tarde, un grupo de diez hombres intentó buscar el cuerpo para sacarlo de la casa, pero las fuertes lluvias impidieron que llegaran hasta la residencia, dijo el rescatista Willie Colón, quien también era pariente del fallecido.

Al tercer día, los diez hombres regresaron al amanecer y lograron llevarse el cuerpo, ya en descomposición, cargándolo y arrastrándolo entre deslizamientos de tierra, árboles caídos y un río inundado, para que pudiera ser enterrado. Ni la policía ni un fiscal se presentaron para certificar la muerte. La funeraria confirmó que el Registro Demográfico no estaba funcionando durante esos días.

Tampoco acudió un médico, a pesar de que Colón-Rodríguez había sido paciente de hospicio en el Hospital Menonita de Aibonito. Su yerno tuvo que decirle a la funeraria que él asumía la responsabilidad de cualquier problema que pudiera surgir al mover el cuerpo sin seguir el debido proceso legal.

Encontramos docenas de casos como este.

Aunque nuestras primeras bases de datos eran rudimentarias y a veces parecían inútiles, seguimos cavando y las convertimos en una verdadera mina de historias que seguía creciendo cada día. Nuestra búsqueda casi se había convertido en una misión para demostrar que el gobierno estaba equivocado.

Después de que las reporteras Omaya Sosa Pascual y Jeniffer Wiscovitch publicaron su serie de historias sobre cómo el gobierno mentía sobre la cifra de muertes, los datos oficiales publicados finalmente confirmaron que habían más de mil muertes en exceso en septiembre y octubre, en comparación con el 2016.[2] En diciembre del 2017, con una cifra oficial de sesenta y cuatro muertes, el gobernador Ricardo Rosselló ordenó un recuento y una investigación exhaustiva.

En noviembre nuestros reporteros comenzaron una colaboración con Quartz (qz.com) como parte del proceso de investigación. Utilizaron un formulario en línea donde se recopilaron cientos de historias de puertorriqueños/as que informaron sobre familiares que habían muerto a causa del huracán María, pero que el gobierno había pasado por alto.

En febrero de 2018, el CPI radicó una demanda contra la directora del Registro Demográfico de Puerto Rico, Wanda Llovet-Díaz, luego de múltiples intentos para que su agencia brindara información sobre las muertes ocurridas en la isla tras el huracán María. La demanda establecía que se trataba de "información pública y de alto interés público para el pueblo de Puerto Rico".

Específicamente, el CPI solicitó a Llovet-Díaz información detallada sobre las muertes registradas en Puerto Rico en 2017, en formato de base de datos completa, hasta la fecha más reciente entrada en el sistema del Registro Demográfico; los certificados de defunción emitidos en Puerto Rico desde el 18 de septiembre hasta el presente; las defunciones registradas, desglosadas por día y municipio; los permisos de entierro otorgados desde el 18 de septiembre; los permisos de cremación otorgados desde el 18 de septiembre; así como autorización para acceder a la libreta manual en la que se registran los permisos otorgados a cada funeraria y casa de cremación en cada una de las oficinas del Registro Demográfico de Puerto Rico.

Nuestro equipo trabajó junto a la Clínica Legal de la Facultad de Derecho de la Universidad Interamericana, que apoya los litigios de CPI. CNN se unió a nuestra demanda unas semanas después. Al final, obtuvimos acceso a la base de datos de causas de defunción, certificados de defunción, cremación y permisos de entierro, entre otros documentos.

---

[2] Omaya Sosa Pascual, "Nearly 1,000 More People Died in Puerto Rico After Hurricane María", *Centro de Periodismo Investigativo*, 17 de diciembre de 2017, http://periodismoinvestigativo.com/2017/12/nearly-1000-more-people- died-in-puerto-rico-after-hurricane-maria/.

CROWDSOURCING Y COLABORACIONES

El CPI llevó a cabo más de quince investigaciones e historias de seguimiento en once meses y desarrollamos el sitio web hurricane-mariasdead.com con una base de datos de 487 casos verificados de personas que murieron a causa del huracán María, siguiendo el protocolo de los Centros para el Control y la Prevención de Enfermedades (CDC). Nuestras historias fueron republicadas o citadas más de cincuenta veces por medios nacionales, estadounidenses e internacionales; nos asociamos con Miami Herald, CNN, Associated Press, NPR's Latino USA y qz.com; también ganamos una demanda contra el gobierno de Puerto Rico para obtener los registros oficiales. El estudio de la cifra de muertes ordenado por el gobernador fue realizado, pero el recuento no. En el CPI continuamos investigando a partir de nuestras bases de datos independientes.

En la víspera del primer aniversario del huracán, el CPI publicó una colaboración con Quartz y Associated Press en donde se comparaban los nombres de los muertos con los registros oficiales de defunciones revelados por el gobierno de Puerto Rico en respuesta a una demanda del CPI. Juntos, entrevistamos a unas trescientas familias de personas fallecidas y revisamos los registros de casi otras doscientas familias utilizando los criterios de los CDC para certificar las muertes asociadas a desastres. El CPI dirigió el proyecto, que tardó más de tres meses en ser completado e involucró a docenas de voluntarios, periodistas y expertos.

La mayoría de los casos en la base de datos del proyecto se consideran muertes indirectas, lo que significa que no fueron causadas por vientos o inundaciones, sino por la falta de energía, agua potable y suministros médicos después de la tormenta.

El proyecto no entrevistó a los médicos de los pacientes y los certificados de defunción en sí mismos no establecen la relación con el huracán María. El gobierno de Puerto Rico reconoce que cientos o miles de muertes deberían haber sido identificadas como relacionadas con la tormenta, pero no se hizo debido a la falta de capacitación entre los médicos sobre cómo completar correctamente los certificados de defunción. La participación en nuestra encuesta era voluntaria; por lo tanto, la muestra no es representativa de la demografía de Puerto Rico y no se utilizó para extrapolar tendencias entre las causas de muerte y la demografía.

El proyecto analizó las bases de datos de mortalidad del Registro Demográfico de Puerto Rico de 2014 a 2017 para calcular los cambios en la demografía y las tasas de causa de muerte en toda la población utilizando la clasificación estándar para cincuenta tipos de causa de muerte de la Clasificación Internacional y Estadística de Enfermedades y Problemas Relacionados con la Salud (CIE-10), la herramienta de diagnóstico epidemiológico estándar global.

Además de la saga sobre la cifra de muertes, los reporteros del CPI trabajaron en docenas de otras historias, inevitablemente relacionadas con la emergencia y el proceso de recuperación. Entre otros temas, se cubrió la carencia de legislación en preparación para el cambio climático, los problemas sistémicos en los hospitales, los especuladores de energía eléctrica que llegaron a Puerto Rico para obtener su parte del pastel del presupuesto de recuperación, los problemas continuos con el manejo forense de cadáveres, las medidas de austeridad impuestas sobre el proceso de recuperación que afectaron la recuperación en sí, la falta de actualizaciones de las estadísticas oficiales sobre asuntos como violencia doméstica, y la gran cantidad de denegaciones de asistencia individual por parte de FEMA.

Naturalmente, nuestro enfoque cambió después de que pasó la etapa de emergencia. Ahora el equipo del CPI se concentra en analizar el proceso de recuperación, uno de nuestros mayores desafíos. La investigación sobre el número de muertes sigue siendo central para muchas historias, especialmente aquellas que tratan de explicar el por qué del colapso del sistema de salud y quién es responsable por esto. También sirve como referencia de control para prepararnos en el futuro. Seguimos investigando. Hay más por venir.

(nota para una amiga que desea suicidarse después del huracán)[1]

nadie nos enseña a aceptar la muerte porque la muerte, esa muerte de latita, queda vacía en nosotros: el gran hueco del carajo que nos quiere devorar. nadie nos dice como podemos integrarnos al nuevo mundo imposible del mañana, como se supone que evitemos caer en el círculo perfecto de una ojera permanente que llamamos darle cara al día. mana, ¿cómo no entenderlo? esa es la pregunta que evito con el fervor organizativo de un equipo de rescate que nunca llega, pero te voy a decir esto: después del deseo, no siempre viene la muerte. a veces te encuentro por la calle y brillas como astro o como lámpara solar, pero igual vales más que todos los generadores (por si no te lo han dicho mil veces). y otras veces, sin tilde, i.i.i. otras veces, me llegan tus palabras como un recogido de fondos que explota y temporaliza la verdad, como un aguacate espachurrao en la acera, verdegris de tanto amar. nos toca primero encontrar contestaciones mejores que estas mierdas automáticas. no lo digo por añadir responsabilidades, sino para que sepas que, hermana, el intento de matarnos viene desde adentro como último refugio de un colonialismo cobarde. vente pacá, que te doy comida y albergue mientras la tenga, que te añoño y te duplico los abrazos. no podré sanar lo insondable, pero qué mundo sería este sin tí. qué mundo este que te acosa. sin rescate, hablemos del futuro. ni realistas, ni visionarios, hablemos

---

[1] Este poema fue originalmente publicado en *Slice Magazine* y forma parte de la colección *while they sleep (under the bed is another country)* (Birds, LLC, 2019).

del futuro porque lo encontraremos en la alfombra carcomida, en el té de campanilla, en *el buenos días, hay café* de un abrazo confuso y sincero. tenemos cama y memoria.

tuya para siempre,
raquel

Benjamín Torres Gotay

TRADUCIDO POR NICOLE DELGADO

"Estoy bastante cómodo":
Abandono y resignación después de María

Luis Alberto tiene unos cuarenta años, es padre soltero, está desempleado y vive en una pequeña casa de madera junto a su madre enferma, su hijo de catorce años y un hermano a orillas del hermoso río Caonillas, en Utuado. Habla con una voz suave, casi inaudible. Responde a las preguntas con monosílabos, murmullos y gestos. Suele bajar los ojos cuando habla.

Se pudiera creer que no es una persona habladora o que simplemente no estaba de humor para hablar el día que lo conocí, casi seis semanas después de que el huracán María destruyera su casa y las de la mayoría de sus vecinos. Los periodistas conocemos a personas así todo el tiempo. No todo el mundo tiene ganas de hablar con un extraño que anota cosas en una libreta, mientras otro extraño graba con una intimidante cámara. Sin embargo, presiento que había algo más.

Luis Alberto me dio la impresión de ser un hombre completamente abrumado por las circunstancias de su vida. Sin duda, algo de eso vi en él. Pero también sentí que había más.

Nunca supe su apellido. Nunca lo incluí en una historia. Hablé con él casi veinte minutos. Detuve el intento de entrevista cuando quedó claro que no estábamos llegando a ninguna parte. Intercambiamos cortesías y me fui, junto con mi colega, el fotógrafo/videógrafo Luis Alcalá del Olmo. Salimos de la casa de Luis Alberto un poco confundidos, sin entender en absoluto lo que acabábamos de escuchar, incluso sintiéndonos un poco enojados con él.

Sólo quedaba en pie la mitad de lo que había sido la modesta casa de Luis Alberto; la otra mitad era un montón de escombros que ocupaban la mayor parte de su patio. No tenía agua ni electricidad (su barrio tuvo que esperar más de nueve meses antes de que volviera la luz). Su madre había sufrido una caída que la dejó paralizada Su hijo, diagnosticado con déficit de atención e hiperactividad y pade-cimientos emocionales, no había tenido acceso a sus medicamentos desde el huracán.

Su situación desesperada me quedó muy clara: las brutales con-secuencias de María acechaban a Luis Alberto y su familia como un puño gigante a punto de aplastarlos sin piedad. Para comer, Luis Alberto y su familia dependían de la caridad de organizaciones no gubernamentales. Recogía agua del río. Ni él ni su hermano tenían trabajo ni forma alguna de ganarse la vida en esos días increíblemen-te difíciles después de María. Dependían completamente de la ayuda de otros. En ese momento crítico no había muchos "otros" para ofre-cer ayuda en las montañas de Utuado, en una de las partes más ais-ladas de la isla, donde la mayoría de las carreteras todavía estaban bloqueadas por deslizamientos de tierra. Habían sido abandonados por el estado, al igual que miles de personas durante esas terribles semanas y meses. Su vida colgaba de un hilo.

Pero al preguntarle cómo estaba enfrentando la grave situación, cómo se sentía, qué esperaba de las autoridades, si de hecho se sen-tía abandonado, o cómo esperaba mantener a su hijo y a su madre, siempre respondió lo mismo. "Estoy bastante cómodo", me dijo. "Es-toy bastante cómodo".

Fue por eso que no seguí con la entrevista.

Cuando conocí a Luis Alberto, yo ya había hablado con docenas de personas afectadas por María. Hice más entrevistas en los meses siguientes. Hablé con personas que lo habían perdido todo, incluso sus seres queridos. Finalmente, todo Puerto Rico confirmó lo que hasta ese momento ya era evidente: la respuesta del estado había sido extremadamente insuficiente. La mayoría de las personas afec-tadas por María, como muestran las estadísticas y los informes ofi-ciales, no habían recibido asistencia adecuada y en algunos casos no habían recibido ninguna ayuda.[1] En muchos lugares pasaron varios meses antes de que llegara la asistencia del gobierno.

---

[1] Frances Robles, "FEMA Was Sorely Unprepared for Puerto Rico Hurrica-ne, Report Says", *New York Times*, 12 de julio de 2018, https://www.nytimes.com/2018/07/12/us/fema-puerto-rico-Maria.html.

Simple y llanamente, habían sido abandonados por quienes debían cuidar de ellos. Pero a pesar de todo eso, pocas personas expresaron la sensación de haber sido abandonados o de haberse sentido desatendidos por las autoridades. La expresión "bastante cómodo" de Luis Alberto es quizás un ejemplo extremo. Pero sus palabras no eran tan diferentes a lo que escuché en muchos otros lugares de la isla, de parte de personas en circunstancias similares o incluso de altos funcionarios del gobierno.

En todos los casos, la actitud predominante después de la tormenta parecía ser "podría ser peor".

Ese fue exactamente el caso de doña Ida Nieves, una viuda de setenta y nueve años, menuda, madre de quince hijos, a quien conocí en su pequeña casa de madera en el Barrio Marín de Patillas, una comunidad lejana y montañosa, entre las más pobres de la isla. Doña Ida vive con uno de sus hijos, quien es tuerto y no puede trabajar. Ambos viven del cheque de seguro social por $180 que recibe mensualmente Doña Ida. Fui a su casa cinco meses después del huracán. Todavía no había electricidad, ni señal alguna de cuándo se iba a restaurar.

El huracán María había arrancado parte del techo de su casa, dejándola sólo con un dormitorio y una sala. Doña Ida tuvo que cubrir su cama con plástico porque en Barrio Marín llueve casi todos los días; el agua se cuela por el toldo y empapa la cama. Su hijo tuvo que mover su cama a la sala. Las reparaciones a su casa fueron estimadas en más de $7,000. FEMA les dio poco más de $2,000.

"Estoy bien con eso", me dijo doña Ida, sin atisbo de enojo. "Para mí hubiera sido peor no recibir nada. ¿Qué voy a hacer, si no tengo trabajo, ni tampoco mi hijo, que sólo tiene un ojo?" Se encogió de hombros y me ofreció su sonrisa sin dientes.

Durante esos días también conocí a doña Eugenia Cruz, de ochenta y un años, en su casa en el Barrio Mameyes de Jayuya. Vive con dos de sus seis hijos en una casa de madera remendada donde ha vivido la familia de su difunto esposo durante varias generaciones. La casa perdió la mayor parte del techo, que al momento había sido reemplazado por un toldo. En días soleados producía un brillo azul que llenaba la casa y en días lluviosos dejaba pasar el agua y empapaba las habitaciones. FEMA les negó la ayuda totalmente porque, al igual que miles de familias en Puerto Rico, doña Eugenia y su familia no tenían escrituras para probar que la tierra que habían habitado por generaciones era suya.

Ángel, el hijo de Doña Eugenia, que era la única persona en el hogar que contaba con un salario —si podemos llamar salario a $25 dólares diarios recogiendo verduras en una finca cercana—, declaró que no tenía dinero para reparar el techo, ni posibilidades de conseguirlo. "Lo que gano es para las cosas básicas", dijo. Pero, de nuevo, cuando le pregunté cómo se sentía sobre la forma en que las autoridades estadounidenses y puertorriqueñas lo habían tratado a él y a su familia, respondió: «Están haciendo lo que pueden».

En este punto, no queda mucho que decir sobre el huracán María; pero todavía falta mucho por entender. Primero, debemos descifrar la actitud de resignación expresada por gran parte de la población ante el abandono o la discriminación directa de los gobiernos de los Estados Unidos y Puerto Rico. Para empezar, el hecho de que hubo negligencia ha dejado de ser una cuestión de interpretación. Varios informes oficiales de agencias federales, así como el análisis de medios de Puerto Rico y Estados Unidos, dejan en claro que Puerto Rico no recibió la misma atención ni asistencia que Texas, Louisiana y Florida después de sus grandes desastres naturales.

Quizás el informe más importante fue el publicado precisamente por FEMA en junio de 2018, en el que la agencia reconoció que no estaba preparada para María, que su almacén de suministros en Puerto Rico no estaba bien abastecido cuando golpeó la tormenta, que no desplegaron suficiente personal en la isla justo después del desastre y que no lograron contener la crisis humanitaria que se extendió por toda la isla en las siguientes semanas y meses.[2]

Lo vi con mis propios ojos muchas veces: FEMA, el personal militar y los funcionarios del gobierno de Puerto Rico sí fueron a las ciudades de la montaña en el centro de la isla para entregar ayuda. Pero rara vez fueron más allá de los alrededores de la plaza del pueblo, dejando las vastas áreas rurales desatendidas a veces durante semanas. Los alcaldes recibían los suministros, pero debido a que las carreteras estaban bloqueadas por deslizamientos de tierra o porque no tenían combustible para sus propios camiones, no podían

---

[2] FEMA, 2017 Hurricane Season FEMA After-Action Report, 12 de julio de 2018.

llevarlos a las áreas más aisladas. Los residentes de las áreas lejanas tampoco tenían forma de llegar al centro de la ciudad a recoger los suministros.

En marzo de 2018, el periódico web *Político* publicó un artículo largo que decía que, a nueve días del desastre, FEMA había aprobado $141.8 millones en asistencia individual a las víctimas del huracán Harvey en Texas, frente a $6.2 millones otorgados a los/as afectados/as por María en Puerto Rico.[3] El área metropolitana de Houston tenía una población de casi seis millones de personas al momento del golpe del huracán Harvey. Durante esos primeros nueve días, según el análisis de *Político*, FEMA proporcionó 5.1 millones de comidas, 4.5 millones de litros de agua y más de veinte mil toldos a los residentes de Houston. En comparación, Puerto Rico tenía 3.4 millones de personas cuando pasó María. Durante el mismo período de nueve días posteriores al desastre, los residentes de Puerto Rico, recibieron 1.6 millones de comidas, 2.8 millones de litros de agua y aproximadamente cinco mil toldos.

Político también reportó que durante los primeros nueve días después de Harvey había treinta mil empleados federales en el área de Houston; al cabo del mismo tiempo, a Puerto Rico sólo fueron enviados diez mil. Además, FEMA aprobó trabajo permanente por desastre para Texas a los diez días, en comparación con Puerto Rico, donde tardó cuarenta y tres días.

Yo mismo publiqué un artículo en *El Nuevo Día* que demostraba que la asistencia recibida en Puerto Rico era inferior en promedio a la que habían recibido las víctimas de ocho de los once huracanes más destructivos desde Katrina en 2005. Sin embargo, María ocupaba el tercer lugar en cuanto a nivel de daños en comparación con el resto de los huracanes que habían golpeado los demás estados o territorios de Estados Unidos en los últimos trece años.[4]

La asistencia que recibieron las víctimas de María en Puerto Rico fue menor a la que recibieron las víctimas de Katrina en Louisiana;

---

[3] Danny Vinik, "How Trump Favored Texas over Puerto Rico", *Politico*, 27 de marzo de 2018, https://donald-trump-fema-hurricane-maria-response-480557.

[4] Benjamin Torres Gotay, "Ayuda para la isla tras María fue inferior a otros territorios de EE.UU.", *El Nuevo Día*, 26 de marzo de 2018, https://www.elnuevodia.com/noticias/locales/nota/ayudaparalaislatrasMariafueinferioraotrosterritoriosdeeeuu-2409397/.

Harvey, Ike, Alex y Rita en Texas; Sandy en Nueva York, Nueva Jersey, Pensilvania y Maryland; Irene en Carolina del Norte; y Matthew en Florida. Los únicos residentes estadounidenses que recibieron menos asistencia monetaria que en Puerto Rico fueron los afectados por los huracanes Wilma e Irma en Florida.

En algunos casos la diferencia es sustancial. Por ejemplo, los afectados por Katrina recibieron en promedio $9,016, y los afectados por Sandy, $9,265. En ambos casos, la asistencia es más de tres veces el promedio de $2,600 recibidos por los/as residentes de Puerto Rico. Según FEMA, esta desigualdad refleja las diferencias en el costo de vida entre los estados de EE. UU. y el territorio de Puerto Rico. Aunque esas diferencias existen, no son lo suficientemente sustanciales como para explicar la desigualdad en la asistencia aprobada a los/as residentes de Puerto Rico, donde el 100% de la población fue afectada por María de una forma u otra.

A la vez que ocurría esta negligencia, Donald Trump, quien visitó Puerto Rico catorce días después de la tormenta (también fue dos veces a Texas durante los primeros ocho días de su emergencia), despotricaba públicamente sobre el impacto que tendría la recuperación de Puerto Rico en el presupuesto federal, se peleaba con la alcaldesa de San Juan, Carmen Yulín Cruz, y publicó cosas como que "los puertorriqueños quieren que se haga todo por ellos".[5]

El primer fin de semana después de la tormenta, mientras Puerto Rico pasaba por uno de los momentos más terribles de su historia, los tuits de Trump se enfocaron en expresar su disgusto con varios jugadores de la NFL, quienes se habían arrodillado durante el himno nacional de EE. UU. Según el artículo de *Político* mencionado anteriormente, esos tuits enviaron "un mensaje sutil pero importante" a la burocracia federal: Puerto Rico no era prioridad. Lo que sucedió después demostró que este análisis era acertado.

Se ha dicho que María enfrentó a Puerto Rico con sus realidades más feas, con partes de nosotros/as mismos/as que hubiéramos preferido no tener que ver. Visibilizó la pobreza supuestamente oculta

---

[5] Amanda Holpuch y David Smith, "Trump Attacks Puerto Rico Mayor: 'They Want Everything Done for Them'", *Guardian*, 30 de septiembre de 2017, https://www.theguardian.com/world/2017/sep/30/donald-trump-attacks-puerto-rico-mayor-carmen-yulin-cruz.

—es decir, oculta para quienes voltean la cara a lo que no se ajusta a sus ideas. El huracán desenterró el colonialismo, y mostró su aspecto más podrido y despreciable. Mostró cuán solos estamos como sociedad y como pueblo. Reveló la desnudez y la enfermedad de nuestras instituciones y agencias gubernamentales que, a pesar de sus enormes presupuestos, no dieron la talla para enfrentar una catástrofe de esta magnitud.

Y, sobre todo, reveló la indefensión y el abandono de los sectores más vulnerables de nuestra sociedad. Me atormenta la certeza de que María mostró no sólo los aspectos físicos y visibles de esa vulnerabilidad, sino también la soledad mental y espiritual que experimentaron las personas. Por esta misma razón, muchas personas en Puerto Rico no alcanzaban a reconocer que habían sido abandonadas y discriminadas.

Por generaciones, fuimos adoctrinados/as con la idea de que siempre habría una figura paterna para protegernos, ya fuera el gobierno colonial de Puerto Rico o el americano todopoderoso. Esas nociones habían sido inculcadas en nuestras mentes desde los albores de la invasión estadounidense, hace más de cien años.

En el momento de la verdad, María nos dio muy poco incentivo para seguir creyendo en el engaño sostenido por más de un siglo.

Atónitas ante el giro inesperado de los acontecimientos, las personas sólo alcanzaban a expresarse dentro del contexto del shock: "Estoy bastante cómodo", "hubiera sido peor no recibir nada" o "están haciendo lo que pueden". Por no hablar de las declaraciones de los altos funcionarios del gobierno, comenzando con el gobernador Rosselló y la comisionada residente Jennifer González. Ambos afirmaron que el gobierno federal le había dado a Puerto Rico todo lo que había pedido. Sin mencionar, tampoco, las decenas de personas que declaraban públicamente que «Haití habría recibido cero asistencia", lo cual, como todos sabemos, no sólo es cruel sino también ignorante.

La dura y horrible verdad de que habíamos sido abandonados/as, olvidados/as, de que no éramos importantes para el gobierno de los EE. UU. no encajaba, no podía encajar, en la mente de la mayoría de las personas en Puerto Rico. Resultaba inconcebible. María nos enseñó cuán profunda está sembrada la semilla del colonialismo dentro de nosotros/as y lo poco que importamos para el imperio.

Tal vez podamos decir que María, al menos, nos hizo comprender que sólo contamos con nosotros/as mismos/as.

Tendremos que esperar hasta la próxima crisis para estar seguros/as. Yo, por mi parte, no estoy optimista.

TRADUCIDO POR NICOLE DELGADO

Narrando lo innombrable

En *Sobre la historia natural de la destrucción*, W. G. Sebald recuerda haber leído en alguna parte que el bombardeo aliado de Dresde creó un huracán artificial. Dresde no tenía bases militares y no era un objetivo militar. Su población era en gran parte civil. Los alemanes ya habían perdido la guerra, pero Dresde fue bombardeada de todas formas, principalmente por los británicos. Y la cantidad de bombas que arrojaron sobre la ciudad fue simplemente increíble. Se calculó que las llamas alcanzaban más de un kilómetro de altura; casi tres cuartos de milla. Como el fuego es un fenómeno de oxígeno, hubo vientos huracanados dentro de la ciudad. Después del bombardeo, se encontraron cadáveres en las fuentes públicas; hacía tanto calor que la gente se metió en ellas para intentar sobrevivir. Y terminaron cocidos, hervidos como pollos.

Después del bombardeo, y por muchos años después, la ciudad quedó en ruinas. Sebald cita a un periodista británico que se quedó en Dresde poco después de la guerra. El periodista dijo que cuando viajaba en el tranvía de la ciudad podía saber quién había sobrevivido al bombardeo y quién no. Los sobrevivientes nunca miraban por la ventana. Creo que ese pasaje es pertinente ahora y muy relevante para lo que quiero decir. "Para narrar algo, hay que verlo", y algo que nos sucedió después del 20 de septiembre de 2017 fue que durante muchas semanas casi no pudimos ver.

De hecho, tan pronto recibí las primeras llamadas de amigos fuera de Puerto Rico, les pregunté: "¿Qué está pasando?" Fueron los primeros en contarnos la gravedad de la situación. Durante un huracán no se puede ver nada. Ves detrás de la ventana. Es tu horizonte en ese momento. Y si tienes que encerrarte en el baño mientras pasa el huracán, ves todavía menos. Después de eso, sólo se ven árboles caídos y escombros.

El primer o segundo día después de la tormenta corrí bicicleta desde donde vivo en las afueras de San Juan hasta la universidad, en donde he trabajado por más de treinta años. Fue entonces cuando vi cómo era. El tráfico totalmente caótico. Postes, árboles, cualquier cosa en medio de la calle. Llegué hasta la entrada de la universidad, que estaba cerrada, y por primera vez vi los edificios, porque antes había árboles y ahora no estaban allí. Recuerdo ir a Río Piedras, que es el sector de San Juan donde está la universidad, y sentir el silencio. No porque no hubiera gente alrededor; de hecho, la había. Pero no había pájaros. Es la sensación más extraña, porque ese es el sonido de la muerte. Todo se estaba muriendo.

Es difícil contar la historia porque desde el primer día lo que vino del gobierno fue mentira. Al principio, tal vez como un acto de fe en situaciones extremas, tratas de creer lo que te digan. Pero rápidamente vi que se desarrollaba un patrón: cualquiera del gobierno que hablara públicamente, y hubo muchos en las primeras semanas, siempre mencionaba al gobernador. Pronto me di cuenta de que incluso mientras la gente no tenía agua, comida, ni electricidad, mientras muchos morían en hospitales y fuera de ellos, las personas de relaciones públicas del gobernador y los funcionarios de gobierno habían decidido usar el huracán para tratar de ganar las próximas elecciones en tres años. Más tarde, se supo que todo lo que dijeron sus representantes era mentira.

Entonces, cuando comencé a escribir nuevamente —mi columna en *El Nuevo Día*— y a responder las entrevistas de periodistas de Puerto Rico o de fuera, intenté ejercer mi profesión rigurosamente. La literatura es un mundo especial. Trata de expresar tragedia, pero el verdadero objeto de la palabra literaria es lo innombrable. Se podría expresar con palabras toda la irresponsabilidad y la corrupción del gobierno. La gente lo hace todos los días. Pero no se puede capturar el dolor con palabras, especialmente el dolor colectivo. Nuestro dolor no es sólo personal, también es un dolor histórico. Es un dolor que no se ve, o que se ve como el de una sociedad marginal cuya humanidad está devaluada. No sólo porque Puerto Rico sigue siendo una colonia de los EE. UU., sino también porque nuestra región, el Caribe, se considera de segunda clase. Sin embargo, el mundo moderno que conocemos hoy comenzó en el Caribe. Lo que tenemos hoy es lo que comenzó el 12 de octubre de 1492. El Caribe fue el gran laboratorio para el colonialismo y el imperialismo en el resto del mundo. Por eso la conquista española de Perú y México fue tan exitosa: ya sabían cómo hacerlo; llevaban treinta años de experiencia en el Caribe para saber lo que funcionaba.

Intento no expresar lo doloroso, sino usar palabras para señalar algo que no se puede expresar con palabras. El grado de irresponsabilidad que hemos sufrido por parte del gobierno de Puerto Rico y de muchos de sus líderes, y también del gobierno de los Estados Unidos. Es imposible de expresar, es innombrable. Recientemente se calculó que durante las pocas horas que Trump visitó la isla en octubre de 2017, murieron al menos dieciocho personas cada día resultado del huracán. El gobernador le dijo entonces que sólo había un total de dieciséis personas muertas a causa de la tormenta; sin embargo, ese mismo día murieron más personas que eso. Pero la tragedia no es solamente el número de muertes; no es un concurso de números. Es el abandono de un país. Estados Unidos ha utilizado a Puerto Rico para sus propios fines por más de cien años y al parecer, en este momento crítico lo mejor era mirar a otro lado. De eso se trata el colonialismo. ¿Qué es la soberanía, sino la capacidad, el poder de diseñarse a uno mismo? Hacer tus propios planes. Eso es exactamente lo que no tenemos.

La "generosidad" estadounidense se canaliza hacia nosotros de acuerdo a las prioridades de los Estados Unidos, no en relación a lo que es útil para Puerto Rico. Vivimos una situación muy diferente a la de los cincuenta estados; somos un país diferente. Somos una nación diferente. Intentar poner a Puerto Rico dentro del marco de la política estadounidense simplemente no funciona. No se trata de enviar dólares de FEMA; se trata de cambiar la sociedad puertorriqueña para hacerla más eficiente y autosuficiente. Y ese no es el proyecto del colonialismo. El proyecto del colonialismo es la dependencia. Este huracán está siendo utilizado por funcionarios del gobierno en Puerto Rico y los Estados Unidos para aumentar esa dependencia. Exactamente lo contrario a estar preparado para una emergencia. Pueden enviar muchos millones de dólares, pero serán entregados a empresas estadounidenses, a contratistas que sólo están por el dinero. No para construir un país, no para mejorar la sociedad. Llevarán el dinero a bancos estadounidenses de inmediato. sólo recibimos ayuda compensatoria y estamos siendo utilizados una vez más.

Contar una historia es descubrir su verdadero significado. Para mí, el significado aquí está atrapado dentro de la repetición. Hemos visto lo mismo cada día durante todo el siglo pasado. Ahora se está creando todo un sistema de especuladores. Los huracanes se han convertido en un activo económico; esa es la triste historia de María y Puerto Rico. Claro que hay fuerzas que se oponen a esto, pero esa es la parte menos visible de la historia.

Ana Portnoy Brimmer

AUTOTRADUCIDO

Si un árbol cae en una isla:
La metafísica del colonialismo

Ay, qué época vivimos
En la cual hablar de árboles es casi un crimen
Ya que es una especie de silencio sobre la injusticia!

Bertolt Brecht, To Posterity

Pero hasta los árboles hablan
chasqueando como huesos secos / bajo el pie

de la tormenta / arrojados sobre
líneas eléctricas / último intento de vuelo

ramas miles de brazos / estirados
troncos de hongo jaspeado y termita

considera el susto del flamboyán / su falda al aire
sepultado el sonrojo / raíces rasgadas / del escalpo de la tierra

considera el llanto de la carambola / derribada
dulce putrefacción en el suelo / perecido cuerpo aspirante del cosmos

considera la contienda del plátano / auto-asfixiado
envuelto en su propia hoja / hijos muriéndose dentro

retoñando como dientes serrados / dedos artríticos
el no hablar de árboles / es una especie de silencio sobre la injusticia

ya que cuando cae un árbol en una isla / y el mundo
lo escucha / el árbol deja de ser árbol

y la semántica cambia como las hojas / la memoria calcinada
en el cuerpo / siete meses amontonados en la acera

obstruyendo la calle / al pie de tu puerta
madera marchitada y abandono

muerte insoportablemente paulatina / un espejo fijo
susurro firme / que si un pueblo cae en una isla

y el mundo lo escucha
solo contesta el océano / tragando

Quiso ser un diario de huracán

1

L a idea de llevar un diario de huracán demoró en desaparecer el brevísimo tiempo que me tomó recordar que tenía que buscar agua en el pozo del negocio del señor que arregla lavadoras. El oasis del municipio no había estado disponible en ninguna de las tres ocasiones en que intenté.

2

Después del huracán, sólo pudieron llamar y ser llamados los humanos paleolíticos que aún tenían teléfonos análogos de la Telefónica, agencia pública que el papito del heredero Rosselló privatizó. Hay que progresar, ¿no?

Las demás sólo pudimos reportar "yo la vi y está bien." Y añadimos cláusulas explicativas tales como:

    a. pasar en el carro;

    b. en la fila de la gasolina;

    c. saliendo del supermercado con dos latas de atún;

    d. en su casa, porque me dio la gasolina para llegar y los vecinos habían abierto camino.

"¿Cómo estás?" Apenas nos atrevimos a preguntar como cuando *de veras* una pregunta porque quiere saber cómo alguien está. Mucho menos nos hemos atrevido a contestar. "Bien." Mentimos. Lo sabemos. Un dolor tan oceánico nos reduce a lo bien que puede estar la carne, cuando se le mira desde afuera y más bien de lejitos y, sobre todo, cuando se le mira en proporción con los millares de cuerpos ya muertos o en vías de morir por esta catástrofe políticonatural.

O decir, con la angustia de una pérdida aún desconocida, "no la he visto." Y no añadir ninguna cláusula explicativa.

¿Cómo explicar el dolor?

3

En este mes, leí una novela en ratitos robados a la vida tomada por la supervivencia de la vida. Es una novela histórica, sobre asesinatos de personas y utopías, escrita hace menos de una década. Es también otra novela más contada desde los hombres, en la que las mujeres –igualmente protagonistas de la historia del "socialismo realmente existente" y literales compañeras de los hombres– son figuras en el decorado, vilificadas como seductoras o victimizadas como ignorantes.

Sólo redime la novela la presencia constante de los perros, aunque ellos tampoco son protagonistas. La novela es sobre varios hombres que amaban a los perros y el título se parece mucho a esa frase. (Al parecer, las mujeres no los aman. En mi casa, sin embargo, se vive acorde al principio exactamente contrario y ese ha sido uno de los principales responsables de mantenernos conectadas con la vida. ¿Alguien del gobierno habrá siquiera pensado cuántas perras han muerto en este mes?)

4

El huracán de natural tiene muy poco. Esto es un asesinato masivo. De personas y utopías, como en la novela. Pero, ya no hay que ordenar la eliminación de Trotsky desde el otro lado del mundo. O, como en otra de tantas historias de asesinatos de personas y utopías, montar un entramado de espías e informantes que asegure un golpe de estado a favor de un militar que responderá a los intereses del imperio estadounidense. Basta que un huracán fortalecido sin medida por la explotación del planeta –liderada por esos mismos imperios– gire sobre una colonia milenaria para que se demuestre que las vidas allí no importan.

5

Va un mes, pero han pasado años. Décadas. Es un dolor sin tiempo. Ni siquiera nos quedan los espacios.

Es un dolor también sin escritura. Son tantas las burbujas de falsedad explotadas, que no hay lenguaje que resista. Aunque antes del huracán supiéramos del embuste del ELA, del gobierno propio, de la benevolencia del gobierno gringo, del "desarrollo" y del "progreso" del modelo socioeconómico y político en Puerto Rico, para mí la más colosal burbuja estallada es aquella de que era posible pensar –y escribir– como quien de veras "sabe que es embuste." Ahora comprendo la vanidad que ha sido pensar y escribir como quien vive desengañada porque conoce lo que es verdad: nuestra miserable historia de esclavización, explotación, discrimen, dependencia, corrupción, auto-boicot. Después del huracán, descubro, para mi inenarrable dolor, que los brillantes letreros de cadenas que no pagan impuestos, que el expreso para ir a toda velocidad, que la gasolina, que los celulares, que los postes de "cemento," sí pueden (pudieron por tanto y tanto tiempo) enmascarar la miseria, aunque "supiéramos" que no.

6

Sin terminar de llorar la evidencia de militares con armas largas frente a una gasolinera en Mayagüez, entro a un negocio donde un muy seguro de sí mismo ciudadano boricua vocifera que el boricua está cabrón y que aquí lo que hace falta es zafar unos cuantos tiritos pa que tú veas cómo la gente se acomoda.

Siento tanto y tanto miedo.

7

Estimado señor en cuya opinión "el boricua está cabrón," si fuera soñable que usted lea estas palabras, por favor, busque a las y los boricuas trabajando en coordinación como la Brigada Solidaria del Oeste y haciendo arte en la calle que afirma que "Borikén florece." Cuando, en una de sus reuniones semanales, agradecí a cada persona –conocida o no– que saludé, todas contestaron "¿de qué?". ¿Acaso no será éste el "acomodo" que hace falta?

Siento tanto y tanto amor.

8

Señor gobernador, si usted hubiera muerto, ¿serían, por fin, al menos 49?

9

No le debo nada, nada de nada, a los Estados Unidos ~~de América~~, ni a sus capitalistas, ni a los de ninguna firma de inversiones, ni a los ricos que tienen todos los *tax breaks* en esta colonia maldita por la historia. Son los Estados Unidos ~~de América~~ los que se han construido sobre la base de nuestra miseria y sí, de nuestra muerte. Esta incluye morir para el archipiélago porque *tenemos* que irnos, contra nuestra voluntad.

Así que no quiero *aid* porque las puertorriqueñas seamos "ciudadanas americanas." Mi ciudadanía es la libertad. La ciudadanía gringa en este país es una treta de guerra, de la Primera Guerra Mundial, en sí misma decidida y otorgada a conveniencia imperial. Estados Unidos ~~de América~~ le debe a Puerto Rico: esa sí es una deuda impagable.

Por eso, porque Puerto Rico, como el resto del Caribe, no ha visto nunca un solo chavo en reparaciones por la milenaria explotación que creó los centros de poder en Europa y América del Norte, Estados Unidos ~~de América~~ tiene la *obligación* histórica, ética, política de desembolsar. Esto no es "ayuda." Esto es deuda cuyo saldo será siempre simbólico, obsceno parcho.

10

Evocando a mi amiga Ariadna Godreau Aubert (*Las propias* 157-158): mis aspiraciones supranacionales nada tienen que ver con los estados unidos del poder. Por el contrario, mis aspiraciones supranacionales están allí donde se convoca el deseo de partir y parir desde los estados de tantas vidas humanas y no humanas unidas por la más abyecta irrelevancia para el poder. Jamás soy más caribeña, antillana, latinoamericana, sea donde sea que estemos, que hoy. Vivo y muero con heridas que no acabarán nunca de cerrarse. Y estaré siempre donde se hagan las filas para cuidarnos y, ojalá, sanarnos.

Otro gesto desordenado

Fotografía por Sofía Gallisá Muriente

Documentar la devastación post-María es una tarea inabarcable, entre otras razones por la frecuencia con la que cambian las cosas, la dificultad de saber lo que pasa más allá de donde uno está y las diversas velocidades en que se recuperan la gente y los lugares.

Estas notas parciales fueron desarrolladas en las semanas después del huracán como parte de un esfuerzo inútil por procesar la escala de lo perdido y lo ganado. Algunas fueron escritas en días de lluvia para aplacar la tristeza que generaba imaginar las casas que seguían sin techo, las carreteras que seguían colapsando y las inundaciones recurrentes. Algunas fueron escritas con la ayuda de otros en Facebook que compartieron sus vivencias y los rumores que habían recogido. Otras simplemente sirvieron para recordar conversaciones.

Estas listas e ilustraciones fueron publicadas originalmente en el fanzine Contra viento y María, publicado por La Piscina Editorial en Tenerife como parte de un esfuerzo solidario por recaudar fondos para les trabajadores culturales en Puerto Rico.

Lo que María se llevó:

El Registro de la Propiedad
El Departamento de Justicia
El Tribunal de Bayamón
La Junta (el bar)
La Trienal
Las donas Aymat (hasta que volvió la luz)
El Nuyorican Poet's Café
El Baoricua
La Chiwinha
59 empleados de GFR Media
Plaza Palma Real en Humacao
El vivero de peces en Maricao
El malecón de La Esperanza en Vieques
La Nasa (el bar, pero reabrió al lado)
Latte que Latte (pero al tiempo resurgió)
Galloway's y El Pirata en Boquerón (pero ambos reconstruyeron)
El avión de la rotonda de Guaynabo
El cohete del Parque de las Ciencias
Parte de la colección de arte puertorriqueño de la biblioteca de la Escuela de Artes Plásticas y Diseño
Los ficus de la plaza donde juegan dominó y anidaban las cotorras del Viejo San Juan
Las cotorras que chillaban frente a la UPR
Los archivos del payaso Remi
Las temporadas de baloncesto superior femenino, voleibol

superior masculino y baloncesto superior masculino
Las Justas de la LAI
La fruta fresca (por buen rato)
Las playas de Condado, Ocean Park y Escambrón (estuvieron cagadas por meses)
El restaurante El Nilo en Río Piedras (¡volvió!)
El Natatorio
La oficina de patrimonio del Instituto de Cultura Puertorriqueña
Sistema TV
El concierto de Vico-C
El concierto de Ricardo Arjona
El IVU en las comidas (por tiempo limitado)
La Garita de La Perla (pero ya reconstruyeron y ampliaron)
Lo que le quedaba de dignidad al Supermax de Viejo San Juan
El testigo experto del caso de robo de mami
El Semanario Claridad impreso (por un par de ediciones)
La chimenea de una central azucarera abandonada junto al Walmart de Caguas
Los paneles solares del Paseo Puerta de Tierra y el Cuartel de Ballajá
El motel El Panamericano en Hatillo
Una antena del radiotelescopio de Arecibo
2 millones de pollos

LLEGÓ Y SIGUE AQUÍ.

Ilustración por Lorraine Rodríguez

Cosas que me alegra que María se haya llevado:

Las verjas
Los billboards
Los semáforos
Mi agenda
La "normalidad"
La vergüenza de estar triste

Muertxs por María a mi alrededor

La mamá de Marilú.
La mamá de Martín.
La mamá de Alicia.
La mamá de Rubén.
El papá de Belisa y Luis Alberto.
El papá de Luis.
El tío de Pablo.

Ilustración por Mela Pabón

PREGUNTAS

He aprendido que al saludar no hay que preguntar ¿Cómo estás?

También he aprendido que a veces, para mantener la cordura, hay que contestar la pregunta ¿Quién ganó el juego de anoche? con naturalidad, sin mostrar el esfuerzo que requiere tener carga y señal en el teléfono para averiguar.

¿QUIÉN ESTÁ PEOR?

Los de San Juan dicen que los de la isla son los que están mal de verdad.

Los de la isla dicen que en San Juan las cosas están peor que en el campo, por el estrés.

Todo el mundo cree que Vieques está colapsado, pero una amiga que vive allí dice que hay asambleas en la plaza todos los días y que una mujer joven se paró en una a gritarle al alcalde por andar borracho en ley seca. También dicen que se robaron el generador eléctrico de la morgue y el hospital. ¿Cómo se esconde un aparato de esos?

Tres semanas después de María, en Sabana Grande había luz, agua, internet, supermercados bien abastecidos, calles limpias, heladerías de chinitos abiertas y hasta decoraciones de Halloween.

En San Sebastián montaron su propia brigada de electricistas retirados y resolvieron antes que nadie.

En Adjuntas todavía están repartiendo lámparas y paneles solares.

En el Yunque hay un pedacito de carretera donde se cayeron un par de postes que alumbraban un barrio y ahora los federales no quieren que se vuelvan a poner porque es reserva natural.

En Utuado hay barrios que fueron rescates de tierra y siguen sin luz. Hay quienes alegan que están buscando que la gente se vaya para montar airbnbs.

En Cayey los puntos de drogas estaban bien iluminados antes que los barrios de la montaña.

En Viejo San Juan y Puerta de Tierra recibimos a adictos y deambulantes desplazados.

El próximo huracán quiero pasarlo en Cabo Rojo. Allí el alcalde fue puerta por puerta prestando su teléfono satelital para que la gente llamara a sus familiares y les dijeran que estaban bien.

BARAHONA, MOROVIS

La noche que murió el papá de Alice, tuvo que describirle su infarto por teléfono al 911 para que lo fueran a buscar, luego de que ignoraran las llamadas de su hija. Lo habían dado de alta esa madrugada, de un hospital operando con generador eléctrico, con el oxígeno racionado durante el apagón post-Irma, pre-Maria. Alice lo acompañó al hospital, y a la hora exacta en que moría el viejo, su nieto Yandel palidecía, vomitaba, y una bandada de pájaros azules salió entre los mogotes. Alice esperó en el hospital a que llegaran sus hermanos, pero ellos confiaron en que ella los llamaría si algo estaba mal. No funcionaban los teléfonos, así que nadie se enteró a tiempo para despedirse. El enfermero esperó con Alice hasta que era tarde. En la funeraria, los hijos de Alice se escandalizaron al ver a su abuelo maquillado. Él jamás haría eso. "Él no es pato".

TIEMPO MARIANO

100% probabilidad de lluvia (es una de las pocas certezas),
Virazones fuertes y constantes,
Ráfagas de viento, de sonido, en el cuerpo. Ráfagas.
La calma del ojo de la tormenta pasó hace rato y el huracán no se ha ido.

Donde se inunda una vez, se inunda diez veces.
Donde vuelve la luz, no es seguro que se quede.
Donde ha colapsado un puente, a veces surgen sillitas y fogón.
Donde no han visto a FEMA, han llegado amigos, parientes, presentaos, la prensa, la diáspora y el municipio.

Donde antes hubo, ahora queda.

Desde el cielo ya nos vemos verdes de nuevo.
De noche apenas nos vemos.
Escuché que estamos en una lucha contra la luz,
la ruptura no durará, toca sembrar.
También escuché que hay que quemar las banderas.

Hay una cosa en la montaña que se fue - dice Lorraine.
Hay que estudiar Nueva Orleans - dicen en la Cucina.
Hay multiplicidad, pero estamos aquí - dice Nibia.
Hay cosas que hay que dejar colapsar - dice Gilberto.
Hay que tener el estómago de piedra para bregar con este país -
dice mi padre, desde antes de la tormenta.

Ilustración por David Ferrer Rosales

TERCERA PARTE

¿CÓMO REPRESENTAR EL DESASTRE?

Frances Negrón-Muntaner

Traducido por Nicole Delgado

"Nuestros compatriotas americanos": Por qué llamar a los puertorriqueños "americanos" no los salvará

En septiembre de 2017, una tormenta de categoría 4 llamada María, destrozó por completo la red eléctrica de Puerto Rico, destruyó o dañó medio millón de hogares y provocó la muerte de al menos tres mil personas. Casi cuatro meses después, cerca de la mitad de los hogares seguían a oscuras, y ciento cincuenta mil personas se vieron obligadas a abandonar la isla. Un año más tarde, los apagones parciales eran cotidianos, y el 4% de los hogares puertorriqueños aún no tenían acceso ininterrumpido al servicio eléctrico. Sin embargo, esta oscuridad prolongada aclaró lo que más de un siglo de eufemismos legales han tratado de ocultar: aunque la ciudadanía estadounidense fue impuesta a los puertorriqueños formalmente en 1917, el vivir como "ciudadanos" sin derecho al voto en un territorio colonial que "pertenece a, pero no es parte de" los Estados Unidos no sólo lleva al desastre. También conduce a la muerte.

Si bien muchos puertorriqueños han asumido esta realidad con una combinación de indignación, resignación e indiferencia hacia los Estados Unidos, algunos estadounidenses han respondido con un gesto históricamente inusual: la incorporación retórica. Según se acercaba el temible huracán, los principales medios de comunicación comenzaron a describir a los/as puertorriqueños/as como "3.4 millones de ciudadanos americanos que viven en Puerto Rico". Luego de que la tormenta arrasara la isla, el gobierno federal no brindara apoyo y el presidente Trump denigrara a los/as puertorriqueños/as en los medios de prensa, numerosos periodistas y otras figuras públicas en EE. UU. abandonaron por completo la distinción entre el estatus ciudadano y la identidad nacional. Tal vez haciendo eco del melancólico discurso del gobernador de Puerto Rico Ricardo Rosselló a "mis compatriotas americanos –*my fellow Americans*–" en vísperas del paso de María, éstos comenzaron a llamar "americanos" a los puertorriqueños y, aún más inesperadamente, "nuestros compatriotas americanos".[1]

Uno de los primeros medios en hacerlo fue el *Weather Channel*, cuyos locutores y reporteros, especialmente Paul Goodloe, declararon repetidamente que los puertorriqueños eran "americanos". El corresponsal de CBS David Begnaud, quien surgió como uno de los periodistas más dedicados e influyentes de la crisis post-María en Puerto Rico, frecuentemente hizo lo mismo. Por ejemplo, en un informe del 5 de octubre sobre las condiciones de la isla, Begnaud enfatizó con exasperación: "*Estos son americanos* esperando en filas, durmiendo en sus carros, tratando de obtener combustible desesperadamente".[2]

La conocida comentarista de MSNBC, Rachel Maddow, fue incluso más enfática. Al informar sobre la noticia del "día de spa", en la que un médico de los EE. UU. renunció a su cargo después de presenciar que parte del personal de salud había convertido el triaje de un hospital en una estación de manicura, Maddow señaló en tono alarmado: "Hay personas a punto de morir, *americanos que van a morir* en Puerto Rico a causa de infecciones bacteriales curables. . . Ya no es la tormenta lo que está matando americanos. La respuesta del gobierno federal ante la tormenta es lo que ahora está matando americanos".[3]

---

[1] Nota de la autora: La frase "my/our fellow Americans" presenta retos de traducción al español. He recomendado usar la frase "nuestros compatriotas americanos" y "nuestros compatriotas" (en ocasiones cuando la nacionalidad es obvia) para acentuar la cuestión nacional. También he favorecido el término "americano" y no "estadounidense". Si bien el segundo vocablo es más apropiado, la palabra "americano" es más cercana al inglés y es más utilizada en Puerto Rico para describir a una persona oriunda de los Estados Unidos. Mil gracias a Eunice Rodríguez Ferguson por su colaboración y apoyo en la revisión de esta traducción.

[2] "*These are Americans* sitting in line, sleeping in their cars, desperately trying to get fuel". David Begnaud, "Puerto Rico Hurricane Damage", *CBS News*, 5 de octubre de 2017, https://www.cbsnews.com/video/puerto-rico-hurricane-damage-da- vid-begnaud/.

[3] "You have people starting to die, *Americans starting to die*, in Puerto Rico because of treatable bacterial infections . . . This storm is no longer killing

Para varios periodistas estadounidenses, llamar continuamente "americanos" a los/as puertorriqueños/as fue una estrategia para mantener al público atento a la historia y ejercer presión política sobre el gobierno federal para que proveyera asistencia. En un caso inusual de reflexividad y apoyo a Puerto Rico en un medio de prensa principal, los reporteros Kyle Dropp y Brendan Nyhan del *New York Times* incluso argumentaron que cómo nos referíamos a "tres millones de ciudadanos americanos en Puerto Rico" era una cuestión de vida o muerte, subrayando así el vínculo entre la retórica y la supervivencia.[4] Al referirse a una encuesta acerca de las percepciones sobre los/as puertorriqueños/as poco después del huracán, los periodistas además comentaron que los estadounidenses en general, incluyendo a los partidarios de Trump, se sentían más cómodos con la idea de brindar ayuda a los/as puertorriqueños/as una vez comprendían que éstos eran ciudadanos "americanos". El hallazgo se informó tanto como conclusión que como súplica: "Nuestra compasión hacia otras personas dependen en parte de que las veamos como miembros de nuestra tribu. Sin mayor cobertura, puede ser fácil olvidar que las personas que están sufriendo son nuestros compatriotas".[5]

Los periodistas no fueron los únicos en adoptar la incorporación retórica como estrategia; las corporaciones también se hicieron eco. Quizá la instancia más significativa fue un anuncio de servicio público (PSA, por sus siglas en inglés) que produjo la megatienda Walmart y que comenzó a aparecer en televisión en el horario de mayor audiencia el 9 de octubre. Titulado "United" (Unidos) el PSA no era el

---

Americans—the federal government's response to the storm is now killing Americans". Rachel Maddow, "Doctor Quits Puerto Rico Medical Relief Team Over 'Spa Day,'" *Rachel Maddow Show*, 12 de octubre de 2017, http://www.msnbc.com/ rachel-maddow/watch/doctor-quits-puerto-rico-medical-relief-team-over- spa-day-1072301123804.

[4] Kyle Dropp y Brendan Nyhan, "Nearly Half of Americans Don't Know Puerto Ricans Are Fellow Citizens", *New York Times*, 26 de septiembre de 2017, https://www.nytimes.com/2017/09/26/upshot/nearly-half-of-americans-dont-know-people-in puerto-ricoans-are-fellow-citizens.html.

[5] "Our sympathies for other people depend in part on whether we see them as fellow members of our tribe. Without more coverage, it may be easy to forget that the people suffering are our fellow Americans". Dropp y Nyhan, "Nearly Half of Americans".

primero de Walmart sobre un tema relacionado con huracanes. Un mes antes, la compañía había lanzado otro PSA con el objetivo de recaudar fondos para los afectados por el huracán Harvey en Texas. El video de treinta segundos sobre Texas comenzaba con una fotografía de la ciudad de Houston parcialmente bajo agua y terminaba con el siguiente texto escrito: "*To the Lone Star State, you are not alone.* / Para el Estado de la Estrella Solitaria, no estás solo". Según adland. com, este mensaje ayudó a recaudar más de $25 millones para asistir a los damnificados.[6]

La versión en inglés sobre Puerto Rico es parecida e incluye alusiones a la cultura popular estadounidense, implicando que, desde la perspectiva de Walmart, la isla es igual y tiene el mismo valor que cualquier estado. El video comienza con imágenes de los daños ocasionados por el huracán acompañadas de un arreglo instrumental del clásico "*Stand by Me*" de Ben E. King. Aunque la letra no forma parte del PSA, la canción probablemente fue elegida debido a que sus estrofas aluden a la desolación del hablante en medio de una oscuridad absoluta, circunstancia que recuerda la destrucción de la red eléctrica: "*When the night has come / And the land is dark / And the moon is the only light we'll see / No, I won't be afraid / Oh, I won't be afraid / Just as long as you stand, stand by me.* - Cuando llegue la noche / Y la tierra esté oscura / Y la luna sea la única luz que veamos / No, no temeré / Oh, no temeré / Siempre y cuando estés, estés a mi lado". En el anuncio de Walmart, una voz masculina en *off* entona la dedicatoria: "Para nuestros compatriotas en Puerto Rico, nos puede separar un océano, pero estamos unidos"[7].

Los políticos estadounidenses finalmente se sumaron también. En su discurso ante la legislatura del 16 de octubre de 2017 después de su visita a Puerto Rico, el senador demócrata de Florida, Bill Nelson, repitió las frases "nuestros compatriotas americanos" y "nuestros conciudadanos" ("*our fellow Americans*" o "*fellow citizens*") seis veces, y terminó con la siguiente declaración: "Nuestros

---

[6] "Walmart 'That's Texas' (2017) :30 (USA)", posted by "kidsleepy", 2 de septiembre de 2017, Adland.com, https://adland.tv/commercials/walmart-thats-texas-2017-30-usa.

[7] "To our fellow Americans in Puerto Rico, we may be separated by an ocean, but we are united". "Walmart Puerto Rico Relief Fund: 'United,'" 9-31 de octubre de 2017, https://www.youtube.com/watch?v=c9pBgB3dllo.

compatriotas americanos están muriendo, y necesitan desesperadamente de nuestra ayuda ... Estoy aquí para insistir ante este Congreso y esta administración en que tenemos que actuar"[8]. Si bien
los/as puertorriqueños/as en general, incluidos los funcionarios públicos electos, usaron la expresión con mucha menos frecuencia, la
semana siguiente el congresista de Nueva York José Serrano urgió a
sus colegas de la Cámara en términos análogos: "[Los puertorriqueños de la isla] son nuestros compatriotas americanos; han servido
en nuestras guerras, pagan impuestos y deberían ser tratados con
igualdad".[9]

La explosión retórica de *"our fellow Americans"* plantea la pregunta de por qué surgió esta frase y por qué irrumpió con tanta fuerza. En parte, este fenómeno se debe a cómo, en EE. UU., el vocablo
"americano" sigue siendo un significante clave para las luchas sobre
qué y quiénes son los americanos (o pueden serlo), y quién puede
reclamar la membresía nacional y acceder a los beneficios de la ciudadanía estadounidense. Aunque los/as puertorriqueños/as suelen
quedar fuera de estos debates, varios periodistas y actores políticos ocasionalmente han llamado la atención sobre la subordinación
colonial de Puerto Rico a través del vocabulario de ciudadanía y
pertenencia nacional. Un artículo de 1900 del *Washington Times* citado en el *Congressional Record* ofrece un ejemplo sucinto y vigente,
tanto en contenido como en su retórica. Después de que la Cámara
de Representantes votó sobre la legislación que establecía que la
constitución estadounidense no aplicaba a la isla en su totalidad, el
Times publicó: "Se ha completado el crimen contra nuestros sufrien-

---

[8] "Our fellow Americans are dying, and they desperately need our help...
I'm here to urge this Congress and the administration that we have to act". Bill
Nelson, "'Our Fellow Americans are Dying, and They Desperately Need our
Help,'" *Sunshine State News*, 17 de octubre de 2017, http://sunshinestatenews.
com/story/bill-nelson-takes-senate-floor-speak-about-puerto-rico-our-fellow-
americans-are-dying-and-they.

[9] "[The people of Puerto Rico] are our fellow Americans; they've served
in our wars, they do pay taxes, and they should be treated equally". Bonnie
Castillo, "'As Puerto Rico Suffers, Where Is Our Government?' Nurses Join
Congress Members to Urge Action on Healthcare Crisis", *National Nurses
United blog*, 27 de octubre de 2017, https://www.nationalnurs- esunited.org/
blog/puerto-rico-suffers-where-our-government-nurses-join- congress-mem-
bers-urge-action-healthcare

tes compatriotas americanos en Puerto Rico y contra la Constitución de los Estados Unidos".[10]

La frase también se impuso debido a su relación histórica con la retórica presidencial. La expresión proviene de *"my fellow-citizens"* (nuestros conciudadanos), la cual ha sido utilizada desde los inicios de la república y fue incluso empleada por George Washington, el primer presidente de la nación. El uso actual se consolidó en el siglo XX por medio de la reiteración por parte de varios presidentes, incluyendo a Franklin D. Roosevelt, el primero en adoptarla en un discurso inaugural en 1933. Sin embargo, la resonancia contemporánea de la frase se remonta a Lyndon B. Johnson, quien la integró en todos sus discursos del Estado de la Unión y en otros pronunciamientos sobre asuntos controversiales en los que las vidas de estadounidenses estaban en peligro. Entre éstos se encuentran los últimos dos discursos de Johnson a la nación. En cada uno, comenzó diciendo "Buenas noches, mis compatriotas americanos / *Good evening, my fellow Americans*", antes de anunciar que primero limitaría y luego detendría los bombardeos en Vietnam, y que no se postularía a la reelección.

En la coyuntura actual, cuando el presidente se niega a salvaguardar a millones de ciudadanos, la asociación de la frase con los discursos presidenciales y su efecto de constituir retóricamente al "pueblo americano" impulsó su uso después de María. La repetición de *"our fellow Americans"* afirma que, dada la incapacidad del presidente, los estadounidenses tienen el poder de incorporar a Puerto Rico como parte del cuerpo político nacional y dictar que los/as puertorriqueños/as merecen cuidado y atención. Es decir, en la medida en que el presidente Trump ha reclamado explícitamente la categoría "americano" para los blancos del país, la frase de *"our fellow Americans"* es una acto de rechazo a la autoridad del presidente y una apropiación de su poder. En última instancia, la expresión es una declaración de inclusión democrática —la versión empleada es, después de todo,

---

[10]   "The crime against our suffering fellow-Americans in Puerto Rico, and against the Constitution of the United States, is complete". 56th Cong. Rec. H3378 (27 de marzo de 1900).

[11] Sandra Lilley, Suzanne Gamboa, Daniella Silva, y Carmen Sesin, "'When Did We Stop Being America?' Puerto Ricans Angry, Dismayed over Trump

"nuestros" y no "mis" conciudadanos—, y una forma de protesta contra la retórica racista del jefe de gobierno de la nación.

Sin duda, esta estrategia ha tenido efectos tangibles. Brigadas de enfermeras, pilotos, cocineros, celebridades e incluso Moe, el cantinero de la serie animada de televisión *Los Simpsons*, enviaron dinero y suministros a Puerto Rico o donaron su tiempo. Una encuesta de la Kaiser Family Foundation reveló que un mes después de María, el 62% de los estadounidenses estuvo de acuerdo en que los/as puertorriqueños/as no estaban recibiendo la ayuda que necesitaban.[11] Más notable aún, según una encuesta de Fox News, el porcentaje de estadounidenses que apoyan la incorporación de Puerto Rico como un estado de la unión aumentó de 30% en 2007 a 41% en 2017.[12] Si los números son confiables, este es un resultado extraordinario ya que gracias a la cobertura, también se divulgó que la isla está experimentando una profunda crisis de deuda en exceso de $120 mil millones, que requerirá billones adicionales de dólares para recuperarse del huracán, y que casi la mitad de la población vive por debajo del umbral de pobreza.

No obstante, el abrazo de "nuestros compatriotas americanos" resulta más complejo de lo que parece. Un buen ejemplo es el PSA de Walmart, al que aludí anteriormente. Si bien la compañía pudo haber tenido la mejor intención en recaudar fondos, muchos/as puertorriqueños/as percibieron el anuncio como hipócrita debido el impacto de la empresa en la isla. Desde el año 2000, Walmart es el empleador privado más grande de Puerto Rico y su minorista de mayor recaudación, con ganancias en exceso de $2.75 mil millones anuales, y más tiendas por milla cuadrada que en cualquier otro lugar del mundo.[13] En el proceso de lograr el dominio del mercado, Walmart ha des-

Tweets", *NBC News*, 12 de octubre de 2017, https://www.nbcnews.com/storyline/puerto-rico-crisis/when-did-we-stop-being-america-puerto-ricans-dis-mayed-over-n810151.

[12] "Fox News Poll: Support for Puerto Rican Statehood Increases in Wake of María", *Fox News*, 26 de octubre de 2017, http://www.foxnews.com/politics/2017/10/26/fox-news-poll-support-for-puerto-rican-statehood-increases-in-wake-Maria.html.

[13] Joel Cintrón Arbasetti, "Puerto Rico First in the World with Walgreens and Walmart per Square Mile", *Centro de Periodismo Investigativo*, 7 de mayo de 2014, http://periodismoinvestigativo.com/2014/05/puerto-rico-first-in-the-world-with-walgreens-and-walmart-per-square-mile/.

truido además a la gran parte de la competencia local, incluidas las farmacias independientes, y ha sido un factor en más de ochocientas quiebras de pequeñas empresas. Su cuasi monopolio asimismo ha disparado el desempleo: por cada nuevo puesto que crea Walmart, la economía pierde un promedio de 2.3 empleos. De igual importancia, los tipos de empleos que ha generado Walmart son en su mayoría a tiempo parcial, con salario mínimo, sin beneficios ni derecho a sindicalizarse. En este sentido, la aparente generosidad de Walmart posterior a María enmascara su relación depredadora con Puerto Rico.

Pero incluso en el caso de las instituciones, empresas o grupos que no comparten la grave historia de Walmart, el gesto retórico de incorporación sigue siendo complicado. Aunque reconocer a los puertorriqueños como estadounidenses puede traducirse en mayor atención en algunos contextos, la estrategia de la "generosidad liberal", según la define el filósofo Nelson Maldonado-Torres, resulta problemática por lo que ésta asume, oculta y omite.[14] La retórica no sólo ha fallado en trastocar las relaciones coloniales, sino que también revela y afianza el colonialismo y la colonialidad de manera fundamental.

Por ejemplo, quienes insisten en que los puertorriqueños son "nuestros compatriotas americanos" buscan remediar la gran falta de conocimiento que los estadounidenses tienen sobre Puerto Rico.[15] De acuerdo a una encuesta realizada en el 2017, a cien años de que el Congreso aprobara la Ley Jones-Shafroth que confirió la ciudadanía de EE. UU. a los residentes de la isla, sólo un 54% de los estadounidenses era consciente de esta realidad. Sin embargo, al intentar difundir que los puertorriqueños son "ciudadanos americanos", los medios tienden a pasar por alto la dimensión colonial de dicha ciudadanía. En efecto, el éxito relativo del término en generar empatía es posible únicamente porque la gran mayoría de los estadounidenses desconocen (o no les importa) que constitucionalmente los puertorriqueños no son ciudadanos plenos, sino ciudadanos territoriales con derechos limitados. En este sentido, el uso de

---

[14] Nelson Maldonado-Torres, comentarios de los encuestados, "Aftershocks of Disaster: Puerto Rico a Year after María", *Rutgers University*, n.f., https://livestream.com/rutgersitv/aftershocks/videos/180935036.

[15] Dropp y Nyhan, "Nearly Half of Americans".

"*our fellow Americans*" únicamente puede ser una estrategia retórica viable si encubre que Puerto Rico es una posesión colonial y sus llamados ciudadanos sujetos coloniales. Como lo ha señalado el escritor Eduardo Lalo, para los puertorriqueños "la ciudadanía es una trampa" que permite a los Estados Unidos borrar o eludir el que la ocupación de Puerto Rico es un acto colonial.[16]

La incorporación retórica ignora de igual forma los lazos íntimos entre el colonialismo y el racismo, y obvia el hecho de que la ciudadanía nunca ha ofrecido protección plena para los ciudadanos legales quiénes son sujetos racializados, coloniales, o de otro modo minoritarizados en los Estados Unidos. El gesto retórico entonces ratifica el mito de que una vez que se adquiere la ciudadanía, todos los estadounidenses la experimentan por igual, lo cual no es histórica ni actualmente el caso. Esto es evidente en la reciente respuesta federal a los huracanes: el ser reconocidos legalmente como ciudadanos estadounidenses no evitó la muerte de cientos de afroamericanos luego del huracán Katrina (2005) y tampoco ha evitado que las comunidades negras y latinas en los Estados Unidos sufran inundaciones con aguas tóxicas después del huracán Harvey (2017), causando daños a generaciones futuras de "ciudadanos estadounidenses". En otras palabras: Ni el estado ni la ciudadanía por sí solos han garantizado los derechos de las personas racializadas.

El despliegue de "*our fellow Americans*" también expone que la identificación y subordinación a la identidad nacional de los Estados Unidos—en lugar de asumir la responsabilidad colonial—se presentan como las únicas formas de generar apoyo para los/as puertorriqueños/as. Maldonado-Torres además ha criticado explícitamente el uso del término "americanos" al señalar que los/as puertorriqueños/as deberían "recibir ayuda porque son personas, no porque sean ciudadanos [de Estados Unidos]"[17]. En este contexto, el tropo reitera la soberanía retórica de los Estados Unidos al reposicionar a los estadounidenses, particularmente a los estadounidenses blancos, como fuentes de autoridad y "autentificadores" de la condición humana de

---

[16] Eduardo Lalo, "Aftershocks of Disaster: Puerto Rico a Year after María", *Rutgers University*, n.f., https://livestream.com/rutgersitv/aftershocks/videos/180935036.

[17] Publicación en Facebook, 27 de septiembre de 2017, y comunicación personal, 28 de diciembre de 2017.

los/as puertorriqueños/as a través del reconocimiento de su "americanidad"[18]. Los actores políticos estadounidenses presumen que este reconocimiento es un bien intrínseco y no se cuestionan si los/as puertorriqueños/as desean ser reconocidos/as de esta u otra manera.[19] En adición, la frase "*our fellow Americans*" borra las identidades étnicas, raciales, nacionales y de otra índole de Puerto Rico, así como su larga historia de lucha en oposición al colonialismo estadounidense.

Pero al final el aspecto más revelador del intento de convertir retóricamente a los/as puertorriqueños/as en estadounidenses con el objetivo de protegerlos es su incapacidad de poner fin al sufrimiento. Este resultado pone en evidencia que la subordinación colonial de Puerto Rico es enteramente sistémica e involucra múltiples relaciones de poder tanto políticas, como legales, económicas y discursivas, que favorecen al capital y a las élites estadounidenses. Por ejemplo, a pesar de la retórica de inclusión, cuatro semanas después del huracán, por lo menos sesenta y nueve republicanos de la Cámara votaron en contra de proveer ayuda adicional para Puerto Rico.[20] Tampoco se siguió el protocolo habitual en caso de desastre de los Estados Unidos, como expandir el programa de cupones de alimen-

---

[18] Para una discusión sobre el concepto de "soberanía retórica", ver Scott Richard Lyons, "Rhetorical Sovereignty: What Do American Indians Want from Writing?", *College Composition and Communication* 51, no. 3 (febrero 2000): 447–68.

[19] Esto es consistente con las representaciones de los latinos en los medios de los Estados Unidos en general, representaciones que, según ha escrito Félix Gutiérrez, buscan "cubrir o retratar a los latinos para un público mayoritariamente anglo a través del entretenimiento masivo y noticias con imágenes, temas e historias para apelar y atraer a ese público" ("to cover or portray Latinos to a largely Anglo audience through mass entertainment and news media with images, issues, and stories that will appeal to and attract that audience".) . También tienden a representar a los latinos "como personas más débiles o menos comprometidas que necesitan la ayuda de los anglos para progresar" ("as weaker or less engaged people needing the help of Anglos to make progress".) Félix F. Gutiérrez, "More Than 200 Years of Latino Media in the United States", *American Latino Theme Study, National Park Service, US Department of the Interior*, n.f., https://www.nps.gov/heritageinitiatives/latino/latinothemestudy/media.htm.

[20] Cristina Marcos, "69 Republicans Vote against Aid for Puerto Rico, Other Disaster Sites", The Hill, 12 de octubre de 2017, http://thehill.com/blogs/floor-action/house/355225-69-republicans-vote-against-puerto-rico-aid.

tos para familias necesitadas (*food stamps*) porque, a diferencia de los cincuenta estados, hay un límite en la cantidad de fondos que un territorio puede recibir, incluso en tiempos de emergencia. Por razones aún en disputa, la ayuda mutua que generalmente brindan los estados cuando se produce un desastre no se activó. Estados como Nueva Jersey, Virginia y Massachusetts se apresuraron a enviar personal, equipo y otra asistencia a Texas y Florida después de los huracanes Harvey, Irma y María, pero no así a Puerto Rico.

Dada este contexto, no sorprende que la calidad y cantidad del interés periodístico continúe reproduciendo las relaciones coloniales existentes. Sin duda, después de María, hubo un aumento en los reportajes sobre Puerto Rico en comparación con la cobertura anterior de la crisis fiscal. No obstante, esta cobertura ha sido considerablemente menor que la otorgada a los daños por huracanes en Texas y Florida; de hecho, según el *Washington Post* María "recibió sólo un tercio de las menciones textuales que los huracanes Harvey e Irma".[21] Resulta consistente que las igualmente devastadas Islas Vírgenes de los EE. UU., —donde tres cuartos de la población es negra y cuentan con una diáspora relativamente pequeña y poco concentrada— casi no recibieran cobertura. Como señalaron los investigadores Anushka Shah y Allan Ko, y el periodista Fernando Peinado, el interés en Puerto Rico aumentó sólo después de que Trump visitó la isla y luego se desvaneció.

Además, es significativo que mientras que la cobertura de la prensa sobre huracanes en los Estados Unidos se centra en las necesidades de los residentes y el impacto en las familias, las historias sobre Puerto Rico está enfocada en gran medida en la política partidista estadounidense, el cobro de la deuda y los impuestos.[22] Este énfasis acentúa que la actividad periodística, a menudo está motivada por sentimientos anti-Trump o anti-republicanos, en lugar de expresar un compromiso por resolver problemas urgentes para los afectados, eliminar al colonialismo estadounidense o abor-

---

[21] Anushka Shah, Allan Ko, y Fernando Peinado, "The Mainstream Media Didn't Care about Puerto Rico until It Became a Trump Story", *Washington Post*, 27 de noviembre de 2017, https://www.washingtonpost.com/news/posteverything/wp/2017/11/27/the-mainstream-media-didnt-care-about-puerto-rico-until-it-became-a-trump-story/?utm_term=.8d5cd79ada7b.

[22] Shah, Ko, y Peinado "The Mainstream Media Didn't Care"

dar el cambio climático en la región. Millones de personas parecen más indignadas por el hecho de que Trump arrojara rollos de papel toalla a los/as puertorriqueños/as que por el poder colonial que ejerce Estados Unidos sobre Puerto Rico, las Islas Vírgenes y demás territorios.

En otras palabras, el atractivo liberal de la frase "*our fellow Americans*" no es capaz de retar a la lógica colonial racista diseñada para mantener los recursos federales lejos de las "minorías" racializadas, consideradas indignas. Trump mismo lo confirmó cuando justificó la respuesta negligente de su administración, invocando los persistentes estereotipos que se refieren a los/as puertorriqueños/as como personas perezosas, enteramente responsables de sus propios problemas financieros, e irracionales en sus expectativas ante el gobierno de los Estados Unidos. En contraste con su discurso del 1 de septiembre en Texas después del huracán Harvey, cuando declaró "Les apoyaremos hoy, mañana y pasado ... Ayudamos a nuestros compatriotas en todo momento - *We will support you today, tomorrow and the day after...We help our fellow Americans every single time*", el tuit de Trump sobre Puerto Rico del 12 de octubre afirmó que "no podemos mantener a FEMA, los militares y el personal de emergencia... en PR para siempre - *We cannot keep FEMA, the Military & the First Responders, . . . in P.R. forever*".

Predeciblemente, esta afirmación es inconsistente con el propio historial de FEMA; la agencia a veces permanece involucrada en áreas golpeadas por huracanes durante más de una década después que tocan tierra.[23] Solamente en el año fiscal 2017, FEMA tenía previsto proporcionar $440 millones en ayuda a los estados de la Costa del Golfo por daños resultantes de los huracanes Katrina, Rita y Wilma ocurridos en 2005, y $1.4 mil millones a Nueva York y Nueva Jersey por la tormenta Sandy. Un año después de María, FEMA mantiene presencia en Puerto Rico, aunque su impacto parece mínimo.

Pero incluso si el gobierno federal estuviera manejando la crisis de Puerto Rico como si fuera cualquier otro estado de Estados Uni-

---

[23] Ryan Struyk, "FEMA Actually Can Stay in Puerto Rico Indefinitely", *CNN*, 12 de octubre de 2017, http://www.cnn.com/2017/10/12/politics/fema-trump-hurricane-puerto-rico/index.html.

dos, la isla no se libraría de otra respuesta "americana" igualmente devastadora: el capitalismo del desastre. Mientras que numerosos puertorriqueños pasaban hambre y perdían sus casas y empleos, empresas estadounidenses bien conectadas recibían contratos multimillonarios sin subasta para reconstruir infraestructura a un costo exorbitante[24] a la vez que la "recuperación" daba paso a la privatización, la apropiación de tierras, y más deuda. Además, cónsono con la lógica colonial, una disposición del proyecto de ley republicano aprobado por el Congreso en diciembre de 2017 llevó la actividad especulativa a niveles insospechados. Si bien al final el proyecto de ley no incluyó la amenaza arancelaria de un impuesto indirecto del 20% sobre bienes importados al continente, que podría haber reducido hasta un tercio de los ingresos del gobierno local, un impuesto por separado del 12.5% sobre los ingresos de la propiedad intelectual podría desfalcar a la industria farmacéutica en Puerto Rico, uno de los sectores económicos de mayor impacto y mejor pagados de la isla.[25] Al igual que la experiencia de la mayoría negra de Nueva Orleans después de Katrina, aún con plena representación en el Congreso, los intereses de gran parte de los/as puertorriqueños/as se están vendiendo impunemente.

En última instancia, en este desastre antinatural provocado por la intersección del cambio climático, el capitalismo-colonial y el trumpismo, resulta evidente el por qué apelar a "nuestros compatriotas americanos" no ha salvado a los/as puertorriqueños/as. Para muchos, incluyendo a aquellos que hoy controlan los recursos de la nación, la frase continúa aludiendo principalmente a los blancos privilegiados. Ni el reconocimiento legal ni la retórica anulan el hecho de que la ciudadanía es una categoría que excede el marco legal, que relega a los grupos racializados a una infraciudadanía, y que confiere un acceso limitado a la identidad estadounidense y a las proteccio-

---

[24] Vann R. Newkirk II, "The Puerto Rico Power Scandal Expands", *Atlantic*, 3 de noviembre de 2017, https://www.theatlantic.com/politics/archive/2017/11/ puerto-rico-whitefish-cobra-fema-contracts/544892/.

[25] Armando Valdés Prieto, "How the GOP Tax Bill Will Wreck What's Left of Puerto Rico's Economy", *Washington Post*, 20 de diciembre de 2017, https://www.washingtonpost.com/news/posteverything/wp/2017/12/20/how-the-gop-tax-bill-will-wreck-whats-left-of-puerto-ricos-economy/?utm_term=. 444dc- c8c37c4.

nes que ésta presume ofrecer. Paradójicamente, mientras más le falle el gobierno de los Estados Unidos a Puerto Rico, más puertorriqueños/as no verán otra alternativa que migrar al norte, convirtiéndose en ciudadanos estadounidenses en pleno derecho y trastocando aún más la noción de "americanidad".

Hilda Lloréns

Traducido por Nicole Delgado

Representaciones mediáticas de migrantes climáticos en los Estados Unidos:
El caso reciente del "éxodo" puertorriqueño

El Caribe no es un idilio, no para sus nativos. Estos extraen de él su fuerza de trabajo de forma orgánica, como los árboles, como el almendro marítimo o el laurel picante de los montes. Sus campesinos y pescadores no están allí para ser amados, ni siquiera para ser fotografiados; son árboles que sudan y cuya corteza está cubierta por una película de sal. Pero cada día, en alguna isla, árboles desarraigados que visten de traje firman incentivos fiscales con los empresarios, envenenando hasta la raíz al almendro marítimo y al laurel de los montes. Podría llegar una mañana en que los gobiernos se pregunten qué ocurrió, no solo a los bosques y a las bahías, sino a un pueblo entero.
—Derek Walcott[1]

En las primeras semanas después de que el huracán María tocara tierra en Puerto Rico, los medios circularon imágenes que mostraban un mar de cuerpos negros y mestizos abarrotados en el Aeropuerto Internacional Luis Muñoz Marín; una gran cantidad de pasajeros expectantes desbordaban las aceras del aeropuerto. El punto de entrada y salida más grande de la isla estaba detenido. Al igual que la red eléctrica,

---

[1] Derek Walcott, "The Antilles: Fragment of Epic Memory", *Nobel Lecture*, 7 de diciembre de 1992, https://www.nobelprize.org/prizes/literature/1992/wal- cott/lecture/.

el equipo de telecomunicaciones, el radar y otros recursos de navegación habían sido destruidos por la tormenta categoría 5. El aeropuerto, ahora privatizado, había sido sometido a renovaciones multimillonarias en 2014 y no sufrió daños importantes.[2] Sin embargo, la dependencia total de la aviación comercial a la electricidad, las computadoras y la tecnología de telecomunicaciones hizo casi imposible que los vuelos aterrizaran o despegaran en los primeros días después del huracán.

En las fotografías y videos, las personas en el aeropuerto se ven cansadas, sus rostros registran una gama de emociones desde la consternación y el desánimo hasta la desesperación total. Algunos sentados en posición vertical, muchos desplomados en las sillas. Otros acostados, descansando o profundamente dormidos en el brillante piso de concreto del aeropuerto, su equipaje fungiendo de sillas, camas y almohadas improvisadas. Otros, parados en filas serpenteantes, bebés exhaustos y niños pequeños al hombro de miembros de la familia, también personas mayores y de aspecto frágil en sillas de ruedas alineadas en las puertas de embarque. "Después del huracán María, el aeropuerto parece un refugio", decía un titular. "El aeropuerto más grande de Puerto Rico se convierte en un campo de refugiados", decía otro.[3] Un empleado de JetBlue le dijo a un periodista: "La gente prefiere esperar aquí en vez de morir en la isla".[4]

Este aeropuerto-refugio ofrecía poco descanso o comodidad a los pasajeros varados. En cambio, hacía un calor miserable; las tem-

---

[2] Danica Coto, "Puerto Rico OKs Airport Privatization amid Protests", *USA Today*, 3 de marzo de 2013, https://www.usatoday.com/story/todayinthesky/2013/03/01/puerto-rico-airport-privatization-deal-lifts-off/1956407/; John Kosman, "Canada Just Bought Half of Puerto Rico's Main Airport", *New York Post*, 22 de marzo de 2017, https://nypost.com/2017/03/22/canada-just-bought-half-of-puerto-ricos-main-airport/; Danica Coto, "Puerto Rico Airport to Unveil 200M in Upgrades", *USA Today*, 2 de julio de 2014, https://www.usatoday.com/story/todayinthesky/2014/07/02/puerto-ricos-san-juan-airport-to-unveil-200m-renovations/11943569/.

[3] David Begnaud, "After Hurricane María, Puerto Rico Airport Looks Like a Shelter", *CBS This Morning*, 25 de septiembre de 2017, https://www.youtube.com/ watch?v=dBqoNpOkqXE; Pablo Venes, "Puerto Rico's Biggest Airport Becomes a Refugee Camp", *Daily Beast*, 27 de septiembre de 2017, https://www.thedailybeast.com/puerto-ricos-biggest-airport-becomes-a-refugee-camp.

[4] Venes, "Puerto Rico's Biggest Airport".

peraturas entre sus paredes alcanzaban los 100 grados Fahrenheit.[5] El diseño del aeropuerto, como la mayoría de los edificios "modernos" en la isla, está construido con acero, concreto y vidrio, por lo que depende completamente del aire acondicionado para refrescar sus espacios cavernosos. Pero cuando falla la electricidad y no se puede encender el masivo sistema de enfriamiento, la ventilación se detiene. El diseño tipo fortaleza del aeropuerto también lo hace dependiente de la iluminación artificial. Los veintiún generadores utilizados para mantener el aeropuerto apenas lograban producir electricidad suficiente para unas pocas luces dispersas y ventiladores industriales. Para funcionar, estos generadores dependían de un suministro de combustible que disminuía rápidamente y era peligrosamente escaso.[6] Tales edificios de concreto pueden, en su mayor parte, soportar las duras condiciones ciclónicas que barren periódicamente el "continente de islas" del Caribe, pero cuando fallan los hambrientos sistemas de energía que los sostienen, rápidamente se convierten en trampas de calor oscuras y peligrosamente calientes.[7]

Algunos reportajes señalaban que las personas que acamparon en el aeropuerto estaban desesperadas por escapar de las condiciones caóticas causadas por el huracán. Una mujer le dijo a un periodista: "Simplemente no me siento segura aquí"; "aquí" se refería al lugar más allá del aeropuerto.[8] Otra comentó: "Corremos por nuestra vida" y "Cuando por fin llegamos a la puerta, me pude calmar porque sabía que nos íbamos".[9] Al parecer, el aeropuerto se convirtió en un refugio de facto de la catástrofe que seguía en desarrollo en toda la isla. Tal vez la gente se envalentonó por los números, o gracias a

---

[5] Patrick Gillespie, "'I Don't Feel Safe Here': A Night of Desperation in San Juan's Sweltering Airport", *CNNMoney*, 27 de septiembre de 2017, https://money.cnn.com/2017/09/27/news/puerto-rico-san-juan-airport/index.html.

[6] Venes, "Puerto Rico's Biggest Airport".

[7] David Koenig y Danica Coto, "Puerto Rico, with Almost No Electricity, Endures Stifling Heat", *Seattle Times*, 25 de septiembre de 2017, https://www.seattletimes.com/business/puerto-rico-is-in-the-dark-in-wake-of-hurricane-maria/.

[8] Gillespie, "'I Don't Feel Safe Here.'"

[9] Richard Fausset y Alan Blinder, "At Puerto Rico's Main Airport, Heavy Hearts and Long Waits", *New York Times*, 26 de septiembre de 2017, https://www.nytimes.com/2017/09/26/us/puerto-rico-airport-Maria.html.

una cercanía imaginada "allá fuera", como a menudo se refieren los puertorriqueños a los Estados Unidos continentales, donde la vida se imaginaba "segura", "ordenada" y "normal".

Las escenas del aeropuerto, con "multitudes" de puertorriqueños/as listos/as para abordar aviones con destino a los Estados Unidos continentales se convirtieron en eje principal de las noticias, así como de una narrativa mayor teñida de matices bíblicos, elaborada después de María y apodada como "el éxodo puertorriqueño". Siguiendo la etimología bíblica del éxodo, los/as puertorriqueños/as con destino a los Estados Unidos continentales buscaban la "salvación" después de experimentar la teofanía que se produjo en forma de un huracán despiadado que les despojó violentamente de la normalidad; para algunos, incluso también de la posibilidad de seguir viviendo en la isla. Subrayando la naturaleza fugaz del tiempo, y posiblemente de la vida misma, un hombre de veintiséis años que estaba pensando en migrar le dijo a un periodista en octubre de 2017: "Nada nos asegura que todo estará bien dentro de uno o dos años. No tenemos tiempo que perder".[10] En el mismo artículo, un médico explicaba: "La salida fácil sería comprar un boleto y salir". Una mujer de cincuenta y ocho años que estaba parada en una larga fila para obtener hielo hizo una predicción ominosa: "Todos se van a ir —todos".[11]

El aeropuerto abrió en horario limitado tan sólo dos días después del huracán, aumentando lentamente la oferta de vuelos comerciales durante las semanas siguientes. Los medios informaron que miles de puertorriqueños/as llenaron cada avión a capacidad, sin que pareciera que el número de personas que partía diariamente fuera a tener fin. Este éxodo no tenía un líder mesiánico ni carismático al

---

[10] Oren Dorell, "Who Will Rebuild Puerto Rico as Young Professionals Leave Island after Hurricane María?", *USA Today*, 12 de octubre de 2017, https://www.usatoday.com/story/news/nation/2017/10/12/puerto-rico-young-professionals-leaving-hurricane-Maria/754753001/.

[11] Jack Healy y Luis Ferré-Sadurní, "For Many on Puerto Rico, the Most Coveted Item Is a Plane Ticket Out", *New York Times*, 5 de octubre de 2017, https://www.nytimes.com/2017/10/05/us/puerto-rico-exodus-Maria   -florida.html. Ver también Frances Negrón-Muntaner, "The Emptying Island: Puerto Rican Expulsion in Post-María Time", *Emisférica*, 1, no. 14 (2018), http://beta.hemisphericinstitute.org/en/emisferica-14-1-expulsion/14-1-essays/the-emptying-island-puerto-rican-expulsion-in-post-Maria -time.html/

frente. Más bien, la lógica organizativa del grupo se basaba en un entendimiento colectivo, representado por el número de personas que abandonaban la isla, para quienes el presente era insostenible. Para muchos/as, viajar lejos de un hogar devastado, de la isla destruida o de un futuro no imaginado en la tierra natal significaba elegir la incertidumbre del futuro en los Estados Unidos continentales.

VISUALIZANDO EL "TRÓPICO DESASTROSO"

Las imágenes del aeropuerto reforzaron varios estereotipos sobre los trópicos desastrosos. Uso este término en referencia a un tropo histórico racializado del canon occidental. Una historia producida en la zona "templada" del mundo sobre la naturaleza tropical, que incluye a sus habitantes indígenas y negros, descrita como fecunda, sin restricciones, e implacable, capaz de gran ferocidad.[12] Las multitudes en los aeropuertos sirvieron como prueba de la fecundidad de las personas tropicales, quienes a menudo aparecen reunidas en grupos intergeneracionales. Una característica clave de este tropo es la cantidad de bebés y niños presentes, que conviven fácilmente entre ellos y la naturaleza tropical, incluida la vegetación y los animales no-humanos.

Las imágenes de los trópicos desastrosos presentan esencialmente a individuos, grupos y multitudes que parecen aturdidos, desconcertados, desanimados, indigentes, traumatizados, no aptos, enfermos, discapacitados, moribundos o muertos. Para completar este cuadro, los individuos o las multitudes deben estar rodeados o envueltos en alguno o todos de los siguientes elementos: tierra, tierra desalojada, barro, escombros, miseria, ruinas, calor sofocante, mosquitos, moscas, agua sucia y el hedor implícito de los cuerpos en descomposición, ya sean humanos o animales. Para complementar la imagen de la agitación y el desorden social, la narrativa visual

---

[12] Hilda Lloréns, *Imaging the Great Puerto Rican Family: Framing Nation, Race and Gender during the American Century* (Lanham, MD: Lexington Books, 2014). Ver también Allan Sekula, "The Body and the Archive", *October 39* (1986): 3–64; Walcott, "The Antilles", *Nobel Lecture*; Sylvia Wynter",*Unsettling the Coloniality of Being/Power/Truth/Freedom: Towards the Human, after Man, Its Overrepresentation—an Argument", CR: The New Centennial Review 3, no.3* (2003): 257–337.

y mediática enfatiza la falta de orden, de vigilancia y del estado, la escasez de bienes y recursos, y súplicas por ayuda humanitaria y suministros —la imagen casi siempre seguida por noticias extensas que anuncian períodos de incertidumbre distópica y esfuerzos de reconstrucción irregulares, proyectos fallidos y mala gestión de ayudas y fondos, todo lo cual confirma el tropo de la ingobernabilidad de la naturaleza tropical y sus habitantes.[13]

Este tropo implica que debido a que los trópicos son tan impetuosos, su gente vive por defecto al borde del desastre. Para que sea habitable para personas "modernas" y "evolucionadas", la naturaleza tropical debe ser domesticada utilizando el ingenio humano y tecnología avanzada. Por ejemplo, la electricidad prolonga el día, iluminando las oscuras noches tropicales; el aire acondicionado ayuda a soportar el calor sofocante y agravado del impredecible clima. El transporte aéreo reduce las distancias, para que las personas puedan moverse rápidamente por todo el mundo. En la imaginación occidental, los avances tecnológicos y las innovaciones convierten a los trópicos en espacios habitables; las tecnologías modernas, como por ejemplo la electrificación, la vacunación y la purificación del agua, son centrales en el entramado racial del poder imperial occidental. A través del discurso de ayudar a los ciudadanos del Sur Global a alcanzar la modernidad y el progreso, la innovación tecnológica "neutralmente" benevolente está tan naturalizada que oculta los incrustados prejuicios de la inteligencia científica superior del Norte y la inferioridad del Sur.

Cuando ocurre un desastre, la falta de tecnologías esenciales se convierte en una cuestión de vida o muerte. En Puerto Rico, —una colonia estadounidense que depende de la electricidad generada a partir de combustibles fósiles mucho más que sus vecinos del Caribe—, la falta de acceso a fuentes de energía alternativas, como paneles solares modulares para energizar las salas de operaciones de los hospitales o las máquinas de diálisis, condujo a muertes evitables.[14]

---

[13] Hilda Lloréns, "Imaging Disaster: Puerto Rico through the Eye of Hurricane María", *Transforming Anthropology* 26, no. 2 (2018): 136–56.

[14] Lloréns, "Imaging Disaster", *Transforming Anthropology,* 136–56; Luis Ferré-Sadurní, Frances Robles, y Lizette Alvarez, "'This Is Like a War': A Scramble to Care for Puerto Rico's Sick and Injured", *New York Times,* 26

Sin embargo, muchos de estos "avances", como la electrificación y los vuelos de avión, dependen casi por completo de combustibles fósiles, y se encuentran entre las principales fuentes de gases de efecto invernadero, lo que ha desequilibrado cada vez más a la naturaleza que ahora produce huracanes atlánticos más fuertes y violentos, como María. Injustamente, las sociedades insulares y las zonas costeras bajas en el Caribe y el Pacífico están en la primera línea del cambio climático y probablemente continuarán experimentando sus efectos y consecuencias cada vez más graves, a pesar de que estas sociedades sólo producen una pequeña fracción del total de las emisiones de gases de efecto invernadero.[15]

Después del huracán María, los medios de comunicación publicaron miles de imágenes de Puerto Rico y su gente enfrentándose a una isla destruida, yéndose de ella, o viviendo en habitaciones de hotel abarrotadas en varias ciudades de EE. UU. Estas imágenes ahora se unen al archivo visual de catástrofes del siglo pasado. Este archivo está lleno de representaciones de los trópicos desastrosos; el mismo sólo promete expandirse como resultado de la veloz multiplicación de los desastres. Desde lejos, las representaciones incluyen imágenes satelitales de los riesgos geofísicos, como huracanes, volcanes, terremotos, tsunamis, incendios forestales, inundaciones, sequías, avalanchas y deslizamientos de tierra, así como representaciones en primer plano de sus consecuencias sobre los paisajes, la naturaleza y las personas.

¿Puertorriqueños/as como refugiados climáticos?

El titular de un artículo publicado en la revista *Scientific American* del 28 de septiembre de 2017 declaraba con autoridad: "Los puertorriqueños podrían ser los nuevos refugiados climáticos de

---

de septiembre de 2017, https://www.nytimes.com/2017/09/26/us/puerto-rico-hurricane-healthcare-hospitals.html; Amy Aubert, "Fear after María as Dialysis Patients in Puerto Rico in 'Desperate Need' of Help", *ABC7*, 29 de septiembre de 2017, https://wjla.com/news/nation-world/fear-after-Maria -as-dialysis-patients-puerto-rico-in-desperate-need-of-help.

[15] Union of Concerned Scientists, "Each Country's Share of CO2 Emissions", 11 de octubre de 2018, https://www.ucsusa.org/global-warming/science-and-im- pacts/science/each-countrys-share-of-co2.html.

EE. UU".[16] Otro titular de la revista *Mother Jones* con fecha del 17 de octubre de 2017 leía: "Los refugiados climáticos de Estados Unidos han sido abandonados por Trump". El 3 de diciembre de 2017, el Centro Morningside para la Enseñanza de la Responsabilidad Social presentó bajo su sección de "Temas actuales" una lección para niños titulada "Cultivando la compasión por los 'Refugiados climáticos' de Puerto Rico".[17] Otro artículo publicado el 19 de febrero de 2018, en la revista *Yes!* se titulaba "Los refugiados climáticos de Florida podrían cambiar la política local por generaciones".[18] El 7 de mayo de 2018, *Teen Vogue* publicó un conmovedor recuento en primera persona titulado "El huracán María me convirtió en una refugiada del cambio climático".[19] Estos titulares son parte integral de una construcción ideológica mayor que clasifica a los inmigrantes puertorriqueños post-María como refugiados climáticos en el zeitgeist.

Estos reclamos abren paso a varias preguntas: ¿Quiénes son los refugiados climáticos? ¿Qué hace que una población califique como tal? ¿Qué convenciones guían esa definición? ¿Y qué significa esta etiqueta para la población etiquetada? En la década de 1970, el término refugiado ambiental surgió para describir a las personas que se vieron obligadas a emigrar como resultado del deterioro ambiental o las condiciones catastróficas en sus países de origen.[20] En 1985, una

---

[16] Daniel Cusick y Adam Aton, "Puerto Ricans Could Be Newest US Climate Refugees", *Scientific American*, 28 de septiembre de 2017, https://www.scientificamerican.com/article/puerto-ricans-could-be-newest-u-s-climate-refugees/.

[17] Maireke van Woerkom, "Cultivating Compassion for Puerto Rico's 'Climate Refugees", *Morningside Center for Teaching Social Responsibility*, 3 de diciembre de 2017, https://www.morningsidecenter.org/teachable-moment/lessons/ cultivating-compassion-puerto-ricos-climate-refugees.

[18] Adam Lynch, "Climate Refugees in Florida Could Change the Politics There for Generations", *Yes!*, 19 de febrero de 2018, https://www.yesmagazine.org/ planet/climate-refugees-in-florida-could-change-the-politics-there-for-gener- ations-20180219.

[19] Agnes M. Torres Rivera, "Hurricane María Made Me a Climate Change Refugee", *Teen Vogue*, 7 de mayo de 2018, https://www.teenvogue.com/story/hur- ricane-Maria -made-me-a-climate-change-refugee.

[20] Norman Myers, *Environmental Exodus: An Emergent Crisis in the Global Arena* (Washington, DC: Climate Institute, 1995); Norman Myers, "Environmental Refugees: A Growing Phenomenon of the Twenty-first Century", *Philosophical Transactions* B 357, no. 1420 (2002): 609–13.

definición formal de refugiado ambiental entró en el discurso público cuando Essam El-Hinnawi, mientras trabajaba con El Programa de Medio Ambiente de la ONU, los definió como "aquellas personas que se han visto obligadas a abandonar temporal o permanentemente su hábitat tradicional, debido a una marcada interrupción ambiental (natural o provocada por personas) que haya puesto en peligro su existencia y/o afectado gravemente su calidad de vida".[21]

La noción de hábitat tradicional resulta problemática al menos por dos razones. Cuando se usa para referirse a las islas, pasa por alto el hecho de que históricamente la migración hacia y desde las islas ha seguido el flujo y reflujo de los peligros climáticos naturales. El movimiento de las poblaciones dentro y fuera de las islas ha sido parte esencial de la vida en el Caribe desde tiempos prehistóricos.[22] En el caso de la historia de Puerto Rico desde la conquista europea, la migración ha estado estrechamente vinculada a las condiciones económicas. Quizás sea hora de revisar la idea de que las personas nacidas en islas como Puerto Rico deben permanecer allí durante toda su vida. Conceptualizar a las poblaciones indígenas y negras del Sur Global como personas que pertenecen "naturalmente" a su ecosistema, como si fueran especies de plantas, enmarca su movilidad y migración como una condición patológica de desarraigo, en contraste con los ricos occidentales cosmopolitas que son ciudadanos globales altamente móviles.[23] Aunque no existe una diferencia clara entre los términos refugiado ambiental y refugiado climático, pareciera que los refugiados ambientales se transformaron en refugiados climáticos como una forma de señalar más directamente el

---

[21] Joanna Apap, "The Concept of 'Climate Refugee': Toward a Possible Definition", *European Parliamentary Research Service*, 19 de junio de 2018, http://www.europarl.europa.eu/thinktank/en/document.html?reference=EPRS_BRI.

[22] William F. Keegan y Corine L. Hofman, *The Caribbean before Columbus* (New York: Oxford University Press, 2017); Irving Rouse, *The Tainos: The Rise and Decline of the People Who Greeted Columbus* (New Haven, CT: Yale University Press, 1992).

[23] Liisa Malkki, "National Geographic: The Rooting of Peoples and the Territorialization of National Identity among Scholars and Refugees", *Cultural Anthropology* 7, no. 1 (1992): 24–44; Cecilia Tacoli, "Crisis or Adaptation? Migration and Climate Change in a Context of High Mobility", *Environment and Urbanization* 21 (2009): 513–25.

papel que juega el cambio climático en el desplazamiento y la migración de las poblaciones.[24]

Por lo tanto, la narrativa mediática que clasifica a los/as puertorriqueños/as como refugiados climáticos ignora dos cuestiones importantes. Primero, la Convención de Refugiados de 1951 no reconoce a los refugiados "ambientales" o "climáticos"; estas categorías de personas desplazadas como merecedoras de protección surgieron después.[25] Según la Convención de 1951, los refugiados se definen sólo como aquellos que temen ser perseguidos "por motivos de raza, religión, nacionalidad o pertenencia a un grupo social u opinión política en particular, y no pueden o no quieren, por temor a la persecución, buscar protección en sus países de origen".[26] Segundo, debido a que los/as puertorriqueños/as son ciudadanos estadounidenses, no se consideran como refugiados, ya que no cruzan fronteras internacionales. Por el contrario, de acuerdo a los Principios rectores aplicables a los desplazamientos internos de las Naciones Unidas de 1998, clasificarían más bien como "personas desplazadas internamente" (PDI). Debido a que se entiende que la tormenta y sus desastrosas consecuencias producen dificultades de corta duración, los/as puertorriqueños/as no enfrentan ninguno de los tres impedimentos, legales, fácticos o humanitarios, para regresar a su tierra natal, según se define en un informe de la ONU de 2012.[27]

Aunque el conocimiento sobre la migración puertorriqueña es abundante, no se ha enfatizado lo suficiente en que los/as puerto-

---

[24] Apap, "Concept of 'Climate Refugee.'"

[25] Carol Farbotko and Heather Lazrus, "The First Climate Refugees? Contesting Global Narratives of Climate Change in Tuvalu", *Global Environmental Change* 22 (2012): 382–90.

[26] Apap, "Concepto de 'refugiado climático'". Resulta llamativo—aunque no sorprendente, dada la historia del colonialismo y el imperialismo europeos, que la Convención de 1951 descarte por completo el rol central que desempeñan la tierra, el agua, la tenencia de estos recursos y su habitabilidad (es decir, si un lugar es adecuado para que las personas puedan vivir bien) al originar muchos de los llamados conflictos políticos, en lugar de conflictos ambientales, que dan lugar a las crisis de refugiados en primer lugar.

[27] Walter Kälim y Nina Schrepfer, *Protecting People Crossing Borders in the Context of Climate Change* (Geneva: Division of International Protection, United Nations High Commissioner for Refugees, 2012), https://www. unhcr. org/4f33f1729.pdf.

rriqueños/as han sido migrantes económicos y climáticos en los Estados Unidos continentales durante mucho tiempo. En el siglo XX, la creciente modernización y eventual industrialización condujo al colapso total de los empleos agroindustriales en la isla. A su vez, miles de personas y familias emigraron al norte. En la isla, el sector industrial feminizado nunca fue suficiente para reducir el número de desempleados; el desempleo crónico entre hombres y mujeres en edad laboral, junto con huracanes y episodios de sequía, también contribuyó a la decisión de emigrar de las personas. Además, los ciclos y episodios de emigración y retorno han sido una forma recurrente y característica de adaptación para muchos puertorriqueños/as.[28] En el siglo XXI, tanto la crisis de la deuda de la isla como las políticas de austeridad resultantes, junto con la intensificación de los riesgos climáticos y la contaminación, han llevado a más personas a abandonar la isla.

La construcción mediática de los puertorriqueños como refugiados climáticos ha servido para varios fines. Subrayó la naturaleza catastrófica del huracán, así como sus consecuencias traumáticas. Se cree ampliamente que las condiciones que conducen al estatus de refugiado siempre producen trauma en las personas o grupos que las experimentan.[29] Las imágenes populares y las caracterizaciones culturales de los refugiados climáticos puertorriqueños los convir-

---

[28] David Griffith y Manuel Valdés-Pizzini, *Fishers at Work, Workers at Sea: A Puerto Rican Journey through Labor and Refuge* (Philadelphia: Temple University Press, 2002); Jorge Duany, *The Puerto Rican Nation of the Move: Identities on the Island and in the United States* (Chapel Hill: University of North Carolina Press, 2002).

[29] Art Hansen y Anthony Oliver-Smith, *Involuntary Migration and Resettlement: The Problems of Response and Dislocated People* (Boulder, CO: West-view Press, 1982); Malkki, "National Geographic", Cultural Anthropology, 24–44; Dermont Ryan, Barbara Dooley, y Ciarán Benson, "Theoretical Perspectives on Post-Migration and Well-Being among Refugees: Towards a Resource-Based Model", *Journal of Refugee Studies* 21, no. 1 (2008): 1–18; Anthony Oliver-Smith, "Climate Change and Population Displacement: Disasters and Diasporas in the Twenty-first Century", en *Anthropology of Climate Change: From Encounters to Actions*, ed. Susan A. Crate y Mark Nuttall (Walnut Creek, CA: Left Coast Press, 2009), 116–38; Celia McMi- chael, Jon Barnett, y Anthony J. Michael, "An Ill Wind? Climate Change, Migration and Change", *Environmental Health Perspectives*, 120, no. 5 (2012): 646-654. https://doi.org/10.1289/ehp.1104375.

tieron en una "población objetivo" cuyo "comportamiento y bienestar" sería examinado de cerca por el público y por los políticos. Las narraciones y caracterizaciones visuales de la "población objetivo" son evaluativas, lo que permite al público en general, y más significativamente a los políticos, hacer afirmaciones sobre el mérito de un grupo.[30] El marco de la población objetivo resulta útil para explicar cómo las necesidades de las poblaciones son co-construidas. Las construcciones de los medios que usan este marco a menudo se basan en nociones preexistentes sobre raza, clase y género. Por lo tanto, vuelven a inscribir a algunos grupos como más ventajosos que otros, y lo que es más importante, respaldan políticas que a menudo refuerzan antiguos prejuicios sobre la población específica al centro del discurso público. En el caso de los/as puertorriqueños/as, los tropos victimizantes como la impotencia y la dependencia (es decir, la cultura de la pobreza) resurgieron en las escenas culturales y políticas post-María.

La idea de los/as puertorriqueños/as como refugiados climáticos los/as ha llevado al centro del discurso sobre la crisis del cambio climático. Esto ha tenido varios efectos en la población misma, ya que su difícil situación se presenta como evidencia de la crisis climática, posicionándoles como víctimas sumidas en desbalanceadas relaciones de poder.[31] En términos del diseño de políticas públicas, la representación históricamente negativa de los/as puertorriqueños/as como dependientes del estado también conlleva la etiqueta de ser una carga para el estado. La reciente descripción del "éxodo puertorriqueño" que llega a infligir una carga aún mayor en los servicios sociales del estado, ha servido para promover temores racistas en ciudades de los Estados Unidos donde los/as puertorriqueños/as han buscado refugio. Ciertamente, un "éxodo" de

---

[30] Anne Schneider and Helen Ingram, "Social Construction of Target Populations: Implications for Politics and Policy", *American Political Science Review* 87, no. 2 (1993): 334.

[31] Carol Farbotko y Heather Lazrus, "The First Climate Refugees? Contesting Global Narratives of Climate Change in Tuvalu", *Global Environmental Change* 22 (2012): 382–90; Michael T. Bravo, "Voices from the Sea Ice: The Reception of Climate Impact Narratives", *Journal of Historical Geography* 35 (2009): 256–78; Geraldine Terry, "No Climate Justice without Gender Justice: An Overview of the Issues", *Gender and Development* 17, no. 1 (2009): 5–18.

refugiados climáticos puertorriqueños recurre a referentes culturales negativos y racializados que identifican a los refugiados como empobrecidos, necesitados y desamparados. Además, el clima político actual de Estados Unidos, en el cual se aviva el pánico moral sobre la seguridad en la frontera sur, combina y fortalece cada vez más las asociaciones racistas contra los "refugiados" y los peligros para la sociedad estadounidense que supuestamente traen los "inmigrantes ilegales".

En el caso de los migrantes climáticos puertorriqueños post-María, la valoración negativa de sus necesidades se ha ejemplificado en la finalización abrupta del programa de Asistencia de Refugio de Transición de FEMA, que ofrece asistencia de alojamiento a personas que pierden sus hogares. Aunque la respuesta inicial a la crisis parecía sólida en los "estados amigos" (como Connecticut, por ejemplo), al cabo de un corto período de tiempo el impulso humanitario había disminuido, y muchos migrantes climáticos fueron abandonados a su destino.[32] En ciudades como Orlando, Florida, que en las últimas dos décadas se ha convertido en un enclave puertorriqueño y actualmente experimenta escasez de vivienda, los migrantes climáticos no han podido encontrar viviendas asequibles. Un año después del huracán, Benjamín Muñoz, de setenta años, establecido en Orlando, explicó: "Vinimos aquí y nos tratan mal, piensan que somos malas personas. A veces me pregunto, '¿tenemos algo contagioso?' Hemos sido abusados, hemos sufrido discriminación... Me molesta cuando escucho que la crisis ya se resolvió y que nos han dado apartamentos, hay un gran grupo de personas que todavía no tiene dónde vivir".[33]

---

[32] Frances Robles, "Government Can Stop Paying to House Puerto Ricans Hurricane Victims, Judge Rules", *New York Times*, 30 de agosto de 2018, https:// www.nytimes.com/2018/08/30/us/puerto-rico-fema-housing.html; Sarah Ruiz-Grossman, "Displaced Puerto Ricans Face Dire Situations as FEMA Housing Aid Nears Its End", 24 de agosto de 2018, HuffPost, https://www.huffingtonpost.com/entry/fema-housing-aid-hotels-puerto-rico-hurricane-maria-survivors_us_5b7f2608e4b0729515115850.

[33] Kate Santich y Carlos Vásquez Otero, "Puerto Rican Evacuees in Central Florida Seek Stability in a New Life 1-Year After María", *Orlando Sentinel*, 21 de septiembre de 2018, https://www.orlandosentinel.com/news/puerto-rico-hurricane-recovery/os-hurricane-Maria -one-year-later-central-florida-20180921-story.html.

Claramente, el sufrimiento que comenzó con el huracán María en Puerto Rico continúa reverberando en el espacio y el tiempo; la tormenta en sí misma sólo marca el inicio de la encrucijada que viven las personas desplazadas por el clima. Se espera que la creciente ferocidad del cambio climático aumente el sufrimiento de las poblaciones en todo el mundo. Si el objetivo es prevenir la muerte y el sufrimiento, los gobiernos deben implementar políticas para mejorar los factores sociales, como la desigualdad y el desarrollo desmedido, que transforman los peligros climáticos en desastres reales. Aunque Puerto Rico y los/as puertorriqueños/as han sido representados durante mucho tiempo desde el régimen visual de los trópicos desastrosos, estas últimas imágenes los empujaron a una categoría históricamente no reconocida o, para algunos, aparentemente imposible: el "refugiado climático" puertorriqueño. Esta categoría de migrantes está en aumento en todo el mundo; aunque el caso de Puerto Rico y su gente es ejemplar, no presenta una excepción.[34] Esto sólo significa que la próxima crisis de deuda o desastre ambiental puede afectar a comunidades vulnerables cerca de usted.

---

[34] Yarimar Bonilla, *Non-sovereign Futures: French Caribbean Politics in the Wake of Disenchantment* (Chicago: University of Chicago Press, 2015); Aarón Gamaliel-Ramos, *Islas migajas: Los países no dependientes del Caribe contemporáneo* (San Juan: Travesier and Leduc, 2016).

Erika P. Rodríguez

Traducido por Nicole Delgado

Responsabilidad y representación:
Cobertura fotográfica después del desastre

Cuando el huracán María azotó ese miércoles por la mañana, no imaginaba lo que vendría en los siguientes días, meses y años. Era mi primera temporada de huracanes trabajando como fotógrafa e iba a tener que aprender en el proceso. Como muchas otras personas en Puerto Rico, sufrí daños en mi hogar. Me preocupaba mi familia y dónde iba a encontrar comida. Hice largas filas para conseguir gasolina y dinero en efectivo, los mosquitos me comían viva todas las noches y vivía en la oscuridad del apagón. No había forma de fotografiarlo desde una distancia como simple observadora, porque yo era parte de esto. Esta también era mi historia.

Desde el 2012, he estado documentando mi país a través de lo que comenzó como un proyecto personal y que se ha convertido en mi trabajo más importante. "The Oldest Colony" es una meditación sobre la identidad puertorriqueña a través del marco de nuestra relación colonial con los Estados Unidos. Comencé a tomar fotos como un proceso para entender mi propia identidad y experiencia como puertorriqueña. Empezó como un proceso personal, usé la cámara para fotografiar a mi familia, mis amigos y lugares que me eran comunes. Pero luego se convirtió en una documentación de festivales, eventos políticos, protestas y vida cotidiana, además de trabajos encargados por publicaciones. Siempre estoy buscando esa capa subyacente de tensión leve en las imágenes, que expresa el limbo político y la crisis de identidad en la que existimos.

Nuestra memoria colectiva está fragmentada, factor que influye en mi trabajo y proceso creativo. La fotografía ha sido el medio con el cuál he ido reconstruyendo mi conocimiento y educación sobre

Puerto Rico y su historia. Al crear un lenguaje visual y una representación del presente, busco dejar un cuerpo de trabajo que en cincuenta o cien años pueda ser una ventana a nuestra realidad, cultura, alegrías y dificultades. Muchas veces me pregunto: "¿Cómo vamos a mirar hacia atrás, a este momento, y cuáles son las imágenes que van a representar lo que estamos viviendo ahora?"

Nuestra historia es una de resistencia, cargamos el peso de más de quinientos años de coloniaje. La condición política de Puerto Rico como territorio no incorporado de los Estados Unidos, de existir bajo la potestad del Congreso, de no ser un país –de seguir siendo una colonia– nos ha negado el derecho a la autodeterminación, la autonomía y la soberanía. "The Oldest Colony" no es sólo algo de lo que hablo, es algo que vivo. Es esa lucha y búsqueda interna constante por definir quiénes somos y en el proceso, definir quién soy.

Después de cubrir el daño dejado por el huracán Irma en las Islas Vírgenes para el *New York Times*, se anunció una nueva tormenta. En la mañana de un domingo común y corriente, estaba sentada en un café en Santurce cuando llegó la notificación de la noticia: se esperaba que una tormenta de categoría 1 se fortaleciera y impactara la isla directamente. Teníamos dos días para prepararnos. El 20 de septiembre de 2017, el huracán María se convirtió en el peor desastre natural en azotar a Puerto Rico en tiempos modernos. La tormenta tumbó el sistema eléctrico e interrumpió las comunicaciones, ocasionó el cierre de escuelas y hospitales, y provocó un éxodo masivo. Me tomó un tiempo comprender la profundidad del desastre. Cuándo llegaba a una comunidad durante las primeras semanas y meses después del huracán, a menudo me preguntaban si era oficial de la Agencia Federal para el Manejo de Emergencias (FEMA en inglés). La gente estaba desesperada por ayuda. Algunos nos decían: "Ustedes son los primeros que llegan aquí". Yo sólo tenía mi cámara.

Se estima que al menos unos 2,975 residentes murieron como resultado del huracán, según un informe de la Universidad George Washington. La cifra oficial de muertes parte de este estudio, no se espera que se determinen cifras reales. Hasta que todos no tengan un techo seguro, y hasta que todos los muertos no hayan sido nombrados, no se puede declarar una recuperación.

· Nuestro limbo político permea en la vida cotidiana. Tenemos una cultura muy rica, pero no sabemos quiénes somos como país o no-país. A lo largo de la historia las imágenes que representan al *commonwealth* han estado plagadas de estereotipos que minimizan y dificultan nuestras interacciones.

Indefensos. Incompetentes. Incapaces. *Welfare Island*. Paraíso. Entretenimiento. Escape. Cocos y piñas coladas. El lugar al que los estadounidenses pueden viajar sin pasaporte.

Nuestra narrativa emerge a en la sutileza de la vida cotidiana, el caos de la política, las dificultades de la crisis económica y la recuperación del huracán —con sus celebraciones y contradicciones. Hubo imágenes que no hice durante la cobertura de María. En los días posteriores, sentía la responsabilidad de crear imágenes que representaran a las personas con dignidad, más allá de la intensidad del desastre. No se trataba de distorsionar la verdad ni de esconderla, sino de comprender la situación y decidir cuál era la forma más responsable de documentar a las personas en sus momentos más vulnerables.

Los fotoperiodistas están ahí para documentar la historia mientras sucede, pero tenemos la responsabilidad de representar respetuosamente a las comunidades que nos permiten estar allí con nuestras cámaras, especialmente en situaciones de dolor y trauma. Existe una línea muy fina entre la documentación y la explotación. Tiendo a pensar bien antes de presionar el botón.

Trabajo despacio. Trato de no reproducir la imagen de impotencia, el "mira a los pobres del Caribe, vamos a ayudarles y a llevarles todo –por que no saben como y no pueden ayudarse a sí mismos". Las personas en mis fotografías existen en mis espacios comunes; son personas que probablemente veré de nuevo. Es mi vecino, es la persona que echa gasolina en la bomba junto a mí, el que está frente a mí en la fila del supermercado, en un festival, en la casa de una amiga.

Hay una relación diferente cuando trabajas en un lugar dónde se te puede cuestionar la forma en lo que representas.

Después del huracán se celebraron muchos cumpleaños en la isla en comunidades sin electricidad, sin agua potable, ni acceso a alimentos frescos. En diciembre, llegó la Navidad mientras miles permanecían en la oscuridad, sin agua o en refugios. Se podría haber sentido como que no habían muchas razones para celebrar, pero nuestro derecho a sentir alegría se convirtió no sólo en nuestra lucha, sino también en una técnica de supervivencia. Una forma de decir estamos aquí, estamos luchando, estamos juntos – no estamos en nuestras mejores condiciones, pero estamos unidos – y nuestra fuerza, nuestras razones para estar vivos, tienen lugar en este momento, aquí, en estas celebraciones.

En la perseverancia y la valentía de quienes permanecen, incluso mientras luchan por reconstruir y continuar sus vidas, es por donde se filtra la luz. En los espacios cotidianos, en los más simples gestos de organización, solidaridad y comunidad, ahí vive la resiliencia.

Ricardo Rosselló, gobernador de Puerto Rico, en tarima con su familia y otros políticos del Partido Nuevo Progresista, celebrando el natalicio de José Celso Barbosa en Bayamón, Puerto Rico, el 7 de agosto de 2016. Barbosa es considerado el padre de la ideología pro-estadidad de la isla.

Pareja de jóvenes escucha el mensaje durante una marcha por la independencia de Puerto Rico en Hato Rey, San Juan, Puerto Rico, el 11 de junio de 2017. El territorio estadounidense celebró su quinto referéndum no vinculante para escoger qué relación política desea mantener con los Estados Unidos. En medio de la crisis fiscal, el evento le costó $7 millones al gobierno local.

El veterano Miguel Quiñones posa para un retrato en su casa en el barrio Bubao en Utuado, el 25 de octubre de 2017.

Agentes de la policía atraviesan una nube de gas lacrimógeno durante el Paro Nacional en Hato Rey, San Juan, Puerto Rico, el 1 de mayo de 2018. La gente tomó las calles para el Día Internacional de los Trabajadores en protesta por las medidas de austeridad implementadas por la Junta de Control Fiscal y el gobierno local.

Moraima Fuster sirve helado a un cliente en la Heladería Lares, frente a la Plaza de la Revolución en Lares, Puerto Rico, el 5 de junio de 2017. La tienda de helados es popular por sus más de sesenta sabores únicos, que incluyen aguacate y arroz con habichuelas.

157

Camila, estudiante de cuarto grado, resuelve un problema durante la clase de matemáticas en la Escuela Elemental Hiram González en Bayamón, Puerto Rico, el 9 de mayo de 2017. El plantel admitió unos 200 estudiantes provenientes de una escuela elemental que cerraría como parte del plan de consolidación de planteles por el Departamento de Educación de Puerto Rico.

Personas se despiden de un ser querido en el Aeropuerto Internacional Luis Muñoz Marín en Carolina, Puerto Rico, el 21 de enero de 2018. Luego que el huracán María devastó la isla el 20 de septiembre de 2017, se estima que más de cien mil personas partieron de la isla para establecerse en los Estados Unidos.

Eliezer Román corta el pastizal en la falda de una montaña en preparación para la nueva cosecha de café en Hacienda Lealtad en Lares, Puerto Rico, el 5 de junio de 2017. Edwin Soto, dueño de la hacienda, ha tenido que diversificar su negocio para contrarrestar las pérdidas en la producción de café. Recientemente abrió una tienda y planifica abrir un hotel en la propiedad de era colonial.

Un edificio abandonado que colapsó por el huracán en Puerta de Tierra, San Juan, Puerto Rico, el 21 de septiembre de 2017.

Un pasillo de productos congelados permanece cerrado en el Ralph's Food Warehouse de Humacao, el lunes 23 de octubre de 2017, tras el generador eléctrico no ser suficiente para mantener el área en funcionamiento. Un mes después de que el huracán María destrozara la isla la distribución de alimentos todavía era inestable, dejando muchas góndolas vacías y el agua embotellada escasa.

Jeremy Arce, 22, limpia partes del techo que colapsó en la sala de exhibición de ataúdes en la Funeraria J. Oliver en Ponce, Puerto Rico, el 8 de noviembre de 2017. Los ataúdes fueron cubiertos con plástico para protegerlos de las goteras. La funeraria dijo que sus servicios se habían triplicado desde el golpe del huracán María hacía un mes.

Residentes observan la destrucción dejada por el huracán María horas después de que la tormenta pasara por la isla el 20 de septiembre de 2017 en Guaynabo, Puerto Rico. El ciclón tocó tierra con vientos sostenidos de 155 millas por hora.

Una mujer posa para un retrato en su hogar en San Juan, P.R., el 4 de agosto de 2018. Casi once meses luego que la tormenta afectara su hogar, y otras casas en su comunidad, ella continuaba viviendo bajo toldos plásticos.

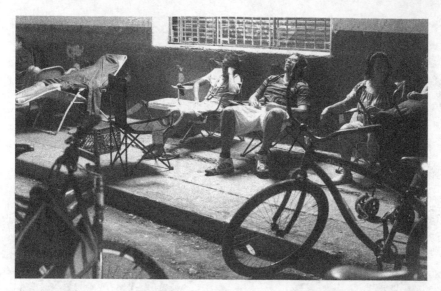

Ciudadanos descansan mientras esperan en fila durante toda la noche para tener la oportunidad de comprar no más de dos bolsas de hielo en la compañía
Tropical Ice en Ponce, Puerto Rico, el 28 de septiembre de 2017. La Autoridad de
Energía Eléctrica de Puerto Rico tardó once meses en restablecer la electricidad
a toda la isla, según la compañía.

Julia Guzmán Serrano, de 65 años, cuelga una lámpara solar en la sala de su casa el
22 de mayo de 2018, en Utuado, Puerto Rico. Ocho meses después de la tormenta,
su hogar seguía sin electricidad. Su esposo de 67 años, William Reyes Torres, sufre de apnea del sueño y no puede encender su máquina de asistencia respiratoria
durante la noche. "Toda las noches rezo de levantarme al otro día," dijo Reyes.

Carlos Torres dibuja en la oscuridad del apagón mientras comparte al aire libre con sus vecinos de la comunidad de San Isidro en Canóvanas, Puerto Rico, doce días después del huracán María, el 2 de octubre de 2017.

Desde la izquierda: Lorraine Martínez, Tamary Díaz, Deliris Ortiz y Keren Acevedo cantan bajo la luz de un teléfono celular durante una parranda en la casa de un compañero de trabajo que todavía no tenía servicio eléctrico en Guaynabo, Puerto Rico, el 16 de diciembre de 2017. Aproximadamente la mitad de la isla pasó los días festivos en total oscuridad ese año.

163

Leo Garay Bernal, 3, muestra sus tenis a Waleska Semiday mientras busca zapa-tos similares a su tamaño en la conmemoración espontánea sobre las personas que murieron tras el paso del huracán, el 1 de junio de 2018, en San Juan, P.R. El evento, llamado Proyecto 4,645, fue una iniciativa colectiva organizada en las redes sociales como reacción al estudio de la Escuela de Salud Pública T. H. Chan de la Universidad de Harvard publicado unos días antes en el *New England Journal of Medicine*. El estudio estimaba que 4,645 personas perdieron la vida como resultado del paso de la tormenta, en contraste con los números oficiales del gobierno que se mantenían en sesenta y cuatro muertes directas. Para la noche habían más de ochocientos pares de zapatos, algunos los cuales tenían historias y nombres adjuntos.

Christopher Gregory

Traducido por Nicole Delgado

Levantando el velo:
El retrato como herramienta para la representación bilateral

La idea de que el huracán María había levantado el "velo" que cubría la realidad puertorriqueña se repitió en los medios locales tanto como en los medios internacionales. Quizás, las imágenes que circularon en los medios y las redes sociales después del huracán fueron el motor que impulsó esta noción. El rol de la imagen para comprender las secuelas de un desastre es innegable en cualquier situación, especialmente en el mundo moderno, cada vez más intervenido por los medios. Pero en Puerto Rico sucedió algo distinto. Al levantar el velo, las imágenes parecen haber cambiado la forma en que los/as puertorriqueños/as se veían a sí mismos/as, mostrando una verdad que de alguna manera siempre estuvo ahí pero que no era visible.

Detrás del "velo" había una isla plagada de pobreza generalizada e infraestructura decrépita. Sin embargo, una gran parte de la población de la isla siempre había enfrentado esta realidad. Para ellos, el descorrer el velo no reveló su propia pobreza sino el otro lado de la mirada: una metrópolis "adinerada" que no estaba dispuesta a aceptar la realidad del fracaso de la industrialización.

Mi trabajo y metodología tienen como objetivo interrumpir esta narrativa de la moral industrial. Si bien las comunidades rurales han enfrentado muchas desventajas, su pérdida material o circunstancial, en mi opinión, no debería ser el foco principal de la documentación. Además de la destrucción física, era crucial representar y comprender el espacio psicológico habitado por los residentes de Puerto Rico. Este espacio psicológico no es sólo el resultado de la muerte y la destrucción causadas por el huracán, sino también de la realidad política que dejó ver el huracán —una potencia colonial que había abandonado a sus sometidos.

Para evitar una mirada post-fordista en mi propia documentación, opté por usar el retrato, además del reportaje *vérité* tradicional. El retrato en este contexto brinda una representación colaborativa del sujeto. Explota la naturaleza comprobatoria de la fotografía para crear un documento que es un diálogo más que una "captura". Mi metodología implicó pasar mucho tiempo con los sujetos antes de fotografiarlos, no sólo para comprender su perspectiva sobre la situación sino también para desarrollar una relación de confianza que llevara a un intercambio significativo durante la sesión.

Aunque el huracán fuera un evento noticioso, entiendo que la función del documentalista debe tomar en cuenta el largo contexto histórico de las personas y el lugar en cuestión para llegar a los sistemas subyacentes que crearon la situación que se está documentando. En el caso de la tormenta, el contexto es una relación colonial que se extiende más allá de la austeridad fiscal actual y las aspiraciones políticas. Incluye la violencia imperial que ha dejado a cientos de miles de personas en todo el continente americano bajo el amparo individual.

Mis retratos, especialmente de comunidades rurales, tienen como objetivo conectar al lector con su estado físico y psicológico, pero también con la realidad histórica que se extiende más allá del huracán. Para muchas comunidades rurales, el abandono no fue una sorpresa. Antes de la tormenta, a menudo se encontraban aisladas incluso del propio gobierno local en el desafiante terreno de la Cordillera Central.

Con este cuerpo de trabajo, tengo la intención de ilustrar este abandono particular y exaltar la independencia radical y resistente que estas comunidades han desarrollado como resultado de dicha violencia. Es un espíritu que trasciende la realidad política del colonialismo y que la imposición de una mirada post-fordista no consigue representar.

La carretera principal de Punta Santiago, Humacao, Puerto Rico. Humacao fue uno de los municipios en el sureste de la isla por donde tocó tierra el ojo de la tormenta y uno de los últimos en restablecer el servicio eléctrico.

Una casa destruida en Aibonito, un pueblo en la región central montañosa de Puerto Rico.

Javier Cabrera rebusca los escombros en un depósito de chatarra improvisado en Aibonito después del huracán. "No puedo dejarle todo al gobierno", dice, mientras rescata partes electrónicas dentro de televisores desechados, que utiliza para reparar generadores eléctricos.

En Punta Santiago, Humacao, una organización comunitaria entrega tres bolsas de hielo a los residentes. Muchas personas usaban hielo para evitar que los alimentos y suministros médicos se echaran a perder durante los largos meses sin electricidad.

Miembros de la Guardia Nacional hablan con un niño en el barrio Guavate de Cayey. Le ofrecieron la oportunidad de sentarse en el asiento del conductor de un convoy. La Guardia Nacional, así como FEMA y el ejército, han sido criticados por distribuir de manera ineficiente la comida y los suministros de emergencia en la isla.

Motosierra y machete utilizados por trabajadores de reparación de servicios públicos en Utuado, Puerto Rico.

169

La casa de Javier José Capó Alicea en Yabucoa,
Puerto Rico, por donde entró el huracán María.

Un edificio abandonado en el centro de la ciudad
de Utuado, que se inundó con cinco pies de agua.

Madre e hija, Vivian Reyes y Gladys Rivera, en su casa en Utuado, en la habitación donde pasaron el huracán hasta que voló el techo. Esta fotografía fue tomada el primer día que recibieron ayuda oficial.

Tulio Collazo Vega, el vigilante del cementerio, posa junto a la tumba de tres hermanas mayores que murieron en un deslizamiento de tierra en Utuado el día que el huracán pasó sobre Puerto Rico. Según Collazo, sus cenizas fueron enterradas casi un año después.

171

Magdalena Flores posa para un retrato frente a su casa en Utuado. La hija de Magdalena murió poco después de la tormenta por complicaciones de asma.

La alcaldesa de San Juan, Carmen Yulín Cruz, quien dirigió sus propios esfuerzos de recuperación aparte de los del gobierno central y federal, frente a un almacén y refugio improvisados en el Coliseo Roberto Clemente. Sus ataques contra Trump capturaron la atención de los medios nacionales durante el huracán.

Kaleb Acevedo posa para un retrato con la bicicleta nueva que recibió después del huracán María.

Nahielys Gonzales y Yamil Rodríguez en la plaza del pueblo de Utuado una tarde después de la escuela.

Marianne Ramírez-Aponte

AUTOTRADUCIDO
DIRECTORA EJECUTIVA Y CURADORA EN JEFE
MUSEO DE ARTE CONTEMPORÁNEO
DE PUERTO RICO

Puerto Rico: La importancia de prácticas artísticas y curatoriales comprometidas políticamente en la secuela del huracán María

Puerto Rico se encuentra dentro de una de las crisis más agudas en su historia, y esa crisis no es meramente política y financiera; es también social, cultural y cívica. El Congreso de Estados Unidos ha promulgado una ley conocida como PROMESA y ha instalado una Junta de Supervisión Fiscal para el manejo de la crisis de la deuda de Puerto Rico, limitando en esta forma los poderes del gobierno electo. Estas acciones, sumadas a la virtual destrucción de la isla por dos huracanes, ha creado una situación nunca antes experimentada en Puerto Rico y, a nuestro parecer, en ningún otro lugar del mundo.

Esta "situación excepcional" se ha utilizado para justificar medidas de austeridad y cambios a nivel de política pública sucediendo muy rápidamente, uno tras otro, impactando la calidad de vida de los puertorriqueños, así como la de aquellos hombres y mujeres del exterior que han hecho de Puerto Rico su casa. Ha provocado también una ola migratoria a niveles sin precedentes que ha impactado la comunidad puertorriqueña ya existente en Estados Unidos, generando, especialmente después del huracán María, un sentido de solidaridad y conexión entre la diáspora y la Isla, y la ampliación del alcance y frecuencia del debate sobre los retos enfrentándose por Puerto Rico como nunca antes.

Uno de los efectos positivos de esta desafortunada combinación de sucesos ha sido el de traer mayor visibilidad a la escena del arte en Puerto Rico y una mayor difusión de trabajos de artistas puerto-rriqueños. Ese es el resultado de distintos factores: eventos como este, organizado por académicos; invitaciones a artistas puertorri-queños a participar en exhibiciones y residencias en museos y uni-versidades a través de los Estados Unidos; y la publicación de rese-ñas y artículos en los medios y revistas especializadas como el *New York Times, Artforum, Art in America* y *Hyperallergic*, para mencionar solo algunos.

Aunque esta experiencia no sea necesariamente distinta a la de otros artistas en otros países que han enfrentado situaciones simi-lares, creo que es importante señalar que la posición ambivalente que Puerto Rico ha mantenido históricamente como nación dentro de la comunidad de naciones es un factor que ha contribuido a que nuestra producción artística no haya alcanzado una proyec-ción más alta. Esto es, el colonialismo no debe entenderse como un asunto de gobernanza política solamente, sino también como un eminente problema cultural. En el caso de Puerto Rico, la cul-tura permanece como la base más importante para la definición de nuestra identidad nacional y no deben hacerse supuestos sobre la asimilación de la cultura de la isla dentro de aquella de la me-trópolis. Creo necesario hacer la distinción porque la lucha por la independencia cultural y política de Puerto Rico está en la raíz y en el objetivo de un gran porciento del arte puertorriqueño producido en la isla y fuera de esta.

Esto último es cierto también con respecto al arte creado en el pe-ríodo siguiente a los huracanes que azotaron a la isla a fines del 2017. Con la verdadera situación del país revelada como nunca antes, el arte, como espacio de participación democrática por su capacidad interpretativa inusual, ha sido fundamental para crear una contrana-rrativa fuera de la oficialidad que es esencial para el entendimiento del Puerto Rico pos-María. Los artistas han respondido con imáge-nes que no solo capturan la destrucción ocasionada por estos even-tos meteorológicos, haciendo visibles las circunstancias, condicio-nes, legados raciales y económicos y comunidades antes invisibles o silenciadas, imágenes que reflexionan sobre las realidades políticas y sociológicas de Puerto Rico, antes y después de las tormentas.

Es nuestro entendimiento —como habremos de expandir más adelante sobre el trabajo del Museo de Arte Contemporáneo de Puerto Rico (MACPR) —que al igual que los artistas con su trabajo, los museos de arte también participan en esta tarea de "revelar" al ser lugares de fuerza ideológica y agente social y de cambio. Aprender a entender el significado de imágenes en un mundo hipervisual es un acto político. En ese sentido, los museos juegan un papel importante como espacios formativos al proveer educación en alfabetización visual y destrezas en pensamiento crítico, así como en contribuir a la difusión de obras de arte a través de sus contactos con audiencias locales e internacionales.

∽

Con respecto a las respuestas de los artistas al huracán María, se puede decir que tomaron varias formas: Cada disciplina artística ha sido representada, incluyendo colaboraciones transdisciplinarias, arte urbano, tirillas cómicas, internet, intervenciones en espacio público, performance, y proyectos vinculados a comunidades dirigidos a la recuperación individual, familiar y comunal. Debo señalar especialmente las colaboraciones e intercambios entre artistas que residen en la isla y aquellos que residen en otros lugares, y la migración circular que ha tendido a caracterizar la práctica de artistas visuales y que se ha intensificado a partir de los huracanes. Esta migración circular, o de para allá-para acá, es en parte debida a oportunidades profesionales que han surgido como consecuencia de la presente situación, pero también y especialmente, por el interés de los artistas en repensar, desde la perspectiva de nuestra propia identidad, un nuevo proyecto autodignificante de construcción de país.

Central para el trabajo de estos creadores son los asuntos relacionados con el manejo lento e inefectivo del desastre por las autoridades locales y federales;

un sistema colonial in *extremis* y corrupción del gobierno;

la crisis financiera y la pobreza;

la desarticulación de familias a causa de la migración;

la transformación del paisaje y la potencial pérdida de nuestro patrimonio cultural;

el cambio climático, dependencia de combustibles fósiles y justicia ambiental; y

la desarticulación del patrimonio público, incluyendo un sistema de educación amenazado con desmantelarse, entre muchos otros.

Imagen 1: *Las cosas de María*, de Migdalia Umpierre, 2017

Como instancias de la respuestas de los artistas a la "nueva realidad" de Puerto Rico, *Ay, Carmela tu amor me extriñe* (2017) de Felipe Cuchí, la serie *Las cosas de María* (2017) de Migdalia Umpierre, *Jaws* (2017) de Garvin Sierra, y *New Reality Social* (2018) de Carlos Dávila Rinaldi se insertan en la participación política, empleando el humor y un lenguaje caricaturesco para hacer comentarios críticos sobre la "nueva normalidad" y el deterioro en la calidad de vida de los resident es de la isla que se vieron afectados por la interrupción prolongada de servicios básicos como energía eléctrica, agua potable y comunicaciones.

Estos trabajos también presentan las implicaciones para la ciudadanía de la inseguridad alimentaria en un país que importa cerca

Imagen 2: *New Reality Social*, de Carlos Dávila Rinaldi, 2018

del 90% de los alimentos que consume y depende de combustibles fósiles para el diario vivir. Así también denuncian las dificultades confrontadas por el gobierno para manejar la crisis y el retraso en los trabajos de reconstrucción del país con consecuencias nefastas para la vida y la economía. El estado de sitio y la presencia militar habla sobre el estado de inseguridad, las condiciones desesperantes que experimentó la ciudadanía y el tiempo de espera y esfuerzo diario para acceder a artículos de primera necesidad para poder sobrevivir, dejando poco tiempo a la mayoría de los residentes de la Isla para involucrarse en alguna participación política activa. Todo esto apunta hacia la importancia de ver el arte—al involucrase, informar y activar la gente—como vehículo de resiliencia y resistencia en Puerto Rico.

Artistas como Yiyo Tirado, Sarabel Santos y Rosaura Rodríguez trabajan el tema de las transformaciones sufridas por el paisaje. En el caso de Tirado, su obra *Skyviews* (2017), una instalación de piso que presenta vistas aéreas de hogares cuyos techos fueron afectados por el huracán y que han sido remplazados por toldos azules, propone formas que al repetirse generan un sentido de colectivización de la experiencia y fomentan la conciencia social mediante un reconocimiento de las condiciones de pobreza material en la isla. La presencia de los toldos azules repartidos por FEMA son cicatrices que irrumpen en el paisaje por su color y geometría e igualmente son indicativos de la dependencia de Puerto Rico del gobierno de Estados Unidos.

En cambio, Sarabel Santos propone un acercamiento distinto al paisaje en su serie de instalaciones de piso titulada *Groundscapes Displaced* (2017-2018). Esta se basa en la experiencia y memoria del paisaje que tiene la artista tras el paso del huracán, producto en parte de la documentación fotográfica que hiciera de la devastación ocurrida en los pueblos de Vega Alta, Vega Baja y Bayamón. Las variadas composiciones que componen la serie se presentan a modo de cuadrículas fragmentadas de fotografías que la artista configura a su antojo. Su ubicación temporera en localidades y paisajes de distintas ciudades en Estados Unidos como resultado del traslado temporal de la artista a ese país, provocan una sensación de dislocación en el espectador que no asocia las imágenes de destrucción con el ambiente circundante. La documentación de la travesía de los paisajes corresponde al desplazamiento mismo de la artista, su paso por estas ciudades donde en ocasiones, según ella expresa, quedó varada, y apunta a la imposibilidad de llevar el paisaje propio a cuestas.

Rosaura Rodríguez, cuya producción se centra en el registro de lo cotidiano a través del lente de lo social y del paisaje, crea historias ilustradas en tinta y acuarela para relatar sus vivencias posteriores a María. Estas historias, recientemente publicadas en la novela gráfica *Temporada* (2018), dan cuenta de los distintos estados de ánimo experimentados a nivel individual y colectivo según transcurrían los días: desasosiego, frustración, dolor. En el caso de Rodríguez, las transformaciones en el paisaje impactan todos los renglones de su

Imagen 3: Portada de la novela gráfica *Temporada* de Rosaura Rodríguez

vida como mujer que trabaja en la tierra y se alimenta de ella, como artista/botánica que adquiere parte de sus pigmentos y materiales de trabajo de la tierra misma y como educadora artística y ecológica que, desde su finca en Jayuya y su proyecto Camp Tabonuco, imparte talleres para compartir las sabidurías adquiridas con otros artistas y miembros de la comunidad. Su modo de vida-arte-trabajo representa un modelo exitoso de autogestión, sostenibilidad y de recuperación justa y saludable a escala comunitaria en un país caracterizado por la ausencia de soberanías.

El arte urbano, por su inmediatez, también hace su aportación al representar la precariedad histórica de la isla y las ambiciones de los puertorriqueños, llevándolas al imaginario colectivo a través de su ubicación en el entorno cotidiano. Desde sus murales pintados en Puerto Rico y en diversas ciudades de Estados Unidos, los artistas urbanos generan un activismo que aporta imágenes para denunciar injusticias y reforzar los lazos comunitarios y los vínculos con la diáspora puertorriqueña. Un ejemplo de ello lo es el mural de la autoría del colectivo Moriviví[1] y de la artista Sandra Antongiorgi radicada en Chicago y realizado en esa ciudad como parte del festival de arte público Borinken Me Llama Public Art Series. Este incorpora una cita del líder independentista y abolicionista puertorriqueño Segundo Ruiz Belvis que dice: "No hay estado intermedio entre la esclavitud y la libertad". La imagen hace referencia a las confrontaciones entre las fuerzas de seguridad del estado y la clase trabajadora en ocasión de la manifestación de los trabajadores celebrada el 1 de mayo de 2018 en San Juan.

Aquí el tema de la esclavitud apunta a nuestra condición colonial y al empobrecimiento de la clase trabajadora como resultado de implementación de las medidas de austeridad. La confrontación alude a la distribución de la riqueza en el sistema capitalista global que produce riqueza desmedida para los dueños y aumento en la inseguridad para los trabajadores. Otra lectura posible destaca lo racial como un factor que pesa sobre la política pública de Estados

Imagen 3.1: *MAY DAY 2018, Puerto Rico* de Colectivo Moriviví en Chicago, Illinois

---

[1] Entre los artistas que participaron se encuentran Raysa Raquel Rodríguez y Shanron 'Chaci' González Colón.

Unidos con respecto a Puerto Rico y un factor determinante para la desigualdad social en la isla. La iconografía incluye los escudos que portaron los trabajadores con la bandera enlutada de Puerto Rico pintada, en abierta referencia a la bandera en blanco y negro pintada en una puerta de un edificio abandonado en San Juan el 4 de julio de 2016 por el colectivo Artistas Solidarixs y en Resistencia en San Juan. Esta última imagen, vale señalar, se ha vuelto viral y ha sido apropiada como elemento gráfico por numerosos artistas, cobrando gran presencia en el imaginario popular. El mural se propone desde una mirada femenina y enaltece la figura de la mujer como protagonista de las luchas que libra el pueblo puertorriqueño.

Otros colectivos, como Agitarte[2], igualmente reúnen artistas locales y de la diáspora y comparten este espíritu de denuncia y la necesidad de llevar el arte directamente a las comunidades. Tal es el caso de *End the Debt! Decolonize! Liberate! Scroll Project* (2018), pieza realizada después del huracán María en respuesta a la política colonial de Estados Unidos sobre Puerto Rico. Se trata de un objeto portátil que se activa al ser desenrollado por ciudadanos que se congregan para hacer una "lectura" compartida de la situación actual de Puerto Rico. La obra, tal y como se desprende de su título, incluye imágenes de la historia de Puerto Rico e imágenes de activismo comunitario que dan cuenta de las múltiples luchas del pueblo puertorriqueño y su diáspora a lo largo de más de un siglo de dominio colonial. Dentro de las viñetas en formato apaisado hay una insistencia en la tierra y en la representación del paisaje convertido en campo de batalla, sublevando los temas tradicionales del paisajismo en la historia del arte de Puerto Rico.

La condena al sistema colonial, como ya hemos señalado, es una preocupación recurrente de nuestros artistas. Con la serie *Portraits, from the Untitled Series on Puerto Rico Financial Oversight Management Board Members, A Protest* (2018), el artista Ricardo Hernández-Santiago se integra a la larga tradición de arte anticolonialista puertorriqueño. En diálogo con las estrategias pictóricas de dicha tradición, Hernández-Santiago hace una representación un tanto gro-

---

[2] Entre los artistas y productores culturales que participaron se encuentran Jorge Díaz Ortiz, Estefanía Rivera, Crystal Clarity, Rafael Schragis, Emily Simons, Dey Hernández, Saulo Colón y Osvaldo Budet.

Imagen 4: *Portrait of Natalie Jaresko*, el cual forma parte del *Untitled Series on Puerto Rico Financial Oversight Management Board Members, A Protest*, de Ricardo Hernández-Santiago, 2018.

tesca de los integrantes de La Junta. El acercamiento a los rostros dispuestos para romper los límites del plano pictórico y la utilización de un fondo dorado asociado a las élites políticas y a entornos de poder, destaca el foco de acción de La Junta: que Puerto Rico cumpla con sus obligaciones con sus acreedores, muchos de los cuales son inversionistas estadounidenses. La serie como conjunto se convierte en un retrato incisivo del lente colonial de Estados Unidos sobre Puerto Rico, en estos momentos enfocado en el cobro de la deuda sin medir los efectos sociales de la crisis.

En cuanto al desasosiego y la frustación generalizadas, nada ha provocado más indignación y dolor entre la ciudadanía que la pérdida humana y la dilación del gobierno en reconocer el número verdadero de muertes como resultado directo e indirecto del huracán. Los números oficiales publicados por el gobierno han fluctuado entre 16, 64 y posteriormente, 2,975, lo que contrasta con la información publicada por el Centro de Periodismo Investigativo, que tras la emergencia señaló las deficiencias en el manejo de datos por parte del gobierno para hacer el cálculo correcto de muertos que se estima en miles. También contrasta con la cifra proyectada de 4,645 muertos publicada por la Universidad de Harvard, noticia que en su momento conmocionó a la ciudadanía y motivó varios proyectos creativos que reflexionaron sobre el sentido de pérdida, la negación de la muerte y el duelo.

Entre estos, el proyecto que más cobertura mediática local e internacional obtuvo fue el concebido por el escritor Rafael Acevedo, el artista y crítico Nelson Rivera y la escritora y artesana Gloribel Delgado Esquilín. Estos hicieron una convocatoria a la ciudadanía a través de las redes sociales para la entrega de pares de zapatos de seres queridos fenecidos con el fin de ubicarlos en la plazoleta frente al Capitolio de Puerto Rico en abierta denuncia a la ineficiencia gubernamental en el manejo de la crisis. La instalación a gran escala incluyó cerca de tres mil pares de zapatos y relatos escritos que la ciudadanía compartió sobre las víctimas. El acto covocado para el 1 de junio de 2018 tuvo una duración de 48 horas y constituyó el primer espacio de encuentro para el duelo colectivo. Concluido el acto, los artistas se han dado a la tarea de crear fichas de registro de cada uno los pares de zapatos y relatos entregados con el fin de exhibir y publicar en un futuro un libro con este material que quede como documento histórico de este suceso.

∽

Como hemos visto, los múltiples retos a los que se enfrenta Puerto Rico han sido abordados por artistas con amplio alcance creativo. No obstante, darle poder al lugar del arte y visibilidad histórica en esta difícil coyuntura no debe verse como una responsabilidad exclusiva de los artistas. Los museos con compromiso social pueden ser una parte importante del proceso de recuperación mediante su habilidad para generar debate y unirse al diálogo con la realidad que les rodea, su compromiso con la imagen y su análisis,. Ellos pueden contribuir a traer imágenes y un mejor entendimiento de la precariedad de la historia de Puerto Rico y de las ambiciones de su gente al interior de la mente colectiva.

Creo que los museos en Puerto Rico deben reconocer sus historias políticas y adoptar posiciones sobre asuntos contemporáneos y la condición de Puerto Rico. Ese es el caso del Museo de Arte Contemporáneo de Puerto Rico (MACPR). Nuestro trabajo, particularmente durante la última década, ha adoptado un acercamiento de dos vías a través de exhibiciones de conciencia social y de programas de acercamiento a las comunidades. En el escenario pos-María, hemos usado el arte en nuestra colección como instrumento de protesta y hemos estimulado la educación y el intercambio como medios para reformar la manera de interpretar la historia por la gente — de ese modo recalibrando el poder.

Desde esa perspectiva, la exhibición *Entredichos*, que organizamos como un proyecto de emergencia que se abrió al público en diciembre de 2017, reveló detalles de las condiciones sociales y políticas en un momento particular de nuestra historia y propuso una forma de abordar nuestra cultura desde el punto de vista de las tensiones, contradicciones y complejidades que la definen. Por eso escogimos *Entredichos* como título, un término que sugiere duda sobre el honor, la veracidad o las posibilidades de una persona o cosa; expresa reserva u obstáculo; o significa interdicto o censura cuando la Iglesia lo utiliza. En términos legales, *entredicho* se entiende en algunas jurisdicciones como "injunction", la orden de una corte para detener alguna acción potencialmente dañina o peligrosa. En este caso, la intención curatorial fue la de hacer que los observadores se detuvieran, cuestionaran los "dados" y si fuera necesario, los condenaran.

La exhibición fue nuestra respuesta al momento del grave peligro colectivo que hoy encaramos en Puerto Rico, una situación que ha exacerbado la necesidad de organización comunitaria y la necesidad de construir un mayor poder político y social para los puertorriqueños. Nosotros también sentimos que era urgente responder con nuestra propia voz al amplio interés generado internacionalmente por la destrucción y nuestra situación socioeconómica ocasionados por el huracán María y las muchas visiones, informadas e infundadas, que se tenían, en y fuera de la isla, sobre nuestra historia y la compleja relación política entre Puerto Rico y Estados Unidos—una relación que determina las estructuras socioeconómicas que virtualmente impactan cada aspecto de la vida de los puertorriqueños.

El ingenio colectivo o la maldición de la cotorra (2010, 2012, 2014, 2017) de Elsa María Meléndez, modificada por la artista en cuatro ocasiones, la última después del huracán María para la exhibición *Entredichos*, por un lado condena la política intervencionista de Estados Unidos con respecto a Puerto Rico, manifestada por la promulgación de la ley PROMESA y la imposición de la Junta de Supervisión Fiscal. Por otro lado, la obra le rinde homenaje al movimiento estudiantil y su lucha contra el desmantelamiento de la Universidad de Puerto Rico y de la educación pública de la Isla. En sus más recientes modificaciones, Meléndez altera la composición para incluir, sobre la pared que sirve de trasfondo a la pieza, la forma de Puerto Rico hecha con un sinnúmero de rostros. Al pie del mapa se encuentran cuerpos decapitados, acompañados de perros como símbolos de las fuerzas de seguridad del estado. Los escombros sobre el piso en el centro de la pieza incluyen tiras de telas, zapatos, collares, botones, y pedazos de paletas de madera. Estos artículos evocan las barricadas utilizadas por los estudiantes en huelga y el caos después del huracán. Aquí encontramos también las manos de los cuerpos desmembrados colocadas como en señal de aflicción, para simbolizar el anonimato de las tres mil muertes negadas por el estado. Como si ese mensaje no fuera suficientemente claro, Meléndez lo acentúa incorporando textos en forma de hashtags, como #salvemoslaUPR, #noalaJunta, y #teodioMaria. El sonido de una cotorra que acompaña la pieza se convierte entonces en una metáfora para un discurso cíclico repetido interminablemente.

El centro físico de *Entredichos* fue ocupado por el trabajo titulado, *The Museum of the Old Colony* de Pablo Delano. Su colocación en una galería separada dentro del MAC refuerza el concepto de un museo de historia y antropología dentro de un museo de arte. Este trabajo de arte de instalación conceptual toma su nombre de la marca de un

Imagen 5: *El ingenio colectivo o la maldición de la cotorra,* de Elsa María Meléndez, 2010, revisada 2012, 2014, 2017.

Imagen 6: *Intermezzo: Nave al garete,* de Garvin Sierra, 2017

refresco embotellado consumido en Puerto Rico desde los años 1950, como recordatorio de que la isla, un territorio no-incorporado de Estados Unidos, se considera ser la colonia más antigua del mundo.

La colección del "museo" se compone de reproducciones de archivo de Puerto Rico, en su mayor parte comisionadas por agencias del gobierno de Estados Unidos a fotógrafos fabricantes de imagen. El propósito de esos encargos fue para mostrar, propagandísticamente, a la audiencia norteamericana e internacional, una visión idealizada del progreso experimentado por Puerto Rico bajo el gobierno americano. Como estrategia para facilitar la interpretación de las imágenes por los observadores, Delano enmudece su voz como artista, permitiéndole al observador compartir el espacio crítico y encarar el colonizador sin intermediación. No solo las imágenes, sino sus subtítulos, revelan al colonizador en su plena arrogancia, racismo, sexismo y misoginia.

En este momento Puerto Rico se encuentra ante una encrucijada: por un lado, un camino sin salida, por el otro, un peligroso precipicio sostenido por modelos sociales ya declarados obsoletos; la ruta adelante es sombría. En este espíritu, el trabajo *Intermezzo: Nave al garete* (2017) de Garvin Sierra, sugiere a los puertorriqueños como "balseros" del siglo veintiuno. Venteado por el mundo durante los años 1950 como vitrina del camino al progreso, Puerto Rico hoy es un navío alucinante, lleno de objetos obsoletos y materiales inmanejables, que trata de impulsarse por la mísera débil fuerza de un abanico viejo y mohoso. La vela del navío, una desteñida bandera de Puerto Rico, apunta hacia el norte, pero el barco no se mueve, porque no hay viento. La modificación de la pieza por el artista, posterior a la visita del Presidente Trump en la secuela del huracán María, toma la forma de una boya hecha con rollos de papel toalla. Esta bloquea el paso del navío y es un recordatorio del gesto desdeñable del Presidente en ese momento y de su continuo menosprecio hacia nosotros desde entonces.

Según he destacado, nuestro enfoque a través de múltiples vías también incluye el compromiso con programas de la comunidad de manera que, además de la actividad que el MAC genera dentro de su edificio, constantemente está creando oportunidades para que esta actividad se proyecte fuera de las paredes del Museo hacia la comunidad. Con eso en mente, el Museo implementa el programa titulado, El MAC EN EL BARRIO: DE SANTURCE A PUERTO RICO, un programa intra y extramural de acción social e integración, que utiliza las artes y la cultura como recursos para contribuir a la equidad cultural y a la transformación urbana. Desde el 2014, el programa ha mantenido presencia en varias comunidades dentro de los municipios de San Juan, Guaynabo y Cataño. El porciento elevado de personas que viven bajo el nivel de pobreza en estas comunidades ha hecho de la presencia del MAC una responsabilidad cívica urgente y ha conducido a la descentralización de sus servicios y la creación de programas que se extiendan fuera del área metropolitana, donde se encuentran las mayores entidades culturales, para traer una mayor actividad cultural para toda la Isla.

Dentro de los objetivos de EL MAC EN EL BARRIO está la interpretación de los cimientos históricos, económicos, políticos y sociales desde donde nuestros barrios nacen y despliegan las distintas comunidades que coexisten en ellos.

En la secuela de María y a lo largo del 2018, el Museo realizó un total de 10 proyectos de arte en las comunidades de San Juan, Cataño, y Guaynabo. Los proyectos consideraron asuntos como, justicia ambiental, justicia habitacional, violencia de género, raza, migración, historia cultural, e identidad comunal. Los proyectos propuestos y diseñados conjuntamente con la comunidad se promueven bajo los

Imagen 7: *Lo onírico del Caño,* de Coco Valencia, 2018

principios de inclusión, coexistencia y la integración de los diferentes sectores sociales, siempre observando las condiciones que pudieran provocar una gentrificación indeseada.

Dos ejemplos de estos proyectos son *Juana(s) Matos* de Glorimar Marrero y *Lo onírico del Caño* de Coco Valencia. El primero es una serie de 3 cortos fílmicos sobre las aportaciones de la líder comunitaria, Juana Matos, y la reacción del vecindario bautizado con su nombre, ante las amenazas de desalojo que han sufrido por años, especialmente, desde el huracán María. El segundo es una instalación de casas flotando sobre las aguas del caño Martín Peña; en sus paredes aparecen expresiones de los residentes sobre las pérdidas físicas y emocionales de sus hogares sufridas durante y después del huracán María. *Lo onírico del Caño* proviene de las experiencias de los residentes de este asentamiento que surgió de los mangles pantanosos del área hace alrededor de noventa años como parte de la migración interna ocurrida en la Isla tras el huracán San Ciprián y durante la Gran Depresión. Ambos proyectos, los de Marrero y Valencia, cuestionan cómo responder al cambio climático de manera justa e imparcial, una manera que refleje el hecho de que son los más pobres entre nosotros quienes sufren el mayor impacto por la contaminación ambiental y la destrucción.

El llamado del Museo al público a conocer estas verdades y la amplia difusión de estos y otros proyectos generados y auspiciados por el Museo ha insertado estos asuntos en la conciencia colectiva, instándola hacia el entendimiento social y ambiental. Igualmente, ha inspirado la ciudadanía a repensar el statu quo de manera que podamos alcanzar un nuevo orden ético y cívico. El potencial de pensamiento crítico debe ser estimulado para que se vislumbren nuevos modelos de reconstrucción y transformación de Puerto Rico, sin perder de vista las desigualdades y el empobrecimiento que algunos de estos modelos pudieran traer o la destrucción de nuestros ecosistemas por la explotación de nuestros recursos naturales, y teniendo en mente la importancia de la conservación de nuestro patrimonio cultural.

Las artes son intrínsecamente un medio social, público y personal a la misma vez. Actúan como defensa de nuestra humanidad y contribuyen a la remoción de barreras sociales para ofrecernos a todos una mejor oportunidad para progresar. El trabajo creado por los artistas puertorriqueños en el contexto de nuestra desesperada situación socioeconómica y en la secuela de los huracanes debe valorarse, no solo por su poder de sanación y de prevención de la erosión cultural, sino por ser esencial en la amplificación de la incompleta narrativa sobre la crisis colonial de Puerto Rico y por sostener la razón de la comunidad creativa con respecto a ecosistemas humanos que constantemente necesitan estímulo desde nuevas maneras de interpretar el mundo y nuestra isla en este momento tan crucial para nuestra historia y nuestro futuro.

Carlos Rivera Santana

TRADUCIDO POR NICOLE DELGADO

Si no pudiera hacer arte, me iba:
La estética del desastre como catarsis en el arte contemporáneo puertorriqueño

Aquí, en este peligro extremo de la voluntad, el arte se acerca, como una hechicera salvadora y curativa; ella sola es capaz de transformar estas reflexiones nauseabundas sobre lo horrible o lo absurdo de la existencia en representaciones con las cuales es posible vivir: estas son las representaciones de lo sublime como la subyugación artística de lo horrible.

—Friedrich Nietzsche[1]

Poco después de que el huracán María devastara Puerto Rico, el histórico Museo de las Américas de la isla hizo un llamado a artistas de todos los medios para que crearan obras para "purgar, purificar y liberar [sus] sentimientos" sobre las experiencias posteriores al huracán.[2] Más de cincuenta artistas contribuyeron al evento, celebrado el 10 de diciembre de 2017 y titulado "Catarsis: Re/construyendo después de María", con performance, teatro, poesía, música, talleres de arte y más. El evento cristalizó la urgencia de utilizar el arte como vehículo para la catarsis (social), una práctica

---

[1] "Here, in this extremest danger of the will, art approaches, as a saving and healing enchantress; she alone is able to transform these nauseating reflections on the awfulness or absurdity of existence into representations wherewith it is possible to live: these are the representations of the sublime as the artistic subjugation of the awful". Friedrich Nietzsche, *The Birth of Tragedy and Other Writings* (Cambridge: Cambridge University Press, 1999), 37.

[2] Ver el comunicado de prensa en el sitio web del Museo de las Américas. https://www.museolasamericas.org/catarsis.html.

frecuente entre artistas individuales, colectivos, organizaciones comunitarias, proyectos de arte y otras instituciones de arte en la isla y en el extranjero, a través del arte mural, pintadas comunitarias, exposiciones de arte, literatura, música y muchas otras expresiones estéticas. El proceso afectivo de la catarsis a través del arte no se refiere en este caso al uso del arte para superar los trastornos psicológicos en la terapia individual. Aquí, el uso del arte para la catarsis social se refiere a un proceso estético en el que las personas pueden expresar colectivamente las situaciones sociales, culturales y políticas complejas o contradictorias que los confrontan. Esto se logra a través de la transfiguración consumada de realidades complejas o contradictorias —como las que experimentaron los puertorriqueños después del huracán María— en otra forma o medio inteligible.[3]

Toda actividad catártica requiere un género o marco narrativo que facilite la depuración y la liberación de la afección, especialmente en el caso de experiencias traumáticas. El marco narrativo de gran parte del arte posterior al huracán puede verse como una "estética del desastre", que aquí se refiere a la fealdad, a las representaciones de los efectos del desastre natural —su caos, destrucción y decadencia— y a los efectos de los desastres sociales de la colonización y el capitalismo.[4] La palabra desastre tiene sus raíces en *disastro*, una palabra italiana derivada del latín *dis*, un negativo que significa "malo" y *astro*, que significa "estrella"; entonces, el desastre traduce directamente como "mala estrella", es decir, una disposición desfavorable de las estrellas o constelaciones, que trae mala suerte e infortunios imprevistos.[5] Esta comprensión deriva de la cosmología europea del siglo XVI, en la que el universo es gobernado por un equilibrio divino

---

[3] Lev Vygotsky, "The Psychology of Art", *Journal of Aesthetics and Art Criticism* 30, no. 4 (1972): 570.

[4] Umberto Eco, *On Ugliness* (London: MacLehose Press, 2007). Utilizo la fealdad en contraste con la forma en que las artes visuales suelen capitalizar la belleza de los desastres naturales, como en la "estética de la catástrofe" de Jenifer Presto. Su concepto se centra en una estética de la belleza que contiene visiones sublimes de destrucción y destaca la decadencia de lo bello con un esplendor transfigurado.

[5] Art Carden, "Shock and Awe: Institutional Change, Neoliberalism, and Disaster Capitalism". *SSRN*, 18 de noviembre de 2008. Última consulta el 20 de mayo de 2009. https://papers.ssrn.com/sol3/papers.cfm?abstract_id=1302446.

Figura 1: Diasporamus, por Patrick McGrath Muñíz, 2018. Óleo sobre lienzo.

del que forman parte el cosmos y los reinos (o gobiernos humanos). En otras palabras, el *disastro* significaba un evento desordenado o mal administrado. Por lo tanto, el significado de desastre no es puramente una cuestión de la naturaleza; una estética del desastre puede contener significados de la naturaleza, así como del orden o la gobernanza y, por lo tanto, de la influencia humana. Esto es evidente en el arte puertorriqueño contemporáneo posterior al huracán, que conceptualmente sugiere que las personas juegan un papel en el caos del desastre.

Al usar la estética del desastre, el arte puertorriqueño reciente, particularmente en las artes visuales, cuenta la compleja historia de los entrelazamientos entre el huracán María, el capitalismo y la colonización. Lo que sigue es una breve presentación de la oleada de arte posterior a los huracanes en la isla y en los Estados Unidos. Para ejemplificar cómo una estética del desastre trata también sobre la catarsis social, se discuten las siguientes tres piezas de arte posteriores al huracán: *Valora tu mentira americana* (2018) de Gabriella Torres Ferrer, presentada en "PM" en la galería Embajada en Puerto

Rico; *Tenemos sed, ¿Where did our presupuesto nacional go?* (2017) por Rafael Vargas Bernard, presentado en la exhibición "Focus on Puerto Rico" en el 777 International Mall en Miami; y la instalación *Rebuild Comerío* (2018), presentada en "Defend Puerto Rico" en el Caribbean Cultural Center and African Diaspora Institute en Nueva York por el proyecto-colectivo Defend Puerto Rico. Este ensayo está lejos de ser representativo de las expresiones estéticas posteriores al huracán que (todavía) se desarrollan ante nuestros ojos. En las páginas siguientes, sin embargo, intentaré discutir cómo el arte post-huracán puertorriqueño ha pensado sobre los efectos de María y sus vínculos con la colonización, a través del marco de una estética del desastre. Mi objetivo es examinar cómo el arte contemporáneo puertorriqueño a través de la catarsis social, está ayudando a codificar la historia de los efectos del huracán en su justa complejidad.

El espacio artístico puertorriqueño se ha inundado de obras y exposiciones que apelan a una catarsis a nivel social y expresan no sólo el procesamiento individual (si es que lo hacen) de síntomas psicopatológicos, sino también descontento político-social. El artista, el espectador, las redes de personas que informan a los artistas y son informados por los artistas, así como los espectadores, todos expresan y difunden un mensaje que se manifiesta, en este caso, en forma de obra de arte contemporáneo. En otras palabras, el arte es inherentemente social porque se produce en una red de conexión humana y por lo tanto debe ser culturalmente relevante para un grupo dado de personas. Se han presentado docenas de exposiciones y cientos de piezas de arte puertorriqueño contemporáneo que utilizan una estética de desastre para retratar temas posteriores al huracán, como por ejemplo *Diasporamus* (2018) de Patrick McGrath Muñiz, (en la foto anterior), tanto en Puerto Rico como en ciudades que tienen una gran población de diáspora (principalmente en los Estados Unidos). A esto podemos agregar las docenas de murales de arte urbano después del huracán en ciudades puertorriqueñas y de Estados Unidos. Algunos ejemplos de exposiciones son "PM" (San Juan), "Defend Puerto Rico" (Nueva York), "Puerto Rico: Defying Darkness" (Albuquerque), "Puerto Ricans Underwater" (Nueva York), "Focus on Puerto Rico" (Miami), sólo por nombrar unas pocas. Artistas como Patrick McGrath Muñiz, Elsa María Meléndez, Frances Gallardo, Gabriella Torres-Ferrer, Juan Sánchez, Richard Santiago, Antonio Martorell, Adrián Viajero Román, Lionel Cruet, entre muchos otros, también han respondido al huracán con su arte, capitalizando a partir de la versatilidad del marco narrativo del desastre.

Este desborde de arte puertorriqueño después del huracán pone de manifiesto el abrumador impulso para dar sentido al desastre naturalmente acelerado de la colonialidad y la situación sociopolítica de Puerto Rico. Por ejemplo, *Diasporamus* (2018) de Patrick McGrath Muñiz presenta un ejemplo de una pieza que invita al espectador a contemplar la estética del desastre, entrelazando los temas del desastre post-huracán, la colonización (haciendo referencia al arte renacentista español), el cambio climático, el capitalismo y el desplazamiento forzado. Al contemplar el trabajo de McGrath Muñiz, el ojo salta inmediatamente al centro de la pintura, donde hay un hombre angustiado sin camisa que sostiene un rollo de papel toalla —una referencia directa al controvertido incidente que involucró al presidente estadounidense Donald Trump cuando visitó la isla— junto a una mujer visiblemente triste en una posición casi fetal, tal vez protegiéndose del peligro sugerido en la pintura en su conjunto. Este trabajo alegórico funciona como un ciclo conceptualista de narraciones giratorias locales y globales de desastres que hilan temas de capitalismo y colonización. El trabajo compila múltiples referencias al arte renacentista, la representación de inundaciones violentas, la imagen ampliamente vista de puertorriqueños/as tratando de conseguir señal celular después del huracán, un comentario explícito sobre migración y desplazamiento forzado, símbolos icónicos del capitalismo consumista (Starbucks, Shell y Yamaha —reformulada como Yamejodi) y representaciones icónicas puertorriqueñas que van desde lo mundano a lo satírico —por ejemplo, el cerdo que viaja en la pequeña embarcación, el jíbaro (campesino), y el manatí nadando en las inundaciones, junto a otras narraciones y símbolos (a veces ocultos). *Diasporamus* hace un doble énfasis en las formas artísticas renacentistas (europeas) del pasado y las historias anteriores de migración puertorriqueña a los Estados Unidos, lo que sugiere un comentario simultáneo sobre las dos historias de colonización: la de España y la de Estados Unidos. McGrath usa la estética del desastre en esta pieza para contar la compleja historia de cómo los efectos posteriores al huracán pueden estar vinculados a la colonización, el desplazamiento, el capitalismo y la cultura puertorriqueña.

Ahora centrémonos en tres piezas ilustrativas que no han sido estudiadas anteriormente, que ilustran cómo el colonialismo y el desastre humano y natural se unen en un ensamblaje estético. "PM" (2017), en la galería Embajada en San Juan, Puerto Rico, fue una de las primeras exposiciones que abordó el Puerto Rico después del huracán explícitamente.[6] La curaduría de Christopher Rivera yuxtapone claramente el caótico "afuera" de la galería con su limpio "adentro", donde se muestra la imaginación y los recuerdos de quienes experimentaron y se vieron afectados por el desastre de una forma u otra. La mayoría de las piezas de la exposición fueron elaboradas después del huracán, insistiendo en una curaduría explícita que destacaba los precarios materiales cotidianos posteriores al huracán, pero conservando una sensación minimalista. La exposición también produjo una experiencia de inmersión dentro del contexto post-huracán, simultáneamente caótico y en calma, tomando en cuenta que la galería era un espacio controlado en un Puerto Rico que aún carecía de electricidad y servicios básicos.

Algunas piezas en "PM" mostraban más que otras el carácter catártico de una estética del desastre. Un ejemplo de esto es *Valora tu mentira americana* de Gabriella Torres (2018), que provoca un desplazamiento del espacio al presentar dentro de la sala un pedazo de la infraestructura caída de la Autoridad de Energía Eléctrica de Puerto Rico —un poste de luz— que debía estar "afuera", en referencia a la falta de electricidad, uno de los principales problemas de infraestructura en Puerto Rico después del huracán (figura 2). Al mismo tiempo, la pieza de Torres, con su amplia iluminación, ofrece una especie de alivio para el espectador que todavía no tiene electricidad después del huracán. Ver la destrucción dentro la comodidad de la sala de la galería, junto al respiradero de un aire acondicionado, invita al espectador a dar sentido a la destrucción del exterior de manera (relativamente) tranquila. La experiencia surreal de destrucción permanece contenida dentro de la sala, pero conserva la inquietud del desplazamiento y el peligro de que se rompan los cables eléctricos colgantes, mientras permite (o casi obliga) al espectador examinar de cerca la historia que este objeto quiere contar.

---

[6] Los materiales de la exposición incluyeron una lista de casi cien frases —"post-María, post-mortem, particular materia, post-melancolía"— usando el acrónimo PM.

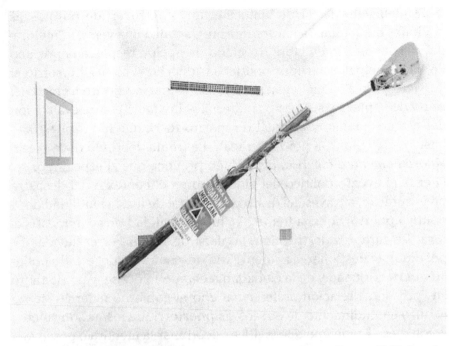

Figura 2. Valora tu mentira americana, por Gabriella Torres Ferrer, 2018. Instalación / Medio mixto. Cortesía de la artista.

Los postes eléctricos en Puerto Rico se usan a menudo para propaganda política. La pieza de Torres-Ferrer incluye un anuncio pegado en el centro del poste de luz. El anuncio lee "Valora tu ciudadanía americana" y continúa "Garantízala, vota estadidad, 11 de junio", en alusión a un sospechoso plebiscito sobre la relación de Puerto Rico con los Estados Unidos que se llevó a cabo dos meses antes del huracán. Dada la forma en que la pieza contiene al desastre, el mensaje de la propaganda política muestra la contradicción entre la protección percibida de la ciudadanía estadounidense en Puerto Rico, la destrucción posterior al huracán y el desastre de infraestructura en curso —específicamente la infraestructura eléctrica— que la artista vincula con la futilidad de la política puertorriqueña, en relación con la política (colonial) de los Estados Unidos. En otras palabras, la pieza de Torres invade la sala de la galería con el gigantesco colapso de la infraestructura puertorriqueña. La artista identifica el corazón del desastre humano: la política puertorriqueña y su relación de poder asimétrica con los Estados Unidos.

El plebiscito del 11 de junio fue muy controvertido porque las opciones disponibles a los votantes no incluían una versión "mejorada" del actual Estado Libre Asociado, la opción respaldada por uno de los principales partidos políticos. Además, el plebiscito sufrió el impacto de la abstención masiva de los votantes.[7] El giro irónico del título de la pieza y sus gestos materiales invitan a una re-evaluación del estado político y colonial de Puerto Rico, que fue expuesto — hasta cierto punto— por el huracán. La ironía del título de la pieza, *Valora tu mentira americana*, también provoca que el espectador recuerde el evento político del plebiscito en el contexto del desastre post-huracán, a través del destrozado poste de luz, la inutilidad de la política puertorriqueña frente a la hiperfragilidad de su infraestructura. De cara a la destrucción, la pieza de Torres-Ferrer lleva al espectador a cuestionar la aparente red de seguridad del estado político puertorriqueño y de la ciudadanía estadounidense, y por lo tanto su (presunta) relación preferencial con el gobierno federal —junto al duro entendimiento de que los/as puertorriqueños/as son sujetos coloniales— al tiempo que invita a cuestionar la mentira o por lo menos a preguntarse: ¿Cómo fue que llegamos a esta "mentira"?

En Miami, "Focus on Puerto Rico" fue una exposición que se preparó antes de que el huracán María azotara la isla. La mitad de los artistas quedaron varados en la isla y no pudieron llegar al 777 International Mall para presentar sus trabajos. Debido a esto, "Focus on Puerto Rico" se tornó más relevante a medida que los artistas en Miami comenzaron a comunicar desde lejos sus temores y ansiedades sobre la situación en Puerto Rico. Al mismo tiempo, la exposición abrió un espacio a los puertorriqueños/as en Florida, donde hay más de un millón de puertorriqueños/as, para reaccionar y dar sentido al desastre. Los artistas de "Focus on Puerto Rico" mostraron piezas que atendían urgentemente la catarsis desde otro lugar, el de los/as puertorriqueños/as en la diáspora.

Rafael Vargas Bernard atendió un problema apremiante tras el huracán: el agua potable. En Tenemos sed, ¿Where did our presupuesto nacional go? (2017), Vargas Bernard usa el tema del agua potable, la

---

[7] Frances Robles, "23% of Puerto Ricans Vote in Referendum, 97% of Them for Statehood", *New York Times*, 11 de junio de 2017, https://www.nytimes.com/2017/06/11/us/puerto-ricans-vote-on-the-question-of-statehood.html

corrosión y la referencia a una precaria infraestructura de agua para alentar al espectador a reexaminar la política, la corrupción, la decadencia y la injusticia en Puerto Rico (figura 3). Al igual que en la pieza de Torres, el desastre se convierte en la forma en que los sentidos del espectador se ven afectados (la pieza de Vargas Bernard provoca sed y asco); luego, el espectador da sentido a los elementos de la pieza en relación a las causas políticas de esta visión decadente. Vargas Bernard no utiliza las consecuencias inmediatas del huracán —como lo hace Torres con su poste de luz, quebrado por los vientos huracanados—, sino que llama la atención sobre la corrosión explícita del desuso, presumiblemente por la falta de agua corriente constante. La forma estética del desastre se convierte entonces en catártica intencionalmente, al evocar una infraestructura política decadente cuyo ensamblaje es producto de cientos de años de colonización.

Además, en *Tenemos sed* el agua corriente se filtra a través de las paredes y las tuberías de agua. El agua funciona como una metáfora del presupuesto puertorriqueño: los fondos públicos de la isla se filtran por las paredes, secando y corroyendo todo el sistema de distribución. La preocupación política ideológica precede a la pieza

Figura 3: Tenemos sed, ¿Where did our presupuesto nacional go?, por Rafael Vargas Bernard, 2017. Instalación/Medio mixto. Miami. Foto por On the Real Film.

de Vargas Bernard y su conceptualización expresada en el título, a su vez movilizada por la primacía del agua y la provocación afectiva de "sed" y asco, llamando la atención sobre los efectos reales que las situaciones políticas corrompidas tienen en la vida de las personas. La corrosión funciona como una relación casi homofóna y sinónima con la corrupción (en función) que sirve como una alegoría hiperreal de las experiencias posteriores al huracán. La materialidad de los fregaderos, paredes y pisos corroídos bien expresa la política colonial de Puerto Rico, particularmente en el contexto post-huracán, y puede ser más real e ilustrativo que incluso la mención directa de la corrupción. La expresión estética catártica a través del «desastre» en la pieza de Vargas Bernard intenta procesar la materialidad de lo individual y lo colectivo —sugerido en el hecho de que hay dos fregaderos— e instar al espectador a reflexionar políticamente sobre el momento visceral y urgente de Puerto Rico durante las secuelas del huracán María.

En Nueva York en febrero de 2018 abrió la exhibición "Defend Puerto Rico" en el Caribbean Cultural Center and African Diaspora Institute/Centro Cultural del Caribe e Instituto de la Diáspora Africana (CCCADI), que se centró en los esfuerzos comunitarios post-huracán en Puerto Rico y el extranjero en favor de la reconstrucción de Puerto Rico. La exhibición presentó una forma de estética del desastre enfocada en los esfuerzos de recuperación. El proyecto Defend Puerto Rico, creado en 2016, aborda innumerables cuestiones relacionadas a la identidad puertorriqueña y su relación política con los Estados Unidos, particularmente después de la creación de la Junta de Control Fiscal a través de la ley PROMESA.[8] Este proyecto de arte transmedios empezó con el objetivo de documentar las com-

---

[8] La Ley de Supervisión, Administración y Estabilidad Económica de Puerto Rico (Ley PROMESA, por sus siglas en inglés) es una ley de reestructuración del 2016 establecida por el Congreso de los EE. UU. para crear una junta de supervisión y administración financiera con autoridad sobre cualquier legislación que tenga implicaciones presupuestarias creadas por el gobierno puertorriqueño. La junta está constituida por personas designadas por el gobierno federal y, por lo tanto, no electos por el pueblo de Puerto Rico. Para un análisis académico con enfoque en estudios culturales de la Ley PROMESA, ver Pedro Cabán, "PROMESA, Puerto Rico and the American Empire", *Latino Studies* 16, no. 2 (2018): 161–84.

plejidades de la cultura puertorriqueña en la isla y en los Estados Unidos, pero después del huracán María, la necesidad de atender la situación se volvió más urgente. Sin embargo, la exhibición no sólo mostró las consecuencias del huracán, sino también los esfuerzos comunitarios para reconstruir a Puerto Rico a través de diversas iniciativas de base. El proyecto utiliza una variedad de medios, desde la fotografía hasta realidad aumentada de 360 grados capturada desde drones, lo que proporciona una experiencia inmersiva de lo que los/ as puertorriqueños/as han hecho para recuperarse del huracán.

Rebuild Comerío: Imagine a Puerto Rico Recovery Designed by Its Communities (2018), por el proyecto-colectivo Defend Puerto Rico (figura 4), es una instalación inmersiva ensamblada para resaltar la recuperación de Puerto Rico que coloca a los/as puertorriqueños/ as del pueblo de Comerío al centro del diseño de reconstrucción a través de la acción comunitaria gestionada por organizaciones como La Maraña y Coco de Oro. La yuxtaposición del desastre post-huracán y el trabajo de recuperación en Comerío, presentada en un mosaico de la isla compuesto de fotografías y mapas de drones, funciona como una exhibición catártica y esperanzadora que sugiere una sanación autónoma de la comunidad. El mosaico en forma de isla compuesto de imágenes del pueblo de Comerío comenta sobre el carácter recursivo de la individualidad y la comunidad, de persona a pueblo, de pueblo a país, y de lo nacional nuevamente a lo local (Puerto Rico a Comerío). La cualidad interactiva de esta instalación documenta el apoyo comunitario brindado por las personas para la reconstrucción de una ciudad y la participación de artistas junto a muchos otros actores en la instalación. Finalmente, la pieza reúne artista y sujeto u objeto. Su carácter de inmersión, transmediático, y la no-distinción entre artista, autores y sujetos/objetos funcionan como una invitación catártica a la acción, al mismo tiempo que moviliza la reconstrucción de Comerío y Puerto Rico como algo posible.

Rebuild Comerío es sobre todo una historia que intenta capturar las dimensiones complejas del desastre, desde la narrativa del caos hasta las historias inspiradoras. El colectivo elige resaltar estas historias inspiradoras de reconstrucción de la comunidad, en contraste con las ausencias intencionales del gobierno local y federal, a menos que estén representadas como parte de la narrativa caótica del desastre, como en la infraestructura eléctrica destruida o pedazos de

Figura 4: Rebuild Comerío: Imagine a Puerto Rico Recovery Designed by Its Communities, Colectivo-proyecto Defend Puerto Rico, 2018. Medio mixto.

los toldos azules de FEMA (Agencia Federal de Manejo de Emergencias). La historia que se cuenta aquí apunta hacia una larga cadena de adversidades locales. A pesar de la crudeza de las secuelas de estos desastres naturales y humanos, existe una invitación visceral a revitalizar a la comunidad a través de la acción de base, a resaltar la identidad cultural puertorriqueña como fuente de resiliencia y a combatir la colonización cultural (ver, por ejemplo, el cuatro [instrumento musical] colgado arriba a la izquierda y los discos de música a la derecha, entre otros símbolos culturales icónicos).

Arte como catarsis social

La catarsis social a través de la expresión estética cultural canaliza percepciones contradictorias que se procesan gracias al carácter afectivo y creativo del arte. Sin embargo, la catarsis necesita de una forma o un marco referencial para poder pintar la imagen compleja de una realidad aparentemente contradictoria. El huracán María dejó al descubierto una realidad material a la que el arte contemporáneo puertorriqueño intenta dar sentido a través del marco polifónico del desastre. La compleja historia de la situación colonial, cultural y sociopolítica de los/as puertorriqueños/as no puede describirse completamente ni abordarse de manera unidimensional. No debe sorprendernos que la forma o la estética del desastre funcione como un marco productivo para comentar tanto la dimensión post-huracán como la dimensión colonial que impregna muchas esferas de la vida cotidiana, desde lo personal a lo colectivo, desde lo cultural a lo político, y de lo real a lo imaginario.

Dos semanas después de que el huracán azotara a Puerto Rico, hablé con una artista sobre los efectos del huracán y sobre los/as muchos/as puertorriqueños/as que se mudaron a los Estados Unidos en esos días, incluidos/as muchos/as artistas jóvenes. La artista me comentó: "Si no pudiera hacer arte, me iba [de Puerto Rico]". No creo que esta declaración hable solamente de la capacidad individual de sanación psicológica que brinda el discurso estético. También expresa el alcance sociopolítico de una estética contextualizada en Puerto Rico, capaz de proporcionar los medios para desafiar y resistir la colonización, el capitalismo y todos los demás peligros y vulnerabilidades que enfrenta la isla.

TIAGO (Richard Santiago)

TRADUCIDO POR NICOLE DELGADO

El arte y un umbral llamado dignidad

Here lies Juan
Here lies Miguel
Here lies Milagros
Here lies Olga
Here lies Manuel
who died yesterday today
and will die again tomorrow
Always broke
Always owing
Never knowing
that they are beautiful people
Never knowing
the geography of their complexion
—Pedro Pietri, Puerto Rican Obituary

Aquí yace Juan
Aquí yace Miguel
Aquí yace Milagros
Aquí yace Olga
Aquí yace Manuel
quienes murieron ayer hoy
y morirán también mañana
Siempre pelaos
Siempre debiendo
Desconociendo siempre
su belleza de gente
desconociendo siempre
la geografía de su piel
—Pedro Pietri, Obituario puertorriqueño
(Traducción de Alfredo Matilla Rivas)[1]

---

[1] Publicado en 1977 por el Instituto de Cultura Puertorriqueña bajo la Serie Literatura Hoy.

Los padres, al igual que cualquier otro puertorriqueño adulto, todavía se aferran a la vaga idea de que el huracán se desviará hacia el norte o hacia el sur y no hará daño en la isla. Quiero decir, unos días antes, el huracán Irma tuvo casi la misma trayectoria y se fue hacia el norte, afectando sólo algunas regiones. Pero esta vez, quizás ocho horas antes de que haga contacto, el padre sabe que no escaparán de la destrucción. La familia aseguró su apartamento de Puerta de Tierra lo mejor que se pudo. Sacaron al perro por última vez antes de la tormenta. Afuera, los vientos ya se sienten como un huracán de categoría 1, pero todavía faltan siete horas hasta que llegue con todas sus fuerzas. La madre y el padre llevan a los dos niños, de seis y siete años, a la habitación más pequeña. Este es el único cuarto donde sienten una sensación mínima de seguridad. Ahí pasan la mayor parte de las próximas doce horas sin electricidad ni comunicación. . . pero al menos están juntos. Fuera de esa habitación, la bestia ruge. El techo se cae y el resto del apartamento está inundado. Pierden casi todo. Pero están vivos. Y con eso viene la duda, la toma de decisiones, la supervivencia, la intención final de proteger a los niños de cualquier daño y enfrentar el huracán después del huracán.

Así comenzó mi viaje y el de mi familia en septiembre de 2017. Una montaña rusa llamada dislocación cuyo movimiento impredecible nos ha mantenido vulnerables en todo momento.

Pasamos las siguientes semanas en esa pequeña habitación. Allí, las mañanas comenzaban preocupándonos por las manchas de sangre en las sábanas, resultado de las picaduras de mosquitos en los cuerpos de nuestros hijos. Allí planeamos cuál sería la tarea para cada día que pasaba. En esa pequeña habitación lloré solo después de dejarlos a todos en el aeropuerto un mes después, y allí me tiré de bruces todas las noches tratando de descansar después de recoger lo que se podía salvar de mi estudio de arte inundado.

Nuestro traslado forzoso nos llevó a Chicago, donde finalmente nos reunimos el 25 de diciembre. En Chicago, la diáspora puertorriqueña y su solidaridad fueron un elemento clave para ayudarnos a enfrentar y mitigar los traumas que María arraigó en nuestra familia. Convertirme en co-presidente del Comité de Arte y Cultura de la Agenda Puertorriqueña (Arts and Culture Committee of the

Puerto Rican Agenda) de Chicago también fue un elemento importante. Me sumergí completamente en los esfuerzos de ayuda para artistas afectados por los huracanes. Luego, el objetivo fue ayudar a La Escuela de Artes Plásticas y Diseño de Puerto Rico, donde solía trabajar como profesor. Esta institución es la única universidad de arte autónoma en nuestro país y durante décadas ha sido un crisol donde se forman los mejores artistas de Puerto Rico. Su importancia en nuestro país durante los últimos cincuenta años es equivalente a una arteria en nuestro cuerpo, sin embargo, sumado a los golpes económicos del gobierno, el huracán casi mató a esta universidad.

Inicialmente, las iniciativas de ayuda me motivaron a crear un evento llamado "Rican Renaissance" en Division Street, el centro puertorriqueño de Chicago. Colaboré con múltiples programas del Centro Cultural Puertorriqueño, y recibí ayuda de jóvenes artistas locales que simpatizaban con nuestra causa. Poesía, arte, música y comida puertorriqueña fueron elementos de unión en un junte de dos días en favor de las artes de nuestro país. Gracias al éxito del evento pude volver a la isla por primera vez después de María, para llevar el dinero recaudado directamente a las manos de los artistas y contribuir también con la universidad.

Una organización llamada la Agenda Puertorriqueña de Chicago lanzó una intensa campaña llamada 3R para Puerto Rico, enfocada en el rescate, la recuperación y la reconstrucción. A través de múltiples actividades de recaudación de fondos entre los ciudadanos de Chicago y la participación en innumerables entrevistas durante los siguientes meses, ayudamos a mantener el tema de Puerto Rico sobre la mesa durante las primeras fases de los esfuerzos de ayuda, incluso cuando las élites blancas del gobierno de los Estados Unidos nos señalaban como fastidiosos. Apenas tuve tiempo de pensar en crear arte. Después de María, ni siquiera podía concebir la idea de poner una pincelada en ningún lado. Todo se trataba de rescate, ayuda y reconstrucción. Se trataba de mis dos hijos y de tratar de darles un poco de paz.

Pero algo me molestaba. Había una molestia que crecía diariamente en mi corazón. A partir de esa preocupación, escribí la siguiente propuesta:

THE FRAILTY OF STRENGTH

and vice-versa
A traveling exhibition and call to action . . .

[LA FRAGILIDAD DE LA FUERZA
y viceversa
Exposición itinerante y llamado a la acción. . .]

Los últimos momentos de la vida de 911 personas que murieron el 20 de septiembre de 2017 o poco después en Puerto Rico, cuyos restos fueron incinerados por el gobierno sin exámenes oficiales, siguen siendo un misterio, al igual que las causas de sus muertes. Lo que está claro es la intención del gobierno de ocultar el número real de víctimas del huracán María, el desastre natural más grande de este tipo que se ha vivido en Puerto Rico.

La falta de información sobre sus muertes en esta colonia de Estados Unidos se ve agravada por otra indignidad: las identidades de estas novecientas once personas permanecen desconocidas.

THE FRAILTY OF STRENGTH and vice-versa/LA FRAGILIDAD DE LA FUERZA y viceversa es un último esfuerzo para dar cierre a esta situación y ayudar a generar fondos para el Centro de Periodismo Investigativo en su propósito (que es también nuestro propósito) de encontrar la verdad confrontando al Gobierno de Puerto Rico.

Con esta exhibición busco borrar el anonimato de las 911 víctimas del huracán María, que fueron incineradas en secreto por el gobierno de Puerto Rico, manifestando su presencia a través de piezas simbólicas conceptuales. La muestra busca ser un gesto de resistencia contra las fuerzas neoliberales que amenazan a Puerto Rico y al futuro de su pueblo.

Crearé 911 monotipos de diez por ocho pulgadas, uno para cada persona.

Un monotipo es una imagen única impresa de una placa pulida, hecha de vidrio o metal, que ha sido pintada con un diseño en tinta. La imagen se transfiere de la placa a una hoja de papel, generalmente usando una prensa de grabado.

Los monotipos también se pueden crear entintando una superficie completa y luego quitando tinta con pinceles o trapos para crear áreas de luz a partir de un área sólida de color opaco.

La singularidad de cada monotipo pretende hacer referencia a las huellas digitales humanas y al hecho de que su impresión ofrece un medio infalible de identificación personal, porque la disposición del relieve de cada dedo de cada ser humano es única y no se altera con el crecimiento o la edad.

Cada monotipo se imprimirá sobre papel xerografiado con un diseño de papel toalla, para aludir a la desconexión de la Casa Blanca con la pérdida y la miseria que atraviesan los/as puertorriqueños/as. Es mi manera de convertir el cinismo de un hombre en algo justo.

Y así, comenzó otro viaje. "La fragilidad de la fuerza y viceversa" cobró vida propia rápidamente. Al principio, mis amigos y familiares apoyaron el proyecto y se convirtieron en los primeros colaboradores. Pero luego, después de la primera presentación en Boathouse Gallery, un espacio de arte alternativo en Humboldt Park, la instalación comenzó a conectarse con la gente por sí sola. Personas desconocidas se acercaban para ser parte del proceso. Hubo reseñas y entrevistas sobre la muestra. Fui invitado a llevar la instalación en diferentes formatos al Museo de Arte Contemporáneo de Chicago, Connecticut College, la Universidad de Massachusetts en Boston y a otros espacios y comunidades. También fue la razón por la cual me invitaron a participar del evento "Aftershocks of Disaster: Puerto Rico a Year after María" en la Universidad de Rutgers el 28 de septiembre de 2018.

El huracán María reveló al mundo mucho sobre el verdadero Puerto Rico y también a nosotros mismos. Esto también es cierto para las artes. Una noche, mientras trabajaba en la instalación, vi a David Begnaud, corresponsal de noticias de CBS, entrevistar a un grupo de artistas puertorriqueños (algunos a quienes amo mucho). Los vi decir que "María fue lo mejor que le pasó a Puerto Rico". Dijeron que las personas en la isla estaban siendo sedentarias, perpetuando así la idea errónea de los puertorriqueños como vagos, lo que claramente contrasta con las historias de resistencia después del huracán. Me dieron náuseas al escuchar las peores ideas neoliberales explayadas en televisión internacional y a estos artistas, a sabiendas o no, expresarse igual que el peor tipo de capitalistas del desastre.

En mi opinión, el concepto de tribalismo está conectado directamente con la mentalidad colonial. Esta condición es común en Puerto Rico y también dentro de nuestra comunidad artística. Las tendencias artísticas se dividen y se pasean a través de nuestras escenas de arte en grupos que parecen logias masónicas secretas. Fue a través de esos grupos que la información sobre fondos de ayuda para las artes, subsidios y residencias se transmitió después del huracán; los artistas fuera de estas redes carecían de acceso a estas oportunidades. Los artistas dentro del círculo se recomendaron entre sí y, en algunos casos, aceptaron múltiples becas y residencias para artistas totalmente financiadas, restando posibilidades a artistas en peores condiciones que ellos que simplemente no formaban parte de su círculo. María desenmascaró la falta de conciencia política y empatía social entre mis compañeros.

Me siento muy desconectado de la forma de pensar tribalista. En muchos sentidos, "La fragilidad de la fuerza y viceversa" se convirtió en mi refugio. Esta instalación fue un resguardo terapéutico que me brindó seguridad desde el momento de su concepción. Al mismo tiempo, ha servido como un elemento de conexión entre las personas que todavía están de luto por nuestros muertos y como una forma de aliviar el dolor durante el proceso. Su esencia radica en que no se puede hacer sin la colaboración afectiva de otras personas y que la conclusión sólo se puede llevar a cabo con su participación. Otro elemento importante es que está concebida para recaudar fondos para una causa más allá de mí.

Guernica de Pablo Picasso, *La balsa de la Medusa* de Théodore Géricault y *Los comedores de patatas* de Vincent van Gogh son solo tres ejemplos entre una infinidad de obras de arte históricas que representan la pena y el sufrimiento humano. A diferencia de otras profesiones que se dedican a reportar o estudiar ese tipo de circunstancias, estos artistas decidieron interpretarlas, expresar la condición humana de los tiempos y mostrar cómo esas condiciones les afectaban. Su interés en el tema no es económico sino emocional. La palabra "descorazonado" ni siquiera se acerca a cómo me sentí después del huracán (y cómo me siento todavía). Esa devastación

Sofi Lalonde, OLYMPUS DIGITAL CAMERA, mayo de 2018, Boathouse Gallery, Humboldt Park, Chicago, IL

alimentó la obra de arte que he estado haciendo desde entonces. Me resulta preocupante y de mal gusto ver a compañeros crear imágenes a partir de la miseria de otras personas en su proceso de lucha y supervivencia para beneficio personal y les invito a que se comuniquen con líderes comunitarios, organizaciones sin fines de lucro o individuos específicos que todavía están trabajando duro en los esfuerzos de recuperación. Insto a esos artistas a que donen parte de las ganancias de sus ventas a las personas representadas que los "inspiraron" a crear obras de arte. Pero, sobre todo, insto a esos artistas a que se involucren activamente con esas comunidades. Les aseguro que cambiará sus vidas y su trabajo para mejor.

En pocas palabras, la mayoría de las personas encuentra tranquilidad en poder caminar en la oscuridad desde su cama hasta la cocina en medio de la noche y comer cualquier cosa que elijan. Significa que hay una conexión entre ellos y el entorno que han creado. El hogar es un lugar de seguridad y de control. Ese sentido de orden, cualquiera que sea la forma que adopte, nos protege del caos y de la imprevisibilidad del mundo exterior. Incluso del miedo mismo.

Después de perder mi hogar y convertirme en un refugiado desplazado, el mundo me descontextualizó. La única salida ahora es reconstruir. El camino es una búsqueda continua de la verdad. Mi obra de arte habrá cambiado para siempre. Dentro de mí resuena el recuerdo del atardecer temprano en San Juan —ante mis ojos está la escala vívida y saturada de la luz y la atmósfera frente al mar, que soplaba y tronaba profundamente entre las sombras.

Adrián Román

TRADUCIDO POR NICOLE DELGADO

Recogiendo los pedazos

Desde el 2 de octubre de 2017, una semana después de que el huracán tocara tierra, viajé mensualmente a Puerto Rico llevando suministros y ayudando en los esfuerzos de recuperación y reconstrucción. Mi trabajo se centró en el municipio de San Sebastián, de donde es mi familia paterna. En las semanas posteriores a la tormenta, este municipio enfrentó grandes obstáculos para recibir asistencia debido a que los caminos estaban bloqueados por árboles caídos, inundaciones y deslizamientos de tierra. Durante estos viajes conocí a muchas personas que me contaron desgarradoras historias de supervivencia, que intenté incorporar en mi trabajo.

La primera comunidad en San Sebastián donde entregué suministros fue *El Culebrinas*; allí conocí a una mujer mayor llamada Digna Quiles. Si bien Digna fue muy hospitalaria y me invitó a entrar a su casa, estaba evidentemente traumatizada por los efectos de María. El tiempo que pasé con Digna me inspiró a crear una nueva serie de obras de arte para reimaginar el alcance de los daños de María.

Recogiendo los pedazos ("Picking up the pieces") ofrece una mirada íntima a la vida post-María y a la desafortunada "nueva normalidad" que la tormenta ha creado para los/as puertorriqueños/as. La colección consta de dibujos, instalaciones y esculturas en miniatura que reflejan momentos íntimos vividos durante mis viajes por la isla el año pasado, distribuyendo suministros, apoyando y ayudando con los esfuerzos de recuperación y reconstrucción.

La instalación incluye una colección especial de objetos encontrados que he titulado *PRartefactos* ("PR-tifacts"*)*, los cuales han sido donados por residentes o recolectados entre montones gigantes de escombros en los barrios, playas y en terrenos arrasados donde hubo casas antes del huracán. Estos *PRartefactos* son mucho más que meramente objetos rotos; transmiten la energía de las personas que alguna vez los poseyeron. Representan la destrucción del tejido de la vida diaria; los recuerdos de la vida que alguna vez se vivió, la imaginación de nuestros hijos, nuestro amor, nuestra historia, nuestro orgullo, nuestra fe y todo lo que define quiénes somos como puertorriqueños/as.

Estos objetos demuestran, en parte, cómo era el paisaje de la isla después de María. La combinación de obras de arte y objetos encontrados, entrelazados y puestos en común, crean retratos de vidas individuales profundamente removidas por el trauma y la tragedia, el esfuerzo y la resiliencia. A semanas e incluso meses después de María, muchas familias continúan atendiendo los daños sufridos en sus hogares. El trabajo aún no ha terminado.

Caja De Memoria Viva III; Sobrevivientes - Digna Quiles
Medio mixto, *PRartefactos* (interior)

Caja De Memoria Viva III; Sobrevivientes - Digna Quiles
48 in x 48 in x 48 in
Carbón sobre madera (exterior)

Caja De Memoria Viva III; Sobrevivientes - Digna Quiles
Medio mixto, *PRartefactos* (interior)

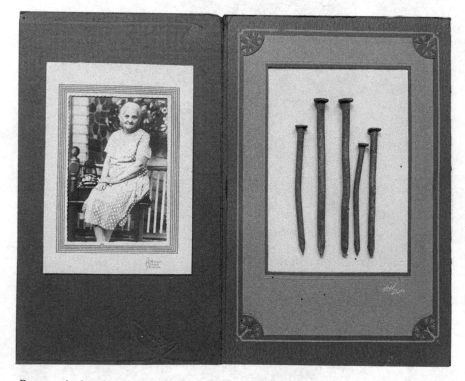

Retrato de familia. Imagen de la bisabuela de Adrián frente a los clavos de su casa destruida por el huracán María.
Impresión digital, marco de fotos de estudio hecho de cartón, clavos oxidados.

CUARTA PARTE

¿QUIÉN SE APROVECHA DE LA CRISIS?

sinvergüenza sin nación[1]

para josé, ana, carlos y helen

Vi las mejores almas de mi generación
engullidas por el colonialismo,
anestesiando sus heridas en un pozo de alcohol
con un torbellino de no sé qué totalidad pendiente.
las vi hablar de la muerte con esperanza,
llevar los cementerios de anillos,
quemar cuanta mata y matanza nos prometieron,
ocupar tierras y edificios,
odiar los ojos azules de rosselló,
escupirle en la cara a la justicia
por embustera,

estar mal y ser hermosos,

aguantar todo el dolor del mundo entre las cejas.

les toqué el pecho para que lloraran
y la ternura era un campo minado.

sin coordinación, los vi atropellar con un abrazo
el hormiguero defensivo del bienestar.

---

[1] Este ensayo fue originalmente publicado en *Kweli Journal*.

vi que, en sus manos, la supervivencia valía un trapo,
que el linaje no cree en sí mismo si la muerte brinca citas.

vi que eran ángeles que por más de 500 años
llevan preparando el vuelo,
sin saber si queda ya cielo ni trompeta.

vi las mejores almas de mi generación perder su generosidad.
el dolor les hizo una mala jugada.

las vi colgarle el teléfono a fema
y preparar palomas mensajeras con el papeleo .
entre agotamientos, las vi construyendo techos y cerrando riñas,
enfocándose en cosas como luz, agua y entierro,
deseosos de que la tierra fuese tierra:
antígonas enterrando con pala robá.

eran volátiles como países,
dominados como países,
degollados como países.

vi que a diario desaparecían en el vuelo estático de la soledad.

fui testigo de la quema del arroz,
el giro del yagrumo.

estuvo mal lo que les pasó,
que les dieran un rompecabezas
y dijeran *toma, recoje los escombros
del dizque país*.

le explicaban a los hijos que papá se fue a un lugar
donde las calles están llenas de donas y la lotería
llega todos los meses como cheque,

pero también mataron el miedo con un range rover dorado,
formaron fila para comerse un pescado con propiedades curativas,
la montaron en barras y panteones,

hicieron lo impensable: la gran gira
por todo puerto rico llevando no la palabra de dios,
sino su carpintería,
para reconstruir un amor que aguante
lo torrencial.

también, transplantados y enormes,
eran murales sin pared. a lo alto,
mejorándolo todo con la risa,
asegurándome que la lucha
nos dará pan para el pan de cada día,
que existe cierta forma de olvidarnos que
llevamos tiempo en el bolsillo,
no en la muñeca.

de noche me soñaban alegre
en casa, en bata,
segura del mar
y de un monte que sigue engullendo
las rutas e inventos de los colonizadores.

Ed Morales

Traducido por Nicole Delgado

La deuda injusta de Puerto Rico

En septiembre de 2017, cuando el huracán María azotó a Puerto Rico con una destrucción de categoría 4, la isla ya se tambaleaba entre medidas de austeridad, pérdida de población, una crisis de atención médica y una infraestructura eléctrica en quiebra. Debido a una carga de deuda de $72 mil millones, además de $42 mil millones en obligaciones de pensiones, la economía de Puerto Rico llevaba en recesión por más de diez años. Se estaban cerrando escuelas, los médicos se iban del país, y los apagones eran cada vez más frecuentes. Pero el huracán, que azotó a toda la isla de una manera casi sin precedentes, partió de esta situación precaria y aceleró todo a la misma velocidad con que los vientos arrasaron las palmeras y las ceibas.

En el verano de 2015, el entonces gobernador Alejandro García Padilla declaró que la deuda extraordinariamente alta de Puerto Rico era "impagable". Esto llevó al Congreso de los Estados Unidos a elaborar una ley, llamada Ley de Supervisión, Gestión y Estabilidad Económica de Puerto Rico (PROMESA por sus siglas en inglés), para reestructurar la deuda en los años siguientes. Apenas nueve meses después de la existencia del mandato de la Junta de Supervisión y Administración Financiera (JSAF) de PROMESA, el desastroso huracán María exacerbó la crisis de la deuda, así como muchos de los problemas económicos subyacentes que llevaban afectando al territorio no incorporado durante años. La JSAF fue creada en 2016 a través de la ley PROMESA, que fue aprobada por el Congreso con apoyo bipartidista después de que Obama y los demócratas del Congreso —a excepción de Bernie Sanders y Robert Menéndez— se negaran a reestructurar o perdonar la deuda. Se puede argumentar que los políticos estadounidenses, quienes reciben grandes contribuciones de los fondos de cobertura de Wall Street, no estaban dispuestos a presionar en favor de reajustar o condonar la deuda porque hubiera sido desfavorable para algunos de sus principales benefactores.

La condición de inframundo de Puerto Rico —no una nación soberana, ni un estado de EE. UU.— le ha impedido usar tácticas como en Grecia y Argentina, países que pudieron recibir préstamos del FMI, renegociar sus deudas y también ajustar sus monedas. Puerto Rico, además de tener que usar el dólar estadounidense como moneda, no tiene acceso a los tribunales internacionales y es castigado aún más por una restricción marítima bajo la Ley Jones de 1917 que sólo permite que atraquen barcos que fueron construidos en Estados Unidos, que ondean la bandera americana y cuentan con una cantidad determinada de tripulación estadounidense. Esto tiene como consecuencia que el precio de muchos artículos de consumo sea más alto para la isla.

Tanto la creación de la deuda como la respuesta inadecuada al huracán podrían verse como productos de (1) el trato colonial y racista de los Estados Unidos hacia Puerto Rico y sus otras posesiones territoriales, a quienes dispuso para ser explotados económicamente y les negó el derecho a la plena ciudadanía y (2) la negligencia deliberada de los colaboradores de las élites económicas y gubernamentales de Puerto Rico, que conspiraron con bancos desregulados y otras instituciones de Wall Street para crear instrumentos financieros que retrasaban el pago de la deuda al pedir más dinero prestado, aunque devengaran tasas de interés más altas a largo plazo. Estas mismas élites ofrecieron poca resistencia a la política de negligencia de la administración Trump. No sólo ayudaron a encubrir la cantidad de muertos causados por la tormenta, también hubo una terrible falta de crítica ante la lenta respuesta de FEMA y la apropiación inadecuada de fondos de emergencia, hasta casi un año después del huracán, cuando ya era demasiado tarde para mitigar gran parte del saldo físico y emocional.

Lo que causó la deuda

La causa principal de la masiva deuda de Puerto Rico es la relación colonial de la isla con los Estados Unidos. Al negarse a considerar su incorporación como estado bonafide después de adquirirla como botín de guerra durante la guerra de 1898 con España, la usó como un laboratorio para los excesos sin restricciones del capitalismo. Luego de un patrón de endeudamiento o especulación sobre la deuda en varias naciones isleñas del Caribe, incluidas Cuba, Haití y la República Dominicana, Puerto Rico se consolidó como un lugar donde las corporaciones estadounidenses podían establecer negocios sin pagar impuestos. Debido a que la isla no tenía soberanía nacional, se le restringió hacer pactos comerciales con sus vecinos. Al no poder desarrollar una economía nacional que repatriara ganancias, fue empujada a una deuda profunda en forma de emisiones de bonos para mantener los gastos operativos de agencias gubernamentales y servicios esenciales.

Si bien el endeudamiento comenzó realmente en la década de 1970 a raíz de la recesión inducida por la OPEP, éste explotó en la década de 2000 cuando el Estado Libre Asociado —mejor descrito como un territorio no incorporado— entró en recesión debido a la eliminación gradual de las exenciones fiscales para corporaciones de los Estados Unidos bajo la sección 936 del Código de Rentas Internas de los Estados Unidos. La reacción neoliberal al estado de bienestar de FDR —fomentada durante la presidencia de Clinton— había permitido la desregulación del sector financiero, desencadenando la especulación masiva de Wall Street, la creación de instrumentos financieros que agrupaban la compraventa de deudas riesgosas, y el comportamiento sin escrúpulos de los grandes bancos e instituciones financieras que reestructuraron las deudas y cobraron seguros exorbitantes. Estas acciones hicieron que la carga de la deuda de Puerto Rico aumentara siete veces desde el año 2000 hasta el presente; la isla ha vendido $61 mil millones en bonos a Wall Street desde 2006, el último año de las exenciones de impuestos de la sección 936.

Después de que el mercado de bonos municipales se disparara a fines de la década de 1990, los inversionistas de la deuda del gobierno de Puerto Rico eran varios y diversos, incluidos los fondos mutuos como Oppenheimer Funds y Franklin Templeton. Sin embargo, desde que los bonos de Puerto Rico se devaluaron hasta lo más bajo en 2014, surgió una creciente presencia de fondos de inversión libre. Estas inversiones especulativas esquivaron la supervisión regulatoria, motivadas solamente por la oportunidad de obtener ganancias inesperadas y la esperanza de capitalizar a partir de economías en aprietos como la de Puerto Rico.

A medida que aumentó el alcance de la crisis, Franklin Templeton y Oppenheimer Funds desafiaron con éxito el intento de García Padilla de legislar el derecho de Puerto Rico a una reestructuración de la deuda en términos parecidos a la bancarrota de 2015. Esa prueba legal alentó la inversión de más fondos de cobertura y fondos buitre, hasta llegar a poseer el 50% de la deuda de la isla. Esta tendencia fue notable en marzo de 2014, cuando Barclays negoció una emisión de bonos municipales sin precedentes de $3.5 mil millones por parte del Banco de Desarrollo Económico del Gobierno de la isla.

El blanco principal de los fondos buitre —la contraparte más extrema de los fondos de cobertura o de inversión libre— es la deuda de alto riesgo, en peligro de incumplimiento dentro del contexto de una economía deprimida, con la esperanza de sacar provecho de los acuerdos después de comprar la deuda por centavos de dólar. Pueden paralizar los intentos de reestructuración de la deuda al insistir en el reembolso al valor nominal total. Dada la historia reciente de privatización del sistema de cobro de peajes en aeropuertos y autopistas de Puerto Rico, era predecible que se dieran nuevas ventas como concesiones a los buitres, incluso de su preciado sistema universitario. A medida que empeoraba la deuda de Puerto Rico, los fondos buitre compraron miles de millones de dólares en bonos a precios reducidos, apostando por recuperarlos a través de acciones legales en los mismos tribunales que impedían la protección de bancarrota total.

En 2016, dos esfuerzos de investigación, uno por un grupo activista llamado Hedge Clippers y otro por el Centro de Periodismo Investigativo (CPI) de Puerto Rico, intentaron identificar metódicamente los fondos de cobertura y fondos buitre propietarios de la deuda de Puerto Rico. Entre estos se encuentran BlueMountain Capital y Stone Lion Capital, que incluye a Paul Tudor Jones, quien fundó la Fundación Robin Hood, una organización sin fines de lucro creada por los grandes especuladores de Wall Street que utiliza soluciones filantrópicas para combatir la pobreza urbana. Muchos de estos operadores de fondos de cobertura también han sido blanco de activistas por sus lazos con el gobernador de Nueva York Andrew Cuomo y por su influencia en legislaciones a favor de los propietarios y las escuelas charter.

Otra figura destacada es John Paulson, quien no sólo compró $120 millones en bonos, sino que también invirtió en el banco más grande de la isla y en varias propiedades hoteleras importantes. En 2014, junto con Alberto Bacó Bagué, secretario de Desarrollo Económico y Comercio de García Padilla, Paulson promovió a Puerto Rico como un paraíso fiscal para multimillonarios renegados, proclamando que la isla era la "Singapur del Caribe" en potencia.

Bajo la anterior administración del gobernador Luis Fortuño —un conservador fiscal que ocupó el cargo de 2009 a 2013 y que redujo los empleos del gobierno y atacó a los sindicatos— la legislatura de Puerto Rico aprobó dos leyes, la Ley de Servicios de Exportación y la Ley de Inversores Individuales, también conocidas como Ley 20 y Ley 22. La primera ley otorgó a los administradores de fondos de cobertura una tasa de impuestos fija del 4% como incentivo para trasladar operaciones a Puerto Rico, mientras que la segunda ofreció exenciones fiscales completas a los inversores sobre dividendos, intereses y ganancias de capital, siempre y cuando el inversionista viviera en la isla durante la mitad del año. La administración más moderada de García Padilla adoptó esta política en un intento desesperado por mantener el interés de los inversores externos.

La lista del CPI presentaba un cuadro que ilustraba cuántos de estos fondos de cobertura y fondos buitre tenían simultáneamente inversiones en lugares problemáticos como Grecia, Argentina y también Detroit, que se había declarado en bancarrota en 2013. Tres fondos, Aurelius Capital, Monarch Alternative Capital, y Canyon Capital, han estado involucrados en las cuatro economías (incluida Puerto Rico), mientras que Fir Tree Partners y Marathon Asset Management, entre otros, mantienen una trifecta con Puerto Rico, Grecia y Argentina. Paulson también había invertido mucho en los bancos griegos.

Las engañosas tácticas de cortina de humo de muchos de estos fondos de cobertura y fondos buitre deberían ser suficiente para poner en duda sus reclamos legales a nivel ético y moral, pero tales consideraciones tienen poco valor para los desafíos y confrontaciones de la reestructuración de la deuda según los procedimientos judiciales ordenados por el Título III de la ley PROMESA. Por ejemplo, en mayo de 2015 Jeffrey Gundlach de Double Line Capital había más que duplicado sus tenencias de bonos devaluados. En una entrevista con *Bloomberg News*, Gundlach afirmó que el potencial de inversión de la deuda de Puerto Rico era comparable con los mercados hipotecarios de EE. UU. en 2008, evocando las condiciones de "tormenta perfecta" que desencadenaron la Gran Recesión.[1]

Preludio a La Junta

El verano de 2015, el gobierno de García Padilla encargó un informe a Barbara Krueger, una economista que había supervisado previamente la respuesta del FMI a las crisis de deuda en Argentina y Grecia. El gobierno del Estado Libre Asociado contrató a Krueger para producir su informe junto a otros dos funcionarios del FMI, bajo instrucciones contradictorias sobre cómo ser "justos" a la misma vez que se "equilibraban" las preocupaciones de los adinerados inversores con las de los ciudadanos comunes y corrientes atrapados en el lado equivocado de la balanza, condenados a un proyecto global de exclusión y desigualdad.

En una audiencia celebrada ese verano en la sede de Citigroup en Nueva York, Krueger lanzó una frenética presentación de PowerPoint destacando sus sugerencias para la reestructuración económica, inclinadas hacia el lado de la oferta. "El salario mínimo de Puerto Rico, a $7.25 por hora, constituye el 88% de su salario medio", declaró clínicamente (de hecho, su propio informe, así como la Oficina de Estadísticas Laborales, calculó la cifra en 77%), "...la mayoría de los economistas concluyen que sería beneficioso reducir esa cantidad a la mitad". Según Krueger, la competencia con las islas vecinas del Caribe implica un problema para la isla, ya que sus escalas salariales son más bajas que las de Puerto Rico, que está regido por el salario mínimo establecido por la ley salarial de Estados Unidos. También sugirió que los pagos de asistencia social de Puerto Rico son "muy generosos en relación al ingreso per cápita", lo que provoca desmotivación para trabajar por el salario mínimo. Esto ignora el hecho de que, según argumenta correctamente el partido a favor de la estadidad, tales pagos son significativamente menores a lo que recibirían los residentes si Puerto Rico fuera un estado; la falta de derechos

---

[1] Mary Childs y Kelly Bit, "Gundlach Sees Puerto Rico Like Mortgages in 2008 Crisis", *Bloomberg,* 4 de mayo de 2015.

plenos en la isla es una de las razones por las que los/as puertorri-queños/as son ciudadanos de segunda clase.

Estas evaluaciones ponen al descubierto la promesa evanescente que representa el estado actual de Puerto Rico como una estrella no incorporada a la órbita de la red de seguridad de los Estados Unidos. En cierto modo, los derechos federales otorgados a los puertorri-queños fueron parte del trato para compensar por su ciudadanía a medias, al menos durante los años de la posguerra. Pero ahora que los modelos neoliberales de libre comercio reinan en medio de una Gran Recesión que todavía pesa significativamente en el continente, los Estados Unidos ya no pueden hacerse cargo de los estándares de vida de la isla y han optado por diferir a las necesidades de su sistema bancario desregulado, es decir, colocar a la isla dentro su contexto caribeño "real", ajustando los salarios al promedio de las islas circundantes y el resto de América Latina.

Todo esto preparó el escenario para el establecimiento de la JSAF, la más reciente de una serie de juntas de control financiero que se habían empleado en los Estados Unidos desde fines del siglo XIX. Quizás el caso más famoso fue el de la ciudad de Nueva York a media-dos de la década de 1970, después de las declaraciones del presiden-te Gerald R. Ford conocidas como "Drop Dead" (cuando rechazó la aprobación de fondos federales para rescatar a la ciudad de su crisis fiscal). Más recientemente, Washington, DC, Filadelfia y Detroit han sido blancos de este tipo de supervisión.

Sin embargo, Puerto Rico difiere de estas ciudades política y eco-nómicamente, porque la isla carece de derechos de voto en el Con-greso, así como de derechos de voto en las elecciones presidencia-les, por lo que está comprometida financieramente —luego de diez años de recesión, no tiene la misma capacidad de recuperación que las demás ciudades de EE. UU. para atraer inversiones. La JSAF en Puerto Rico no está realmente enfocada en lograr una recuperación económica para la isla, según se anuncia en Washington y San Juan, sino más bien en negociar mayores ingresos para los inversores de fondos buitre.

Muchos de estos fondos ahora están organizados a través del Grupo Ad Hoc del Banco Gubernamental de Fomento (en adelante Grupo Ad Hoc), una coalición de fondos buitre con $4.5 mil millones en bonos del Banco Gubernamental de Fomento de Puerto Rico, y el llamado Grupo PREPA, que posee la deuda de la AEE, la empresa de servicios públicos de electricidad. Las listas compiladas por Hedge Clippers y el CPI se basaron en informes de la prensa comercial y fueron confirmadas accediendo a registros públicos y, en algunos casos, verificando con los propios fondos de cobertura, pero no son definitivas. En ese momento, el CPI presentó una demanda en un tribunal de San Juan contra García Padilla y la presidenta del Banco de Desarrollo del Gobierno, Melba Acosta, para obligarlos a revelar la lista de fondos de cobertura que poseen los bonos, los miembros del Grupo Ad Hoc que se han reunido con ella y otros funcionarios públicos, y las condiciones establecidas para renegociar las condiciones de pago, así como las ventas de bonos en el futuro.

Ese verano, el CPI publicó un artículo explosivo que revelaba que los representantes de fondos de cobertura y fondos buitre "visitan constantemente las oficinas de legisladores en el Capitolio".[2] Según la investigación, éstos a menudo van acompañados de cabilderos, como Kenneth McClintock y Roberto Prats, quién además es el presidente del Partido Demócrata y una figura importante en los esfuerzos de recaudación de fondos para el Partido Demócrata en Puerto Rico. Sin embargo, Melba Acosta y el senador por el Partido Popular Ramón Luis Nieves, las fuentes que revelaron la información para el artículo, afirmaron no recordar ni conocer los nombres de los fondos de cobertura ni de sus representantes.

"[Acosta] ni siquiera estaba preocupada por los fondos buitre o los fondos de cobertura", dijo Carla Minet, una de las coautoras del artículo. "Estaba más preocupada por Oppenheimer y los fondos mutuos". El juez que vio la demanda encontró que algunas de las solicitudes de información del CPI eran válidas y les recomendó volver a solicitar específicamente una lista de tenedores de bonos y los montos adeudados al Banco de Desarrollo del Gobierno.

Varios informes escritos sobre la acumulación de deuda por grupos como el Centro de Acción sobre Raza y Economía, así como uno comisionado por el gobierno de García Padilla (aunque

---

[2] Joel Cintrón Arbasetti, "Funcionarios se lavan las manos tras autorizar deuda que podría ser illegal" *Centro de Periodismo Investigativo*, 14 de junio de 2016, http://periodismoinvestigativo.com/2016/06/funcionarios-se-la-van-las-manos-tras-autorizar-deuda-que-podria-ser-ilegal/

con fondos insuficientes), han señalado que la acumulación de la deuda de $72 mil millones involucra prácticas ilegales y extraconstitucionales.[3] Desde la estructura de préstamos a corto plazo ("payday loans") de los llamados bonos de revalorización del capital, parecidos a las hipotecas de tasa ajustable que profundizaron la crisis financiera de 2008, hasta las enormes tarifas cobradas por bancos como Goldman Sachs para suscribir nuevos préstamos, Puerto Rico fue explotado debido a su estatus de "extranjero en sentido doméstico". Los inversores se envalentonaron tanto por la triple exención fiscal, como por la falta de capacidad de la isla para declararse en bancarrota; había una alta probabilidad de ganar en los tribunales cuando presentaran sus casos.

Ese mismo verano hubo un movimiento creciente en Puerto Rico para llevar a cabo una auditoría ciudadana de la deuda, pero PROMESA parece estar evitando que se lleve a cabo una auditoría seria de la misma. Un informe emitido por la JSAF en 2018 identificó muchas de las razones para la acumulación de deuda, pero no hizo preguntas difíciles a nadie involucrado en los acuerdos que la crearon.[4] Otro posible factor es el vínculo entre los intereses de Wall Street y las élites gubernamentales tanto en Washington como en San Juan. Un ejemplo de ello es el especulador de fondos de cobertura Marc Lasry.

Lasry es quizás más conocido actualmente como copropietario de Milwaukee Bucks de la NBA, un desarrollo que entusiasmó tanto al gobernador de Wisconsin Scott Walker que éste firmó un proyecto de ley en 2015 para subsidiar un nuevo estadio para el equipo, que según el New York Times, "le costaría al público el doble de lo previsto originalmente".[5] Resulta que Avenue Capital era uno de los

---

[3] Carrie Sloan y Saqib Bhatti, "Wall Street's Power Grab in Puerto Rico", *Action Center on Race and the Economy*, 25 de mayo de 2017; Saqib Bhatti y Carrie Sloan, "Goldman's Strong Man in Puerto Rico", *Action Center on Race and the Economy*, 28 de abril de 2017; Carrie Sloan and Saqib Bhatti, "Puerto Rico's Payday Loans", *Refund American Project*, 30 de junio de 2016.

[4] The Financial Oversight and Management Board for Puerto Rico Independent Investigator "Final Investigative Report", *Kobre & Kim LLP*, 20 de agosto de 2018.

[5] Michael Powell, "Bucks Owners Win at Wisconsin's Expense", *New York Times*, 14 de agosto de 2015.

fondos buitres que poseía parte de la deuda de Puerto Rico y estaba alineado con Candlewood Investment Group, Fir Tree Partners y Perry Corp, como parte del Grupo Ad Hoc.

En 2017, el Grupo Ad Hoc contrató al bufete de abogados Davis, Polk & Wardwell para representarlo en el proceso de Título III de PROMESA, con la esperanza de recuperar su inversión e impedir las propuestas de reestructuración de la deuda del gobierno o una medida del Congreso para cambiar la ley federal en favor de permitirle al Estado-Libre-Asociado/territorio-no-incorporado/colonia declararse en bancarrota. Irónicamente, este es el mismo bufete de abogados que ayudó a orquestar el rescate financiero del gobierno de EE. UU. de AIG, la máquina de intercambio de deudas con hipotecas incobrables al centro de la recesión de 2008. Entonces, el mismo bufete de abogados que presionó para el rescate de AIG se estaba preparando para obligar a Puerto Rico a pagar, mientras que Obama, quien también había favorecido el rescate de AIG, planteaba que PROMESA representaba la mejor alternativa para Puerto Rico.

Lasry fue quizás el tipo de benefactor —había recaudado $500,000 para la última campaña de Obama— que Obama y los demócratas creían que debían mantener feliz. Después de todo, Lasry había sido nombrado por Obama como embajador en Francia en 2013, pero desafortunadamente "tuvo que cambiar su nombramiento después de que un amigo cercano fuera señalado en una acusación federal por jugar póker con supuestos vínculos a la mafia rusa". En mayo de 2016, Lasry lideró una recaudación de fondos de $2,700 por persona para Hillary Clinton, al mismo tiempo que aseguraba a los televidentes de MSN que Clinton se estaba "moviendo un poco hacia la izquierda".

Los lazos de Lasry con la política Demócrata se remontan muchos años atrás. Un artículo de marzo de 2010 en el Wall Street Journal lo presentó almorzando con el entonces jefe de gabinete de la Casa Blanca, Rahm Emanuel, en parte para asesorarlo sobre si los bancos reanudarían los préstamos a pesar de la crisis de 2008.[6] Según un artículo del *New York Times* de 2012, "Alrededor de 50

---

[6] Mike Spector, "Avenue Capital's Investor in Chief", *Wall Street Journal,* 27 de marzo de 2010.

personas pagaron $40,000 cada una por entrar a una sala llena de obras de arte" en el departamento de Lasry, para escuchar hablar a Obama y a Bill Clinton.[7] Durante la década pasada, Lasry's Avenue Capital incluso empleó a Chelsea Clinton, cuyo marido había fracasado recientemente por causa de malas inversiones en Grecia mientras dirigía su propio fondo de cobertura.

Lasry, que alguna vez fue un humilde conductor de UPS a quien sus padres convencieron de estudiar derecho, era aparentemente un jugador empedernido, capaz de tirar los dados con cualquiera dentro del casino conocido como Wall Street —y también con propietarios de casinos, como el entonces candidato republicano y ahora presidente Donald Trump. Esta relación, que se remonta a la bancarrota del casino de Trump en Atlantic City en 2009, eventualmente resultó en que Lasry comprara el casino y se convirtiera en el presidente de Trump Entertainment Resorts en 2011, cargo al que finalmente renunció. Las historias sobre Lasry en la prensa empresarial lo describen como el inversionista de fondos buitre "don't call him that" (no le diga así); el jugador optimista que "apuesta" a economías como las de España o Grecia para "ayudarlas a recuperarse" y luego se beneficia de eso. Una historia de Bloomberg de 2012[8] describe un juego de póker que sostenía regularmente con otros administradores de fondos de cobertura; un colega lo evaluó como "bueno para descubrir las probabilidades. Está dispuesto a correr riesgos moderados".

Era difícil creer que alguien con un capital de $1.87 mil millones, según un cálculo de Forbes en 2016 —presumiblemente un indicio de su buena mano para los negocios— iba a pensar que las economías que están en una "espiral de muerte" se recuperarían milagrosamente. Es más probable que, en lugar de creer en una economía puertorriqueña que no había mostrado signos de crecimiento durante tanto tiempo y que consistía en gran medida sólo de empleos del gobierno, Lasry apostara a que la incapacidad para declararse en bancarrota produciría mayores ganancias una vez incumpliera.

---

[7] Jackie Calmes, "Clinton Supports Obama at New York Fundraisers", *New York Times,* 4 de junio de 2012.

[8] Gillian Wee, "Lasry Sees Europe Bankruptcy Bonanza as Bad Debts Obscure Assets", *Bloomberg,* 14 de febrero de 2012.

Avenue Capital fue uno de los muchos buitres que comenzaron a sobrevolar Puerto Rico a fines de 2013, cuando el analista de crédito Richard Larkin declaró que éstos podían "oler la sangre y el miedo", a raíz de la caída de los bonos.

Un artículo del *Wall Street Journal* del 19 de julio de 2016 sobre la crisis de Puerto Rico planteó una posible explicación a su interés en rechazar la bancarrota o la reestructuración de la deuda que podía aliviar a Puerto Rico y a su gente: las bajas tasas de incumplimiento en deudas corporativas habían llevado a los especialistas en deudas-en-dificultades a enfocarse en gobiernos con problemas de liquidez como Grecia, Argentina y Puerto Rico.[9] Pero aunque los precios de los bonos griegos y argentinos tocaron fondo, llegando a valer menos de 20 centavos de dólar durante el punto álgido de sus crisis fiscales, gran parte de la deuda de Puerto Rico todavía se negocia entre 50 y 70 centavos, según los datos de la Junta de Reglamentación de Valores Municipales (MSRB). Eso significaba que, si los fondos de cobertura iban a obtener ganancias, tendrían que recaudar más en una reestructuración de Puerto Rico que lo que habían logrado los especuladores en Grecia y Argentina.

Si convertir esa ganancia implica medidas de austeridad como bajar los salarios y recortar las pensiones y despedir a la gente, provocando así una catástrofe de derechos humanos, es un riesgo que un inversor inteligente debe tomar para recuperar, bajo cualquier condición, esos 50-70 centavos de dólar. Todavía falta por determinar si Obama realmente tuvo el respaldo de Lasry en su capitulación al proceso de PROMESA. Pero una cosa estaba clara: si los inversores se salían con la suya, una fracción del dinero pagado por el pueblo puertorriqueño sería destinada a un jugador impenitente con conexiones en la Casa Blanca.

A medida que el proceso de Título III se desarrollaba en el tribunal de seudo-bancarrota de la jueza Laura Taylor Swain en San Juan, más y más propiedades actuales y potenciales de Puerto Rico se vendían para complacer a los tenedores de bonos. Algunos de estos tenedores de bonos son inversores modestos —incluidos muchos

---

[9] Matt Wirz y Aaron Kuriloff, "Mutual Funds are Front and Center in Puerto Rico Talks", *Wall Street Journal*, 18 de julio de 2015.

ciudadanos puertorriqueños—, pero terminarían perdiendo en los acuerdos aprobados por el tribunal de Taylor Swain en febrero de 2019. La mayor parte de las ganancias se asignó a fondos de cobertura y fondos buitre, las entidades favorecidas gracias a décadas de desregulación y la complicidad de los demócratas, republicanos y sus colaboradores en San Juan. El acuerdo de COFINA, que reestructuró $17.6 mil millones de la deuda, utilizó los mismos dispositivos de intercambio de bonos o de revalorización del capital que habían sido utilizados en las emisiones masivas de mediados de la década de 2010.

El dudoso estado territorial de Puerto Rico, no lo suficientemente soberano como para negociar con una entidad global como el FMI, incapaz de acceder a un verdadero procedimiento de bancarrota, lo ha mantenido cautivo durante décadas de austeridad y explotación severa. Esta es la razón por la cual es necesaria una verdadera contabilidad de la deuda, aunque sólo sea para alcanzar la base moral para forzar la reformulación del proceso colonial de PROMESA. Sin embargo, la crisis de la deuda en sí se ha utilizado para estigmatizar a Puerto Rico como un candidato indigno de recibir ayuda directa de los EE. UU., como los beneficios de Medicare y el subsidio de alimentos para los pobres que la administración Trump redujo drásticamente o amenazó con eliminar. La articulación de Puerto Rico como un territorio endeudado ubicado en los tristes trópicos alimenta el mismo tipo de estereotipos que han vilipendiado a las "welfare queens" (reinas del subsidio) y a los "super-depredadores". La famosa declaración de Trump en Twitter en octubre de 2018 de que Puerto Rico no merecía más fondos por culpa de los "líderes ineptos" que intentan utilizar los fondos de recuperación para pagar la deuda no sólo son falsos, sino que también muestran un profundo malentendido sobre cómo las políticas de austeridad impuestas por la JSAF están diseñadas para hacer que los residentes de Puerto Rico paguen un precio inflado por el costo de la deuda de su gobierno durante los próximos cuarenta años. En la atmósfera actual de chivos expiatorios y ataques a grupos marginados sobre la base de su "diferencia" racial y de género, desde afroamericanos hasta mujeres y comunidades LGBTQ, los ataques a Puerto Rico continuarán, sin duda. Además, la noción de que no merece recibir ayuda de recuperación en igualdad de condiciones que Texas y

Florida después de sus respectivas crisis por tormenta continuará usándose para reforzar la idea de ser ciudadanos de segunda clase fiscalmente irresponsables, invisibilizados durante más de un siglo de negligencia miope e insidiosa.[10]

---

[10] Este capítulo fue adaptado de los artículos "How Hedge and Vulture Funds Have Exploited Puerto Rico's Debt Crisis" y "Is an Obama Donor Tying the President's Hands on Puerto Rico's Debt Crisis?", publicados originalmente el 21 de julio y el 18 de julio de 2015 en *The Nation*.

Natasha Lycia Ora Bannan

Autotraducido

La deuda de Puerto Rico es odiosa

Las imágenes del huracán María azotando a Puerto Rico en septiembre 2017 y la consiguiente crisis humanitaria inundaron los medios durante más de un año y provocaron indignación generalizada por la negligencia del gobierno, igual que empatía y solidaridad con las personas que lucharon por recuperar su acceso a servicios básicos. Pasaron los meses y no se restableció la electricidad; el sistema de salud estaba al borde del colapso perpetuo; las fuentes públicas de agua estaban siendo contaminadas, afectando a casi dos millones de puertorriqueños/as; y miles de personas comenzaron a huir de la isla en masa para acceder a refugios, atención médica y trabajos en el exterior. Mientras todo esto ocurría, las noticias proveyeron una mirada crítica a lo que impedía los esfuerzos de recuperación. Lo que la mayoría de los periodistas y brigadas de solidaridad encontraron fue una lisiada infraestructura que se había deteriorado mucho antes del huracán, como resultado de la deuda de $73 mil millones del gobierno de Puerto Rico. Las principales agencias de la isla que son responsables por mantener la salud pública, la seguridad ciudadana y los servicios sanitarios estaban amplia e insuficientemente financiadas, endeudadas, acusadas de corrupción o eran conocidas por su ineficiencia y negligencia sistémica. Algunas de ellas también estaban endeudadas por miles de millones de dólares, incluso la Autoridad de Energía Eléctrica, que no tenía los fondos para restaurar y mantener adecuadamente el sistema de electricidad porque había sufrido un golpe fatal durante el huracán. La crisis económica aceleró la crisis humanitaria y, al mismo tiempo, la crisis humanitaria profundizó la depresión económica que ya se había apoderado de Puerto Rico.

De hecho, ha habido una crisis en Puerto Rico desde hace años, y solo recientemente ha aparecido para hacerse más visible como resultado del Huracán María y el ojo vigilante de la comunidad internacional sobre la respuesta fatal del gobierno. La crisis se piensa como una crisis económica que está paralizando la capacidad de los puertorriqueños/as de librarse de la opresiva deuda de $73 mil millones de la isla, sin incluir sus obligaciones de pensión. O la consideramos como una crisis humanitaria causada por el huracán María y exacerbada por la negligencia grave y la incompetencia por parte de los gobiernos locales y federales. Sin embargo, la crisis se creó hace mucho tiempo y siempre ha sido así de urgente, y esa es la crisis del colonialismo. La raíz de la crisis económica es la política. Por eso, aunque pueda tener las herramientas para hacerlo, Puerto Rico no puede lograr un futuro más autónomo y una economía sostenible sin cambiar fundamentalmente su relación colonial con los Estados Unidos y eliminar así el dominio económico de la deuda colonial. El primer paso es examinar la legalidad de la deuda: ¿Cómo se adquirió y fue adquirida conforme a la ley, inclusive las leyes de Puerto Rico? Esto también incluye examinar la moralidad de la deuda y si es justa, según la doctrina de la deuda odiosa.

Esta doctrina se basa en principios de equidad y no necesariamente en leyes escritas. La doctrina reconoce que hay deudas ilegítimas que se originan a partir de préstamos con términos odiosos o prácticas institucionales de prestar odiosamente. Como sea, el resultado es una carga de deuda pública que termina teniendo un impacto destructivo en la vida de las personas, corroyendo los derechos humanos y disminuyendo seriamente las posibilidades sociales y económicas para generaciones futuras. Históricamente, la doctrina de la deuda odiosa viene del contexto de la justicia transicional, en el que un gobierno que oprime y subyuga a su gente da paso a una nueva era de gobierno democrático, o al menos una era en la que un nuevo liderazgo político emerge, señalando un cambio ideológico y un cambio en la gobernanza. El nuevo gobierno luego repudia las prácticas ofensivas del gobierno anterior, las cuales condujeron al endeudamiento del país. Estas prácticas represivas de endeudamiento generalmente involucran a un dictador o un régimen autoritario que pide prestado para financiar mecanismos represores del estado mientras los miembros del régimen se benefician personalmente del préstamo. Tradicionalmente, lo que se considera odioso en estas prácticas de endeudamiento es el mismo régimen y lo que representa, pero no necesariamente la serie de transacciones individuales de cada préstamo de la cual consiste la deuda. Sin embargo, en el contexto de Puerto Rico es importante mirar tanto al "régimen" político –que incluye el gobierno colonial y el gobierno federal, que creó las condiciones para que la nación pidiera prestado $73 mil millones– como las transacciones financieras individuales que los bancos y el gobierno negociaron y acordaron. Esto es importante porque ha habido múltiples administraciones, tanto locales y federales, así como múltiples bancos y fondos de cobertura, que han participado en préstamos predatorios. Mientras que el modelo de prestar y pedir prestado no cambiaba mucho, la cantidad si varió según la administración, lo cual resultó en la adquisición de deuda inconstitucional.

La doctrina de la deuda odiosa plantea la siguiente pregunta: ¿cuál sería el resultado justo para una gente sobrecargada por deudas que no son inherentemente suyas?, y ¿cuál es el comportamiento que queremos que la ley corrija o alentar como una cuestión de justicia? Argumentar que una deuda es odiosa es oponerse a pagarla. Para un gobierno que hace la transición de un régimen abusivo antidemocrático y dictatorial a un régimen democrático en una sociedad posconflicto, descargar una deuda odiosa significa liberar el control que los bancos internacionales y otras naciones pueden tener sobre lo que impide el progreso socioeconómico necesario, para que ese país pase de tener una economía dependiente de prácticas corruptas a una que es transparente y responsable ante su gente.

Hay varias formas de deuda ilegítima, de las cual la deuda odiosa forma parte. La deuda odiosa cubre el espectro de los préstamos odiosos, incluyendo la deuda de guerra, la deuda subyugada (discutida más abajo), la deuda del régimen y, en tiempos más modernos, la deuda insostenible.

Los principios que son fundamentales para la deuda odiosa permiten que un gobierno rompa con los lazos coloniales o fraudulentos que han reprimido a la gente y declare una deuda ilegal e inmoral, en parte o en su totalidad. Si se afirma que una deuda es odiosa, los investigadores examinan si fue acumulada, usada o incluso pagada de una manera que financió prácticas ilegales o corruptas mientras se mantenía a un pueblo bajo un gobierno opresivo que socavaba sus intereses y necesidades. El pueblo puede declarar la deuda odiosa una vez que un órgano adjudicador declare esa deuda ilegal o ilegítima, o la comunidad internacional la reconozca como tal, creando así la presión política necesaria para que se negocie la deuda.

Irónicamente, el país que afirmó este argumento por primera vez fue Estados Unidos, en contra de España después de la Guerra Hispanoamericana. Al adquirir las antiguas colonias españolas de Cuba, Puerto Rico, Filipinas y Guam, Estados Unidos se negó a asumir la deuda de España en Cuba, la cual, según el gobierno estadounidense, se había acumulado para reprimir el pueblo cubano y mantener el dominio colonial de España. Los Estados Unidos argumentó que tal deuda no se debería pasar a un nuevo régimen (incluso un nuevo régimen colonial), y afirmó además que pagar a España por endeudar a Cuba solo recompensaría su comportamiento nefasto que debería ser condenado. Por esta razón, Estados Unidos no asumió las deudas españolas en el Tratado de París; Cuba tampoco lo hizo después de asegurar su independencia total. Más de un siglo después, una de esas colonias utiliza ahora el mismo argumento en contra de los centros económicos de poder que se mantienen en los Estados Unidos– en conspiración con la Junta de Control Fiscal Federal –e impiden que una nación subyugada se pueda liberar de una deuda opresiva.

Al analizar la deuda odiosa se consideran varios factores; el primero es si las personas en cuyo nombre se acumuló esa deuda se beneficiaron del dinero prestado. Cuando una nación pide prestado dinero es presumiblemente para ayudar a financiar su presupuesto público, construir infraestructura o expandir los servicios a la ciudadanía, cuyas futuras generaciones llevarán la carga de pagar la deuda. ¿Pero qué pasa cuando la gente no solo no recibe los beneficios de la deuda, sino que también se ve obligada a enfrentar un deterioro perpetuo de sus derechos humanos y los servicios públicos, que culmina en un nuevo régimen de austeridad? Es como cuando una madre que gana un salario mínimo o bajo toma préstamos estudiantiles para pagar su educación. Como se le considera una deudora de "alto riesgo", ella tiene entonces que pagar esos préstamos durante veinte años a una alta tasa de interés. Eventualmente tendrá que pagar el triple del costo de su matrícula a los bancos que se llevan todo ese dinero adicional, dinero que no ella podrá usar para mejorar su propia posición económica, como ahorrar o adquirir una mejor vivienda. De manera perversa, ella también tendrá menos dinero para invertir en la educación de sus propios hijos. Como resultado, sus hijos esencialmente terminarán pagando la educación de su madre mientras se privan de las mismas oportunidades. Al mismo tiempo que la madre les paga a los bancos cada centavo de los intereses adicionales, el gobierno de su país utiliza fondos públicos para garantizarles a los bancos el valor de su préstamo, pero no le garantiza a la madre o a sus hijos su derecho fundamental a una educación gratuita y de calidad.

Cuando vemos si el pueblo de Puerto Rico se benefició de la deuda prestada por su gobierno durante un período de décadas, tenemos que preguntarnos si realmente mejorarond los servicios públicos. Durante décadas, la economía de Puerto Rico ha estado declinando constantemente hasta llegar a su punto de inflexión: una depresión económica. Bajo la administración del gobernador Luis Fortuño (2009–13), miles de empleados públicos fueron despedidos, los servicios públicos fueron cortados, se cerraron oficinas públicas y se eliminaron varios derechos de los trabajadores públicos - mientras tanto, el gobierno de Puerto Rico fue acumulando enormes cantidades de deuda. La deuda no mejoró los problemas económicos de la isla, sino que los empeoró.

Un segundo factor que se considera mediante el análisis de la deuda odiosa es si el prestamista sabía que los fondos prestados se utilizarían para fines moralmente cuestionables. Además de esta pregunta, las naciones endeudadas son cada vez más exigentes no solo sobre cómo se utilizará el dinero del préstamo, sino sobre la consideración de la *contratación* ilegítima de deuda. En el caso de Puerto Rico, el gobierno firmó contratos que explotaban las condiciones económicas empobrecidas de la isla, y estos contratos fueron empujados, promovidos e acordados por fondos de cobertura (a menudo referidos como fondos buitres por sus prácticas agresivas de comprar deudas difíciles y mantener a los deudores en un tipo de servidumbre perpetua por la misma). Estos fondos continuaron comprando deuda, incluso después de que los bonos de Puerto Rico fueron calificados como chatarra. También comenzaron a cobrar tasas de intereses exorbitantes, que es precisamente lo que hacen las instituciones cuando consideran a un deudor un alto riesgo, lo que significa que es posible que no puede pagar el préstamo. Estas tasas de interés enormemente altas y estos estrictos términos de endeudamiento pretenden minimizar el riesgo del acreedor, mientras que obligan al deudor cumplir con obligaciones imposibles y costosas, lo que significa utilizar fondos del presupuesto público para pagar los intereses de los bancos de Wall Street (como si fueran casas de empeño o tiendas de cambio de cheques de día de pago). Esto puede ser tan caro que los gobiernos, como el de Puerto Rico, terminan pidiendo prestado más dinero solo para pagar las tasas de interés del banco sin tocar el dinero principal invertido. Este tipo de préstamo predatorio provoca preocupación sobre las prácticas contractuales ilegítimas de los acreedores bajo derecho doméstico, sobre las defensas equitativas, como el enriquecimiento injusto, además de conducir al análisis de la deuda odiosa bajo derecho internacional.

Esta práctica se llama prestar odiosamente y se ha convertido en parte del análisis de la deuda odiosa mediante el concepto de la deuda insostenible. Una deuda se considera insostenible y, por lo tanto, debe cancelarse, si el reembolso (no el devengo) requiere que los gobiernos violen los derechos humanos o priven a sus ciudadanos de sus necesidades básicas. Prácticas de préstamos odiosos, como los de muchos fondos de cobertura, han sido repudiados por organizaciones que promueven inversiones y préstamos socialmente responsables, incluyendo el cobro de tasas de interés justas y razonables, la transparencia en las transacciones financieras, el ajuste de la deuda por cambios a las circunstancias que impiden que el deudor pague todo o parte de lo que debe, el cumplimiento con los estándares laborales y ambientales, y un plan de reestructuración o pago de deuda que priorice el cumplimiento y realización de los derechos humanos. La devastación causada por el huracán María en 2017 cambió fundamentalmente el panorama económico de Puerto Rico y su capacidad ya limitada para pagar su deuda. Después de ser azotado por el peor huracán en más de un siglo, lo que resultó en casi cinco mil muertes, cientos de miles de hogares y propiedades destruidos, y un golpe total a la estructura de energía de la nación que ya estaba debilitada, la prioridad del gobierno de la isla debió ser proporcionar servicios básicos a su gente, que años después continúa sufriendo el impacto duradero del huracán. Insistir en el pago de la deuda, cuando el gobierno no puede permitirse el lujo de actualizar su red eléctrica o establecer sistemas de energía renovable o financiar escuelas públicas, educación superior e instalaciones médicas, es precisamente el tipo de práctica del préstamo odioso que se debe repudiar.

Aunque el exgobernador Alejandro García Padilla declaró que la deuda era impagable en 2015, nunca hubo un llamado para cancelarla. En cambio, Puerto Rico aprobó una ley nacional que hubiese permitido reestructurar la deuda. Pero el día que el gobernador la firmó, varios fondos de cobertura (los llamados "hedge funds") demandaron para que la ley fuera declarada inconstitucional. Dichos fondos han sido claros en todo momento en que no les interesa negociar una reducción de los pagos de la deuda, e incluso siempre han buscado, por cualquier medio necesario, pedirles a los tribunales que determinen que el gobierno de Puerto Rico debe pagar no solo la deuda principal sino también al exorbitante interés antes de que pueda financiar su propio presupuesto público. Puerto Rico le exigió al gobierno federal que le ayudara con sus pagos, como hizo con los bancos de Wall Street que recibieron fondos federales después de la crisis de vivienda y ejecuciones hipotecarias del 2007–8. Sin embargo, el presidente de la Cámara de Representantes de EEUU (en aquel entonces), Paul Ryan, dijo públicamente que Puerto Rico estaba buscando ser "rescatado" e hizo hincapié en que no se gastarían "fondos públicos estadounidenses" para ayudar a Puerto Rico. En cambio, el Congreso aprobó la ley conocida como PROMESA como un mecanismo de reestructuración de la deuda, pero esta ley tuvo un alto costo, con la formación de la Junta de Control Fiscal Federal.

El concepto de la deuda insostenible nos permite reconocer que una deuda puede ser odiosa de muchas maneras y exigir el pago de la deuda también puede violar varias leyes, incluso las de los derechos humanos. Cuando se consideran las leyes que el gobierno está obligado a cumplir, no estamos solo hablando de contratos y derechos privados. De hecho, la responsabilidad principal de un gobierno es respetar, proteger y cumplir con los derechos humanos de sus ciudadanos. Ni siquiera en tiempos de guerra pueden ser suspendidos los derechos humanos, mucho menos en momentos de una crisis capitalista. El gobierno de los Estados Unidos, así como el gobierno de Puerto Rico como su territorio colonial, tiene el deber de garantizar la realización continua de estos derechos más básicos. En cuanto a la jerarquía de derechos y leyes, los fondos buitres y la Junta de Control Fiscal están equivocados; no son los contratos de deuda los que tienen prioridad legal, sino los derechos humanos de las personas, que son garantizados bajo derecho internacional y en varios casos ratificados a nivel nacional. Esto significa que los fondos públicos federales que fueron asignados a Puerto Rico para ser utilizados después del huracán María no pueden ser desviados al flujo general de ingresos para el presupuesto de la isla, del cual los acreedores intentarán acceder para el servicio de la deuda. El experto independiente en deuda externa y derechos humanos de la Organización de las Naciones Unidas, Juan Pablo Bohoslavsky, ha dicho lo mismo: "garantizar la estabilidad financiera, controlar la deuda pública y la reducción del déficit presupuestario son objetivos importantes, pero [estos objetivos] no deberían lograrse a expensas de los derechos humanos. La población no puede ser rehén de préstamos pasados irresponsables. La economía debería servir a la gente, no al revés".

Exigir el pago de la deuda también requiere un profundo conocimiento de cómo se acumuló la deuda y si fue legalmente acumulada. Lograr tal conocimiento es quizás la mayor barrera para el gobierno de Puerto Rico al argumentar que la deuda es odiosa y, por lo tanto, puede negarse a pagarla. Además del temor profundamente sembrado de que la isla nunca recuperará el acceso a los mercados financieros —en los que el gobierno ha dependido tanto en adelante y lo que le llevó a la isla a su peor depresión económica— hay poca o casi nada de voluntad política para investigar y auditar la deuda contraída por las actuales y antiguas administraciones. Sin embargo, el pueblo de Puerto Rico viene exigiendo una auditoría integral de la deuda por años, que incluye evaluar su legalidad e identificar a todas las partes responsables (tanto públicas como privadas). El Frente Ciudadano por la Auditoría de la Deuda, una alianza de base ampliamente compuesta de sectores de la sociedad encabeza el reclamo de una auditoría forense que ayudaría a los puertorriqueños a entender qué es lo que se les está pidiendo pagar, cómo se usó la deuda y para qué fines, y quiénes son los responsables en dejar acumular tanta deuda para entonces decidir qué es lo que debe pagarse. Ya que son los/as ciudadanos/as de Puerto Rico quienes que se quedan con la factura de la deuda, a pesar de que no son los/as que endeudaron, el pueblo puertorriqueño busca aclarar entonces cuál es su responsabilidad en pagarla. Una auditoría de deuda puede ser solo el primer paso para declarar que la deuda es odiosa y podría desempeñar un papel integral en la identificación de transacciones financieramente riesgosas o poco éticas.

La deuda de Puerto Rico debe ser declarada odiosa porque no hay nada más odioso que ser una colonia. Un principio fundamental de la doctrina de la deuda odiosa es que el contexto político en el que la deuda surge es un factor crucial para determinar su legitimidad. Esto fue clave para los Estados Unidos al repudiar la deuda colonial de España. La deuda que se acumula para preservar la colonización o para mantener a los sujetos coloniales se conoce como deuda subyugada. Cuando consideramos por qué Puerto Rico se vio obligado a pedir prestado tanto dinero con términos desastrosos y recurrir a acreedores nefastos y empresas con una larga trayectoria de causar desastres económicos, es porque, como colonia, Puerto Rico no tiene acceso a otros mercados o lugares donde podría negociar préstamos con términos más favorables o incluso comercio. Deudas acumuladas por un régimen opresivo son automáticamente sospechosas, pero ¿qué pasa cuando una colonia carente de soberanía y autoridad económica propia recurre a los préstamos nefastos para sobrevivir? ¿Deberíamos suponer que es legítimo? A pesar de la narrativa prevaleciente que Puerto Rico debe pagar lo que debe, ¿quién en realidad es el responsable? Si Puerto Rico no puede ejercer control sobre su futuro económico o negociar con total autonomía, ¿cómo puede haber una negociación informada?

Puerto Rico no puede renegociar su deuda solo, ni puede buscar otras fuentes de financiamiento o recurrir a mecanismos regionales y foros internacionales que pudieran haberle ofrecido mejores términos y condiciones. Además, la Corte Suprema de los Estados Unidos confirmó el estatus colonial de Puerto Rico en 2016 en un fallo, días antes de ser aprobada PROMESA, dándole al Congreso carta blanca bajo sus poderes plenarios para redactar una legislación que profundizó la subordinación política de la isla a los intereses económicos de los Estados Unidos. Como resultado, la Junta de Control Fiscal gobierna ahora sobre Puerto Rico, privando así a los puertorriqueños incluso más allá de solo sus derechos civiles y políticos. Con la imposición de la Junta y su objetivo declarado de insistir en las medidas de austeridad para asegurar el reembolso a los acreedores, los derechos sociales, culturales y económicos de los puertorriqueños continúan siendo violentados sin fin, a pesar de los llamados desde las Naciones Unidas para que el gobierno federal renuncie a esas políticas equivocadas.

La deuda de Puerto Rico es odiosa porque perpetúa el colonialismo. Lo hace financiando regímenes coloniales y apoyándolos para la extracción económica al servicio de otras naciones o instituciones financieras. En este momento histórico y político de nuestra sociedad global, el colonialismo y los legados coloniales de deuda que crean deben ser ampliamente repudiados, junto con los mecanismos y estructuras que los financian para sacar provecho de su crisis política y económica perpetua.

Rima Brusi e Isar Godreau

Traducido por Nicole Delgado

Desmantelando la educación pública en Puerto Rico

El huracán María fue un duro golpe para el sistema de educación pública de Puerto Rico.[1] Las escuelas K-12 de la isla sufrieron daños calculados en $142 millones, y los recintos de la Universidad de Puerto Rico (UPR), en $133 millones.[2] Poco después de la tormenta, aquellos estudiantes, maestros, familiares y administradores con acceso y transportación se apresuraron a ayudar a limpiar los escombros, techos caídos y ventanas rotas, a rescatar bibliotecas y equipos dañados por el agua. Los efectos de María, sin embargo, fueron más profundos que este impacto material inmediato: la tormenta sirvió además como una excusa conveniente para acelerar e intensificar el proceso de reducción y debilitamiento del sector público a favor de intereses privados y corporativos, un proceso que había comenzado mucho antes de que la tormenta se anunciara en pronósticos meteorológicos y noticias.

Dos años antes del huracán, en 2015, Puerto Rico capturó la atención del New York Times y otros medios de comunicación cuando el entonces gobernador Alejandro García Padilla declaró públicamente

---

[1] Parte del contenido de este capítulo ha sido publicado anteriormente en *Nation* y *80 Grados*.

[2] Kyra Gurney, "Kids Are Back in School in Puerto Rico. But Hurricane María's Effects Still Linger", *Miami Herald*, 14 de agosto de 2018, https://www.tampabay.com/news/education/Kids-are-back-in-school-in-Puerto-Rico-But-Hurricane-Maria-s-effects-still-linger_170882206; Claire Cleveland, "Without Researchers or Funds, Puerto Rico Universities Grapple with Future after Hurricane María", *Cronkite News*, 4 de mayo de 2018, https://cronkitenews.azpbs.org/2018/05/04/puerto-rico-universities-grapple-with-future-after-hurricane-Maria/.

que la deuda de bonos de \$72 mil millones de la isla era "impagable" y anunció que su gobierno buscaría obtener "concesiones significativas" de los bonistas tenedores de la deuda.[3] Poco después, el Grupo Ad Hoc de Accionistas de Bonos de Obligación General de Puerto Rico —compuesto principalmente por fondos de cobertura que habían comprado deuda de alto riesgo y alto interés a bajo precio, ejerciendo presión contra cualquier forma de bancarrota o alivio para el territorio—comisionó un informe para analizar la crisis.[4] El informe destacaba una serie de recomendaciones para el gobierno de Puerto Rico, basadas explícitamente en dos supuestos: (1) que los problemas financieros de Puerto Rico son "remediables" porque no surgen de un "problema de deuda" propiamente dicho, sino de una mala administración financiera, y (2) que la propuesta del gobernador de conseguir concesiones de los inversionistas planteaba riesgos legales y financieros significativos y, por lo tanto, Puerto Rico debía enfocarse en pagar completamente su deuda. El informe, escrito por tres personas vinculadas al Fondo Monetario Internacional y titulado "For Puerto Rico, There's a Better Way / Para Puerto Rico, hay una mejor manera", incluye cuatro recomendaciones de "medidas de reforma fiscal", dos de las cuales tienen que ver con el sistema de educación pública. Una de las propuestas planteaba reducir el número de maestros en el sistema K – 12, la otra, reducir significativamente los fondos asignados a la Universidad de Puerto Rico (de aquí en adelante UPR), fondos que los autores caracterizan como un "subsidio".

Al año siguiente, dos eventos importantes cambiaron dramáticamente la situación política y fiscal de Puerto Rico. García Padilla perdió las elecciones generales ante el candidato estadista Ricardo Rosselló, cuya plataforma incluía una promesa de pago a los tenedores de bonos. Por otra parte, el Congreso de los Estados Unidos aprobó la ley PROMESA, que estableció una Junta de Supervisión y

---

[3] Michael Corkery y Mary Williams Walsh, "Puerto Rico's Governor Says Island's Debts Are 'Not Payable,'" *New York Times*, 28 de junio de 2015, https://www.nytimes.com/2015/06/29/business/dealbook/puerto-ricos-governor-says-islands-debts-are-not-payable.html.

[4] Sheeraz Raza, "For Puerto Rico, There Is a Better Way", *ValueWalk*, 27 de julio de 2015, https://www.valuewalk.com/2015/07/for-puerto-rico-there-is-a-better-way/.

Administración Fiscal, compuesta por siete miembros no electos y conocida localmente como "la Junta".[5] La Junta tiene poderes casi absolutos sobre las finanzas de Puerto Rico y puede revocar leyes locales que interfieran con la implementación de las medidas de austeridad fiscal. Poco después de su primera reunión oficial en Wall Street, los miembros de la Junta se enfocaron tanto en el sistema público K-12 como en el sistema de educación superior pública de Puerto Rico, siguiendo casi al pie de la letra las "recomendaciones" del informe *Better Way*: el gobernador Rosselló anunció formalmente que los cierres de escuelas que se habían iniciado durante las administraciones anteriores se intensificarían, impactando a casi la mitad de las escuelas de la isla. Asimismo, la Junta de Control Fiscal (JCF) exigió que la universidad recortara aproximadamente un tercio de su presupuesto general.[6]

De modo que, a principios de 2017, antes de que el huracán María tocara tierra en la ciudad sureña de Yabucoa el 20 de septiembre, las escuelas públicas K-12 de Puerto Rico y los once recintos universitarios públicos ya enfrentaban un futuro incierto. Cuando el huracán dio un golpe devastador a la infraestructura de la educación pública de la isla, el sistema ya estaba bajo el asedio de las políticas económicas de austeridad que redujeron el presupuesto de infraestructura, equipos y personal docente. Después del huracán, los esfuerzos de recuperación no frenaron el proceso de desmantelamiento de las escuelas y universidades públicas de Puerto Rico; más bien, lo aceleraron.

La "reforma" educativa

El proceso de desfalcar progresivamente la educación pública antes y después de la tormenta requirió de tecnócratas y burócratas al-

---

[5] Joanisabel González, "Ricardo Rosselló buscará pagar la deuda del País", *El Nuevo Día*, 14 de agosto de 2016, https://www.elnuevodia.com/negocios/economia/nota/ricardorossellobuscarapagarladeudadelpais-2230317/; Susan Cornwell y Nick Brown, "Puerto Rico Oversight Board Appointed", *Reuters*, 31 de agosto de 2016, https://www.reuters.com/article/us-puertorico-debt-board-idUSKCN11628X.

[6] Rima Brusi, Yarimar Bonilla, e Isar Godreau, "When Disaster Capitalism Comes for the University of Puerto Rico", *Nation*, 20 de septiembre de 2018, https://www.thenation.com/article/when-disaster-capitalism-comes-for-the-university-of-puerto-rico/.

tamente remunerados, comprometidos con la implementación de las decisiones "difíciles" recomendadas por la Junta y los beneficiarios de PROMESA. Rosselló había elegido a Julia Keleher para el puesto de secretaria de educación a fines del 2016. Durante los cuatro años previos a su nombramiento, la firma de consultoría educativa de Keleher, Keleher and Associates, recibió casi $1 millón en contratos para "diseñar e implementar reformas educativas" en Puerto Rico.[7] Los resultados de esos esfuerzos nunca se notificaron al público, pero el gobernador justificó su salario como secretaria, el doble del de sus predecesores, apelando a sus credenciales y "destrezas de clase mundial".[8]

Tras convertirse en secretaria de educación, y especialmente después del huracán, Keleher y su departamento no solo aceleraron el ritmo del cierre de las escuelas, amparándose en la migración provocada por el huracán, sino que también, con la ayuda de la oficina de la secretaria de Educación de los EE. UU., Betsy DeVos, produjeron un proyecto de ley de reforma educativa explícitamente diseñado para potenciar la "libre selección" escolar a través de la oferta de escuelas chárter y un programa de vales educativos.[9] Críticos y activistas expresaron su oposición rápidamente. En las vistas públicas del Senado previas a la aprobación del proyecto de ley, el decano de educación de la UPR testificó en contra de la adopción generalizada de escuelas chárter utilizando argumentos basados en la literatura académica sobre el tema. Poco después, fue removido de su cargo.[10] Rosselló firmó la ley unos meses después del huracán

---

[7] Kelia López Alicea, "A Defense for Keleher's Contract", *El Nuevo Día*, 15 de febrero de 2017, https://www.elnuevodia.com/english/english/nota/adefenseforkeleherscontract-2291546/.

[8] Metro Puerto Rico, "Rosselló afirma que Julia Keleher es una profesional de calibre 'global'", 8 de marzo de 2018, https://www.metro.pr/pr/noticias/2018/03/08/rossello-afirma-julia-keleher-una-profesional-calibre-global.html.

[9] Ley de Reforma Educativa de Puerto Rico, PR.gov, 29 de marzo de 2018, http://www2.pr.gov/ogp/BVirtual/LeyesOrganicas/pdf/85–2018.pdf.

[10] Laura M. Quintero, "Sacan al decano de la Facultad de Educación", *El Vocero*, 3 de octubre de 2018, https://www.elvocero.com/educacion/sacan-al-de-cano-de-la-facultad-de-educaci-n/article_988c10f8-2405-11e8-a9b9-a3a-33b30498a.html.

María, en marzo de 2018.[11] Una segunda ley, promulgada en junio del mismo año, facilita la creación y flexibiliza la permisología para establecer las llamadas "iglesias-escuela". Los defensores de esta ley la celebraron por considerar que combinaba la "libertad religiosa" y la "libre selección escolar".[12] Así las cosas, el gobierno le alquiló a una iglesia evangélica una de las escuelas cerradas, anteriormente llamada "Julia de Burgos" en honor a una de las poetas nacionales de Puerto Rico, por un dólar al mes.[13] La iglesia convirtió el plantel en una escuela privada, la renombró "Fountain Christian Bilingual School" y, como parte de la remodelación del edificio, pintó y destruyó un mural histórico creado en 1966 por el reconocido artista puertorriqueño José Torres Martinó.

El incidente —la privatización de una escuela pública, el cambio del nombre de una poeta puertorriqueña a un nombre religioso en inglés, y la destrucción de una valiosa obra de arte—, puede leerse como una metáfora reveladora de la transformación del sistema escolar público y evidencia la incompetencia cultural admitida por la propia Keleher.[14] De hecho, en decisiones que nos recuerdan las acciones de los gobiernos coloniales no electos de principios del siglo XX (por ejemplo, reemplazar el español por el inglés como idioma de instrucción y castigar el uso de la bandera de Puerto Rico en los planteles escolares), la secretaria también eliminó la Semana Puertorriqueña del plan de estudios oficial del Departamento de Educación y reclutó candidatos para puestos de liderazgo de alto nivel en los cincuenta estados de los EEUU, en lugar de hacerlo en Puerto Rico.[15]

---

[11] Daniel Rivera Vargas, "Rosselló convierte en ley la reforma educativa", *Primera Hora*, 29 de marzo de 2018, https://www.primerahora.com/noticias/gobierno-politica/notarosselloconvierteenleylareformaeducativa-1275122/.

[12] *Índice*, "Firma ley que exime Iglesias Escuela de regulación estatal", 7 de junio de 2017, http://www.indicepr.com/noticias/2017/06/07/news/70913/firma-ley-que-exime-iglesias-escuela-de-regulacion-estatal/.

[13] *NotiCel,* "Nueva escuela de Font 'destruye' obra de arte", 12 de abril de 2018, https://www.noticel.com/ahora/educacion/nueva-escuela-de-font-borra-obra-de-arte/728692114.

[14] *NotiCel,* "Keleher discute con maestros durante taller de capacitación", 9 de marzo de 2018, https://www.noticel.com/ahora/educacion/keleher-discute-con-maestros-durante-taller-de-capacitacin/713826409.

[15] Ayala César y Rafael Bernabe, *Puerto Rico in the American Century* (Chapel Hill: The University of North, Carolina Press, 2007); Félix Cruz, "Keleher

Los funcionarios del gobierno llamaron la nueva ley "la reforma educativa". En cierto modo, el nombre es apropiado: cuando Pedro Roselló, padre de Ricardo Roselló, era gobernador (1992-2000) privatizó el sistema de salud pública en Puerto Rico, nombrando tanto el nuevo sistema como la ley que lo creó "la reforma de salud". Es difícil no leer la "reforma educativa" de Keleher, que consiste principalmente en la creación de escuelas charter y sistemas de vales educativos, como otra cosa que no sea la privatización a gran escala del sistema educativo. El proyecto es, además, frustrantemente impreciso en algunos asuntos clave, tales como el impacto de la ley sobre estudiantes de educación especial.

El tema de los estudiantes con necesidades especiales es crucial. A diferencia de los cincuenta estados de Estados Unidos, donde aproximadamente el 13% del cuerpo estudiantil recibe servicios de educación especial, en Puerto Rico el 40% de la población estudiantil requiere de estos servicios.[16] Pero la investigación académica sugiere que las escuelas chárter tienen menos probabilidades de admitir y retener estudiantes con capacidades diferentes que las escuelas públicas tradicionales.[17]

Según Keleher y otros funcionarios del gobierno, los cierres de escuelas están justificados porque la población estudiantil se redujo considerablemente después del huracán y porque las escuelas cerradas no estaban educando a sus estudiantes de manera efectiva. Sin embargo,en algunas de las escuelas que cerraron, el número de estudiantes no había disminuído significativamente. De hecho algunos críticos argumentan que cerrar las escuelas del vecindario puede convertirse en una causa y no necesariamente en un resultado de la migración, sobre todo para familias que viven por debajo del umbral

---

elimina la Semana de la Puertorriqueñidad", *El Post Antillano*, 2 de agosto de 2017, http://elpostantillano.net/cultu- ra/19903–2017–08–02–17–08–12.html.

[16] National Center for Education Statistics, "Children and Youth with Disabilities", abril de 2018, https://nces.ed.gov/programs/coe/indicator_cgg. asp; Agencia EFE, "Se cuadruplican estudiantes de educación especial en Puerto Rico en 10 años", *Primera Hora*, 15 de diciembre de 2015, https://www.prime-rahora.com/noticias/mundo/nota/secuadruplicanestudiantesdeeducaciones-pecialenpuertoricoen10anos-1126676

[17] Mary Bailey Estes, "Choice for All? Charter Schools and Students with Special Needs", *Journal of Special Education* 37 (2004): 257–67.

de pobreza y carecen de transporte adecuado para llevar a sus hijos a otras escuelas más distantes.[18] Algunas de las escuelas cerradas habían sido previamente descritas como "excelentes" por el propio Departamento de Educación, y algunas de las escuelas receptoras carecen de las instalaciones necesarias para dar cabida a una mayor población estudiantil.[19] Esto último condujo al uso de contenedores (proporcionados por un contratista privado pagado con fondos de FEMA para asistencia de emergencia de huracanes) para alojar a los estudiantes, lo que excluye efectivamente a algunos estudiantes con discapacidades que requieren adaptaciones especiales, y a la implementación de horarios más cortos (el llamado "interlocking") que reducen las actividades académicas de los estudiantes.

Reforma universitaria: el "rightsizing" de la educación superior

Un patrón similar de eventos se desarrolló con la educación superior pública. Antes de que el huracán María afectara su infraestructura en 2017, el sistema de la UPR ya enfrentaba recortes presupuestarios draconianos impuestos por la Junta. En enero de 2017, los miembros de la Junta ya habían hecho declaraciones sobre la necesidad de recortar significativamente el presupuesto de la universidad pública. Los números cambiaban con frecuencia: primero $350 millones, luego $450 millones, luego $500 millones.[20] Nunca hicieron público el razonamiento detrás de cada cálculo, pero los recortes representaban aproximadamente un tercio del presupuesto total del

---

[18] TeleSur, "¿Por que el Gobierno de Puerto Rico cerrará 300 escuelas?", 16 de febrero de 2018, https://www.telesurtv.net/news/cierran-escuelas-puerto-ri- co-20180216-0040.html; Nydia Bauzá, "Fuerte oposición a la clausura de escuelas", *Primera Hora*, 8 de abril de 2018, https://www.primerahora. com/noticias/gobierno-politica/nota/fuerteoposicionalaclausuradeescuelas-1276720/.

[19] Laura M. Quintero, "En lista de cierre 56 escuelas de excelencia", *El Vocero*, 14 de abril de 2018; El Nuevo Día, "Educación comienza a instalar vagones en los que se dará clases en las escuelas", 8 de agosto de 2018, https:// www.elnuevodia. com/noticias/locales/notaeducacioncomienzaainstalarvagonesenlosquesedaraclasesenlasescuelas-2440195/.

[20] Juan Giusti Cordero, "El misterio de los $450 + millones y la UPR", *80 Grados*, 23 de junio de 2017, https://www.80grados.net/el-misterio-de-los-450-millones-y-la-upr/.

sistema. Tras ignorar las recomendaciones y los planes fiscales alternativos elaborados por el liderazgo de la universidad y por grupos de estudiantes y docentes, la Junta impuso su propio plan en abril de 2018, duplicando inmediatamente el costo de matrícula, con aumentos progresivos de hasta 175%.[21] El plan también hablaba de una "consolidación de recintos", un eufemismo para un proceso que podría implicar el cierre de recintos y reducciones drásticas en el número de estudiantes, la facultad, y el personal no-docente.[22] Irónicamente, el gobierno de Puerto Rico está obligado por ley a cubrir los gastos de la Junta, que ascendieron a $31 millones durante solo los primeros diez meses y se prevé que lleguen a más de $300 millones en cinco años.[23]

Tras el paso del huracán, en lugar de apresurarse a reparar y fortalecer esta institución crucial para el desarrollo socioeconómico de Puerto Rico, el gobierno federal y local parecía empeñado en dañar aún más el sistema universitario público de la isla. La Junta no solo ha duplicado el costo de la matrícula en un territorio con altas tasas de pobreza y desempleo, sino que también ha eliminado las exenciones que tradicionalmente se les ofrecen a los atletas, miembros del coro y otros estudiantes que prestan servicios a la universidad, todo ello en una institución que durante más de un siglo ha representado la vía principal para la movilidad social en la isla.[24]

---

[21] *Sin Comillas*, "Profesores del RUM presentan un Plan Fiscal sostenible para la UPR", 5 de marzo de 2018, http://sincomillas.com/profesores-del-rum-presentan-un-plan-fiscal-sostenible-para-la-upr/; Kelia López Alicea, "Fiscal Blow to the UPR", *El Nuevo Día*, April 25, 2018, https://www.elnuevodia.com/ english/english/nota/fiscalblowtotheupr-2417518/.

[22] Universidad de Puerto Rico, "New Fiscal Plan for University of Puerto Rico", October 21, 2018, http://www.upr.edu/wp-content/uploads/2018/10/Fiscal-Plan-21-oct-2018-.pdf.

[23] Univision, "Junta de Supervision Fiscal gastó casi 31 millones de dólares en 10 meses", 1 de agosto de 2017, https://www.univision.com/puerto-rico/wlii/noticias/junta-de-control-fiscal/junta-de-supervision-fiscal-gasto-casi-31-millones-de-dolares-en-10-meses; Jose A. Delgado, "Junta Control Fiscal costará cientos de millones de dólares", *El Nuevo Día*, 4 de junio de, 2016, https:// www.elnuevodia.com/noticias/politica/nota/juntacontrolfiscalcostaracientosdemillonesdedolares-2206623/.

[24] Walter Díaz, "Universidad y Capital Humano: Clase Social y Logro Educativo en Puerto Rico", *Centro Universitario para el Acceso, Universidad de Puerto Rico, recinto de Mayagüez*, abril (2010).

El tamaño, el alcance y el ritmo de los recortes presupuestarios exigidos por la Junta aumentaron después del huracán y se presentaron eufemísticamente como una "restructuración" (*rightsizing*) de casi $550 millones en cinco años.[25] El gobierno federal hizo poco para mitigar la difícil situación que produjo la combinación del huracán y las medidas de austeridad que defendía la Junta. En las semanas posteriores al huracán María, el Departamento de Educación de los EE. UU. hizo disponibles $41 millones para apoyar a los estudiantes de universidades afectadas por el huracán, de los cuales el sistema UPR recibió solo el 20%.[26] A modo de comparación, en 2005 las instituciones en Louisiana y Mississippi accedieron a $190 millones después del huracán Katrina. Algunos activistas señalaron que el diseño de los formularios y el proceso de solicitud hacía oneroso, incluso imposible, para los recintos de la UPR solicitar la mayoría de los fondos, sin energía eléctrica y en medio de los esfuerzos de reconstrucción.[27] Para colmo de males, una porción considerable de los fondos de María fue otorgada a instituciones que no habían sido afectadas directamente por la tormenta, incluyendo universidades privadas fuera de la isla, como New York University e incluso algunas con fines de lucro como Grand Canyon University, a cambio de albergar a un número relativamente pequeño de estudiantes de Puerto Rico y otros territorios o estados afectados por los huracanes Irma y María.

Además de asignar pocos fondos para reconstruir la UPR, el gobierno federal también ha recortado, sin mayor explicación, programas esenciales de ayuda para los estudiantes, tales como las sub-

---

[25] Keria López Alicea, "La Junta recorta 10% de los gastos de la UPR", *El Nuevo Día*, 25 de abril de 2018, https://www.elnuevodia.com/noticias/locales/nota/ lajuntarecorta10delosgastosdelaupr-2417425/.

[26] Erica L. Green y Emily Cochrane, "In Devastated Puerto Rico, Universities Get Just a Fraction of Storm Aid", *New York Times*, 1 de mayo de 2018, https:// www.nytimes.com/2018/05/01/us/politics/hurricane-Maria -puerto-rico-emergency-aid.html.

[27] Rafael Medina, "Release: CAP Submits Comments Denouncing DeVos for Ripping Off Puerto Rico's IHEs; Calls on DeVos to Abandon the Form-Based Process and Provide Guidance in Spanish", *Center for American Progress*, 6 de abril de 2018, https://www.americanprogress.org/press/ release/2018/04/06/449155/release-cap-submits-comments-denouncing-de- vos-ripping-off-puerto-ricos-ihes-calls-devos-abandon-form-based-process-provide-guidance-spanish/.

venciones de "estudio y trabajo". En Puerto Rico, donde la mediana de ingreso familiar anual es inferior a $20,000, estas políticas son particularmente perjudiciales para los estudiantes de bajos ingresos, quienes probablemente tendrán que dejar la universidad para trabajar a tiempo parcial y obtener un ingreso que les permita subsistir.[28]

La Junta no ha ofrecido ninguna explicación sobre por qué atacó, desde el principio, al sistema UPR con recortes tan drásticos. Es una decisión extraña, teniendo en cuenta que la UPR es uno de los principales recursos de movilidad social, que aporta a la economía local y además es una de las entidades públicas que históricamente ha manejado mejor su propia deuda.[29] Perjudicar tan implacablemente la función y misión de la universidad pública parece tener poco sentido, en términos económicos, para Puerto Rico en esta coyuntura histórica. Se esperaría que el gobierno facilite y aliente las iniciativas de investigación en todas las áreas después del huracán María, desde la creación de nuevas tecnologías solares hasta el tratamiento del trauma social.[30] La UPR constituye un centro fundamental para la investigación, ya que genera más del 70% de la producción de investigación científica en la isla.[31] A pesar de que el profesorado trabaja bajo condiciones menos favorables que muchos docentes en los Estados Unidos continentales, con mayores cargas de enseñanza y menos recursos, la UPR cuenta con una facultad de talla mundial que incluye a humanistas y científicos galardonados, y ha sido un espacio clave de innovación científica y pensamiento crítico. Si bien muchas universidades en los Estados Unidos luchan por aumentar la cantidad de graduados de carreras STEM (ciencias, tecnología, ingeniería

---

[28] United States Census Bureau, "Population Estimates", 1 de julio de 2018 (V2018)", https://www.census.gov/quickfacts/pr

[29] Eduardo Berríos Torres, "La verdad sobre el Plan de Retiro de la UPR", *El Nuevo Día*, 11 de septiembre de 2018, https://www.elnuevodia.com/opinion/columnas/laverdadsobreelplanderetirodelaupr-columna-2446483/.

[30] Brusi, Rima, Yarimar Bonilla, and Isar Godreau. "When Disaster Capitalism Comes for the University of Puerto Rico," September 20, 2018. https://www.thenation.com/article/archive/when-disaster-capitalism-comes-for-the-university-of-puerto-rico/.

[31] José I. Alameda-Lozada y Alfredo González-Martínez, "El impacto socio-económico del sistema de la Universidad de Puerto Rico", *Occasional Papers*, num. 7 (2017) http://www.estudiostecnicos.com/pdf/occasionalpapers/2017/ OP-No-7-2017.pdf

y matemáticas/"science, technology, engineering and mathematics", por sus siglas en inglés), particularmente entre el estudiantado latinx, la UPR figura entre las escuelas que gradúan más estudiantes STEM a nivel de bachillerato y posgrado en todo Estados Unidos.[32] Además, la UPR tiene y administra hospitales, museos, teatros y bibliotecas públicas. También prepara a los mejores maestros de K–12 en la isla.[33] Es una institución "Land Grant" y "Sea Grant", y como tal opera jardines botánicos, ofrece servicios de extensión agrícola y mantiene programas para ayudar a proteger y utilizar de manera responsable las zonas costeras.

Tomando en cuenta la profundidad y el alcance del impacto positivo de la universidad en la economía y la sociedad de Puerto Rico y el objetivo expresado de PROMESA de promover el desarrollo económico para Puerto Rico, se esperaría que la Junta salvaguardara a la UPR de las medidas de austeridad, no que la convirtiera en su primer blanco de ataque. La facultad y los estudiantes de la institución tienen algunas ideas sobre los posibles motivos para esto. El enfoque de la Junta ha sido la austeridad, no el desarrollo económico. La justificación neoliberal de La Junta es que trasladar las inversiones de manos públicas a manos privadas tendrá, por filtración, efectos positivos en la economía. Sin embargo, la universidad pública ha sido históricamente un espacio de resistencia a este tipo de reforma neoliberales, cuyos fracasos han sido abiertamente cuestionados y descritos por expertos de la facultad, por estudiantes y por trabaja-

---

[32] Kimberly Leonard, "Building a Latino Wave in STEM", *US News and World Report*, 19 de mayo de 2016, https://www.usnews.com/news/articles/2016-05-19/building-a-latino-wave-in-stem; Deborah Santiago, Morgan Taylor, Emily Calderón Galdeano, "Finding your Workforce: Latinos in Science, Technology, Engineering, and Math (STEM)-Linking College Completion with US Workforce Needs-2012-2013", (Washington, DC: Excelencia in Education, 2015). https://www.edexcelencia.org/research/publications/finding-your-workforce-top-25-institutions-graduating-latinos

[33] María de los Angeles Ortiz, "Informe final presentado al Consejo de Educación Superior de PR sobre indicadores de calidad en los programas de preparación de maestros en cuatro IES en Puerto Rico", *Division de Investigacion y Documentacion sobre la Educación Superior del Consejo de Educación Superior de Puerto Rico* (Oritz, Lord, Hope & Associates, 2006); "Ejemplares 8 programas de Preparación de Maestros de la UPR" ultima modificación 18 de enero de 2017, https://www.metro.pr/pr/noticias/2017/01/18/ejemplares-8-programas-preparacion-maestros-upr.html

dores. De hecho, en términos generales la educación superior está fuertemente relacionada con mayor participación política, y un estudio reciente realizado en Puerto Rico por Yarimar Bonilla, una de las editoras de este libro, encontró que existe mucho más "conocimiento político" entre quienes han asistido a universidades públicas, en comparación con personas graduadas de instituciones privadas.[34] El papel de la UPR en los movimientos políticos en la isla representa así una amenaza para la desprestigiada Junta de Control Fiscal. La UPR es conocida además por tener, a través de la historia, un movimiento estudiantil robusto, que ha protestado vigorosamente contra la intervención colonial desde 1948 y encabezado la resistencia nacional a las medidas de austeridad en 1984 y 2010, y más recientemente contra la propia Junta en 2017.[35] Debilitar a la UPR, y por consecuencia su potencial de resistencia, sin duda favorece a un organismo gubernamental cuyo objetivo es reducir los recursos públicos.

La profundidad y el alcance del impacto positivo de la universidad en la economía y la sociedad de Puerto Rico desafían a una agenda de austeridad y mercantilización del desastre que atenta contra el desarrollo de las mentes más jóvenes y brillantes de Puerto Rico, sofocando así la economía. Tener un grupo altamente educado entre las filas de los trabajadores desempleados o con salario mínimo representa un problema para un plan enfocado en la austeridad y la transferencia de fondos públicos a manos privadas, a expensas del desarrollo económico y el bienestar social.

[34] D. Sunshine Hillygus, "The Missing Link: Exploring the Relationship between Higher Education and Political Engagement", *Political Behaviour* 27, no. 1 (2005); Jim Patterson, "Education Is the Key to Promoting Political Participation: Vanderbilt Poll", Research News @Vanderbilt, 25 de junio de 2012, https://news.vanderbilt.edu/2012/06/25/education-key-to-promoting-political-participation/.

[35] Juan Carlos Castillo, "Las huelgas estudiantiles de la UPR, aquellas que se repiten y continúan (Parte 1)", *Diálogo UPR*, 30 de junio de 2015, http:// dialogoupr.com/las-huelgas-estudiantiles-de-la-upr-aquellas-que-se-repit- en-y-continuan-parte-i/; Rima Brusi-Gil de Lamadrid, "The University of Puerto Rico: A Testing Ground for the Neoliberal State", *NACLA Report on the Americas*, 12 de mayo de 2011, https://nacla.org/article/university-puerto-rico-testing-ground-neoliberal-state; Cynthia López Cabán, "La mayoría de los recintos de la UPR están en huelga indefinida", *El Nuevo Día*, 6 de abril de 2017, https://www.elnuevodia.com/noticias/locales/nota/lamayoriadelosrecintosdelauprestanenhuelgaindefinida-2307616/.

DEL BIEN PÚBLICO AL BENEFICIO PRIVADO

Los ataques contra la UPR y el sistema escolar público no deben mirarse de forma aislada. Hay que tener en cuenta que justo después del huracán María, muchas empresas privadas no puertorriqueñas recibieron grandes contratos para llevar a cabo el proceso de reconstrucción, a menudo con resultados desastrosos.[36] Ahora hay planes en marcha para vender la corporación pública de energía eléctrica de Puerto Rico, al mismo tiempo que el gobierno invita a los fondos de cobertura y a los empresarios de *blockchain* a invertir en Puerto Rico.[37] El gobierno también parece estar mercadeando áreas protegidas de alto valor ecológico, y parte del presupuesto de la educación pública se canalizará a las arcas de las escuelas privadas y chárter.[38] Todas estas transformaciones deben entenderse como parte de una toma de control amplia y violenta del capitalismo del desastre, donde aquellos que se beneficiarán de la tragedia de Puerto Rico cosechan ganancias de dos desastres consecutivos: la deuda impagable de Puerto Rico (alrededor de $72 billones en bonos y $50 billones en pensiones), y los huracanes Irma y María, con daños estimados de $90 billones(incluyendo $133 millones en daños a la UPR) y un saldo de miles de muertos.[39]

---

[36] Vann R. Newkirk II, "The Puerto Rican Power Scandal Expands", *Atlantic*, 3 de noviembre de 2017, https://www.theatlantic.com/politics/archive/2017/11/ puerto-rico-whitefish-cobra-fema-contracts/544892/; Patricia Mazzei and Agustin Armendariz, "FEMA Contract Called for 30 Million Meals for Puerto Ricans. 50,000 Were Delivered", *New York Times*, 6 de febrero de 2018, https://www.nytimes.com/2018/02/06/us/fema-contract-puerto-rico.html.

[37] Dawn Giel y Seema Mody, "Puerto Rico Lures Blockchain Industry to Help Fund Its Comeback", *CNBC*, 16 de marzo de 2018, https://www.cnbc.com/2018/03/16/puerto-rico-lures-blockchain-industry-to-help-fund-its- comeback.html.

[38] Gerardo E. Alvarado Leon, "El gobierno mercadea 17 terrenos protegidos", *El Nuevo Día*, 10 de mayo de 2018, https://www.elnuevodia.com/noticias/locales/ nota/elgobiernomercadea17terrenosprotegidos-2421335/.

[39] Daniel Uria, "Hurricane María Caused $90B of Damage in Puerto Rico", *UPI*, 9 de abril de 2018, https://www.upi.com/Hurricane-Maria -caused-90B- of-damage-in-Puerto-Rico/6421523309427/; Claire Cleveland, "Without Researchers or Funds, Puerto Rico Universities Grapple with Future after Hurricane María", *Cronkite News*, 4 de mayo de 2018, https://cronkitenews.azpbs. org/2018/05/04/puerto-rico-universities-grapple-with-future-after-hurricane-Maria/.

¿Cómo se manifestará el capitalismo de desastre en el contexto de las escuelas públicas y los recintos universitarios? Algunas de sus implicaciones son bastante predecibles. En una isla donde más del 40% de la población y más del 50% de los niños viven bajo el umbral de pobreza, los estudiantes más afectados por los recortes son precisamente los más necesitados.[40] Esto se debe, no solo a la posible exclusión de estudiantes de educación especial de las escuelas chárter o al aumento en el costo de matrícula de la universidad, sino también a que algunas de las escuelas cerradas y los recintos más pequeños que parecen destinados al cierre atienden en gran medida a estudiantes de bajos ingresos en los municipios con mayor índice de pobreza. Es probable que estos estudiantes abandonen la escuela, migren o sean absorbidos por la industria de escuelas chárter o de las universidades con fines de lucro.

En general, las empresas universitarias con fines de lucro cabildean fuerte y exitosamente para disminuir regulaciones y limitar el escrutinio público en el ámbito de la educación superior, y las instituciones de este tipo que atienden a estudiantes puertorriqueños/as no son una excepción.[41] Por ejemplo, un sistema universitario puertorriqueño de gran tamaño, que ha operado tradicionalmente en la isla como una empresa sin fines de lucro, ha desarrollado un ala comercial, con fines de lucro, reclutando a estudiantes puertorriqueños que se han mudado a Florida, y varias universidades con fines de lucro compiten actualmente por un contrato para hacerse cargo de la Academia de Policía de Puerto Rico.[42] En este contexto, es

---

[40] United States Census Bureau, "Population Estimates, 1 de julio de 2018 (V2018)", https://www.census.gov/quickfacts/pr; Bianca Faccio, "Left Behind: Poverty's Toll on the Children of Puerto Rico", *Child Trends*, 28 de marzo de 2016, https://www.childtrends.org/left-behind-povertys-toll-on-the-children-of-puerto-rico; Rima Brusi, Walter Díaz, y David González, "So Close and So Far: 'Merit,' Poverty, and Public Higher Education in Puerto Rico", *Revista de Ciencias Sociales*, 2010, https://revistas.upr.edu/index.php/rcs/article/ view/7470/6074.

[41] Michelle Chen, "Why Are New York's Public Funds Going to For-Profit College Tuition?", *Nation*, 5 de abril de 2018, https://www.thenation.com/article/why-are-new-yorks-public-funds-going-to-for-profit-college-tuition/.

[42] Brook v. Sistema Universitario Ana G. Mendez, Inc., 8.17 (M.D. Fla. Nov. 20, 2017); Keila López Alicea, "Una universidad entrenaria a los futuros policias", *El Nuevo Día*, 6 de julio de 2018, https://www.elnuevodia.com/noticias/seguridad/nota/unauniversidadentrenariaalosfuturospolicias-2433190/.

muy revelador que la única representante (sin voto) de Puerto Rico en la Cámara de Representantes de Estados Unidos, la Comisionada Residente Jennifer González, haya presentado recientemente un proyecto de ley diseñado para beneficiar las instituciones de educación superior con fines de lucro en Puerto Rico.[43] Específicamente, el proyecto de ley busca aumentar el acceso de estas universidades a fondos públicos. González no ha utilizado su posición en Washington para abogar por la universidad pública, a pesar de que ésta gradúa a la mayoría de los estudiantes en la isla, tiene un mejor historial de empleo para sus egresados, y tiene un impacto mejor y mayor en la economía que sus contrapartes privadas.

Irónicamente, algunos de los actores que se beneficiarían de la privatización de las instituciones educativas de Puerto Rico están estrechamente relacionados con los tenedores de la deuda de bonos de Puerto Rico. Este es el caso, por ejemplo, de *Apollo Education Group*, la corporación detrás de la Universidad de Phoenix, que es propiedad parcial de *Apollo Global Management*, un tenedor de bonos de la deuda de Puerto Rico.[44] De manera similar, *Canyon Capital y Stone Lion Capital*, dos de los principales tenedores de la deuda de Puerto Rico, están vinculados a la industria de las escuelas chárter.[45]

Los peligros que enfrentan los estudiantes de universidades con fines de lucro en Puerto Rico son los mismos que se han descrito en los cincuenta estados. Con algunas excepciones, las instituciones educativas con fines de lucro suelen tener tasas de graduación bajas, costos altos, y títulos de peor calidad que las universidades públicas. Los estudiantes que asisten a estas instituciones a menudo terminan endeudados, sin título y sin empleo.[46] La UPR tiene el his-

---

[43] US Congress, House, *Puerto Rico Higher Education Disaster Relief Act*, HR 5850, 115th Congress, https://www.congress.gov/bill/115th-congress/house-bill/5850/text?format=txt.

[44] Alan Mintz et al., "Hedgepapers No. 17—Hedge Fund Vultures in Puerto Rico", *Hedge Clippers*, 10 de julio de 2015, http://hedgeclippers.org/hedgepapers-no-17-hedge-fund-billionaires-in-puerto-rico/.

[45] Joel Cintron Arbasetti, "La trayectoria de los fondos de cobertura que llegaron a Puerto Rico", *Centro de Periodismo Investigativo*, 14 de julio de 2015, http:// periodismoinvestigativo.com/2015/07/la-trayectoria-de-los-fondos-de-cobertura-que-llegaron-a-puerto-rico/.

[46] Mamie Lynch, Jennifer Engle, y Jose Luis Cruz, "Subprime Opportunity: The Unfilled Promise of For-Profit Colleges and Universities", *Education Trust*,

torial contrario: cuenta con la mejor tasa general de graduación en Puerto Rico y ha sido reconocida por muchos académicos como un motor de movilidad social que históricamente ha ayudado a generaciones anteriores a salir de la pobreza y formar parte de la clase media. Mientras activistas en los Estados Unidos denuncian el hecho de que solo alrededor del 10% de las universidades públicas principales son asequibles para los estudiantes de bajos ingresos, el 64% de los estudiantes en el campus principal de la UPR son de bajos ingresos.

Reconocidos economistas en todo el mundo, e incluso el propio Fondo Monetario Internacional, han concluido que necesitamos más, no menos, ejemplos como estos.[47] Las medidas de austeridad no ayudan a las economías en quiebra y, de hecho, hacen más daño que bien. Los ataques a la educación pública puertorriqueña y al desarrollo económico en su conjunto disminuirán aún más la movilidad social, obstaculizarán el crecimiento económico y aumentarán la desigualdad, que ya está en alza. De hecho, las medidas de austeridad, combinadas con la imposibilidad de promover el desarrollo económico antes del huracán María, convirtieron a Puerto Rico en uno de los países con el coeficiente de Gini–una medida estándar de desigualdad económica–más alto ocupando el quinto lugar en el mundo. Después del huracán, la desigualdad social empeoró aún más y Puerto Rico pasó al tercer lugar entre 101 países, solo superado por Zambia y Sudáfrica.[48]

Los recortes de fondos al sistema de educación pública estimulan el crecimiento de las instituciones privadas y con fines de lucro y reducen el acceso a oportunidades educativas asequibles,

---

22 de noviembre de 2010, https://edtrust.org/resource/subprime-opportunity-the-unfulfilled-promise-of-for-profit-colleges-and-universities/.

[47] Yalixa Rivera y Jonathan Levin, "Puerto Rico's Fiscal Plan Was Doomed Even before María, Stiglitz Says", *Bloomberg*, 16 de enero de 2018, https://www.bloomberg.com/news/articles/2018-01-16/puerto-rico-fiscal-plan-doomed-even-before-maria-stiglitz-says; Larry Elliott, "Austerity Policies Do More Harm Than Good, IMF Study Concludes", *The Guardian*, 27 de mayo de 2016, https://www.theguardian.com/business/2016/may/27/austerity-policies-do-more-harm-than-good-imf-study-concludes.

[48] El Nuevo Día, "Puerto Rico es el tercer país de mayor desigualdad económica del mundo", 17 de septiembre de 2018, https://www.elnuevodia.com/negocios/economia/nota/puertoricoeseltercerpaisdemayordesigualdadeconomicaenel-mundo-2447734/.

exacerbando los efectos negativos de María y aumentando la ya monumental desigualdad en la isla. En este contexto, la condición colonial de Puerto Rico y ausencia de poderes soberanos facilitan no solo el pago de una deuda dudosa en detrimento de los servicios sociales, sino también la obtención de ganancias para actores económicos poderosos y extranjeros, algunos de los cuales también son tenedores de deuda, todo ello a expensas del derecho de las personas a acceder a una educación de calidad y mejorar sus oportunidades de vida. Marginar a quienes alzan sus voces contra estas estrategias fallidas y desvalorizar a las instituciones públicas que promueven esta conciencia podría sofocar temporalmente la resistencia política ante la austeridad, especialmente durante las secuelas del huracán. Sin embargo, la prisa por implementar este guión fallido en Puerto Rico y permitir que determine la política pública, especialmente en el delicado e importante ámbito de la educación pública, seguramente conducirá a mayor desigualdad, desasosiego y resistencia. Para los estudiantes, sus familias en aprietos y otros grupos vulnerables, esta tormenta, que tiene menos de "natural" que de creación humana, comenzó hace mucho tiempo, y no da señales de detenerse.

Eva L. Prados-Rodríguez[1]

TRADUCIDO POR NICOLE DELGADO

La lucha por una auditoría ciudadana de la deuda de Puerto Rico:
Una estrategia para la movilización ciudadana y una reconstrucción justa

Puerto Rico duele. Experimenta la fuerza combinada de una relación colonial de 120 años con los Estados Unidos y una crisis fiscal y económica que ha acumulado más de $74 mil millones en deudas públicas odiosas, ilegítimas, insostenibles y potencialmente ilegales que exceden el 100% de nuestro producto nacional bruto (PNB). También estamos viviendo una crisis humanitaria causada por la devastación de los huracanes Irma y María, y por la grave negligencia de la respuesta federal y local a ambos eventos.

Los efectos de estas fuerzas combinadas se han sentido, por ejemplo, en la imposición en el 2016 de una Junta de Control Fiscal no electa, para reestructurar la deuda pública de Puerto Rico, desmantelar su esfera pública y avanzar una agresiva agenda de privatización y austeridad.[2] También se han sentido en los miles de personas que murieron en la isla como resultado de la falta de preparación para enfrentar los eventos del 20 de septiembre de 2017.[3]

Para hacer frente a estas crisis que se acumulan e intersectan, más de 150,000 residentes de Puerto Rico se han organizado alrededor de

---

[1] Agradezco a Luis José Torres-Asencio por sus comentarios y recomendaciones sobre este artículo.

[2] Puerto Rico Oversight, Management, and Economic Sustainability Act (PROMESA), Public Law 114–87, 130 Stat. 549 (2016).

[3] Omaya Sosa-Pascual, Ana Campoy, y Michael Weissenstein, "The Deaths of Hurricane María", Centro de Periodismo Investigativo, 14 de septiembre de 2018, http://periodismoinvestigativo.com/2018/09/the-deaths-of-hurricane-Maria/.

los ejes de transparencia y responsabilidad,[4] y han creado el Frente Ciudadano por la Auditoría de la Deuda: una coalición no-partidista y de gran alcance en Puerto Rico compuesta por organizaciones de base, asociaciones profesionales, sindicatos, empresarios, académicos, estudiantes, defensores de los derechos humanos y otros ciudadanos que abogan por una auditoría integral de la deuda pública de Puerto Rico. Cuando el gobierno de Puerto Rico eliminó una comisión pública creada para llevar a cabo una auditoría de la deuda, creamos la Comisión Ciudadana para la Auditoría Integral del Crédito Público, una organización sin fines de lucro cuyo único propósito es realizar una auditoría ciudadana transparente e integral de las emisiones de deuda de Puerto Rico durante las últimas cinco décadas.[5]

Una auditoría ciudadana integral de la deuda nos permitiría evaluar (1) cuánto se debe realmente en capital e intereses, (2) la legalidad y legitimidad de cada emisión de bonos, (3) la conducta de cada actor e institución financiera involucrada, (4) cómo se gastó el dinero y (5) las formas en que factores políticos y económicos, tales como el colonialismo y el capitalismo financiero, juegan un rol crucial en la acumulación de la deuda pública de Puerto Rico.[6] Tal auditoría también se convertiría en una herramienta poderosa para fomentar la participación ciudadana y mayor movilización política en los procesos de toma de decisiones relacionados con la deuda pública de Puerto Rico y las medidas legislativas adelantadas por el gobierno y la Junta de Control Fiscal para atender nuestra crisis fiscal y económica.[7]

---

[4] Agustín Criollo Oquero, "100K Signatures Collected in Favor of Auditing Puerto Rico's Debt", *Caribbean Business*, February 21, 2017, https:// caribbean-business.com/100k-signatures-collected-for-the-audit-of-puerto-ricos-debt/. Ver también Carla M. Pérez Meléndez, "Encuesta revela apoyo a la auditoría de la deuda", *Diálogo UPR*, 4 de abril de 2017, http://dialogoupr.com/encuesta-revela-apoyo-la-auditoria-de-la-deuda/. Las firmas a favor de una auditoría integral de la deuda pública de Puerto Rico han superado la cifra de 150,000.

[5] 80grados, "La auditoría va, pero ciudadana", 20 de abril de 2017, https:// www.80grados.net/la-auditoria-va-pero-ciudadana/.

[6] Armando J. S. Pintado, "Pausa para la Auditoría", *80grados*, 24 de marzo de 2017, https://www.80grados.net/pausa-para-la-auditoria/.

[7] Para una discusión sobre la importancia de las auditorías ciudadanas como estrategias para la educación pública, la participación y la movilización, ver María Lucia Fattorelli, *Auditoría ciudadana de la deuda pública: Experiencias y métodos* (Brasilia: Inove Editora, 2013).

Nuestro colectivo insiste en que es insostenible que el pueblo de Puerto Rico pague $74 mil millones en deuda sin una auditoría completa, independiente y integral. Si bien en Puerto Rico se han implementado medidas de austeridad durante décadas, la reciente intervención de la Junta de Control Fiscal en nombre de acreedores no-auditados ha impulsado recortes presupuestarios más severos, privatizaciones y la eliminación y/o reducción de los beneficios de los trabajadores y los planes de pensiones.[8]

La Ley 97 de Puerto Rico del 2015 creó la Comisión para la Auditoría Integral del Crédito Público de Puerto Rico, una entidad pública independiente con el propósito de auditar todos los componentes de la deuda de Puerto Rico de acuerdo con los estándares legales y de contabilidad del gobierno sobre el desempeño y el cumplimiento, entre otras normas, según sea necesario. Desafortunadamente, el gobierno se demoró en llevar a cabo dicha auditoría de la deuda, primero retrasando el nombramiento de los representantes ciudadanos, luego reduciendo severamente la asignación de fondos de la comisión,[9] hasta que la administración del gobernador Ricardo Rosselló-Nevares finalmente la disolvió[10] después

---

[8] Centro de Periodismo Investigativo, "Deuda pública, política fiscal y pobreza en Puerto Rico", 4 de abril de 2016, http://periodismoinvestigativo.com/wp-content/uploads/2016/04/FINAL-Informe-Audiencia-Pública-PR-4-DE-ABRIL-2016.pdf (presentado por organizaciones de la sociedad civil a la Comisión Interamericana de Derechos Humanos); José M. Atiles-Osoria, *Apuntes para abandonar el derecho: Estado de excepción colonial en Puerto Rico* (San Juan: Editora Educación Emergente, 2016); Naomi Klein, *The Battle for Paradise: Puerto Rico Takes on the Disaster Capitalists* (Chicago: Haymarket Books, 2018); Ricardo Cortés Chico, "La austeridad como receta", *El Nuevo Día*, 22 de abril de 2017, https://www.elnuevodia.com/noticias/locales/nota/laausteridadcomoreceta-2313854/; Roberto Pagán, "La austeridad y las reformas antiobreras no son la respuesta", *80grados*, 8 de diciembre de 2017, https://http://www.80grados.net/la-austeridad-y-las-reformas-antiobreras-no-son-la-respuesta/.

[9] *El Nuevo Día*, "Pautada la primera reunión de la Comisión de Auditoría de Crédito Público", 7 de enero de 2016, https://www.elnuevodia.com/noticias/politica/nota/pautadalaprimerareuniondelacomisiondeauditoriadecreditopublico-2147966/.

[10] Ley de Puerto Rico N° 22–2017. Ver también Leysa Caro González, "Aprueban a viva voz derogar comisión que examinaría la deuda pública", *El Nuevo Día*, 18 de abril de 2017, https://www.elnuevodia.com/noticias/locales/nota/caldeadoslosanimosenelcapitolio-2312117/.

de haber intentado despedir infructuosamente a los representantes ciudadanos.[11]

A través de los informes de esta Comisión previos a la auditoría, junto a estudios publicados por otras organizaciones, se descubrieron muchos problemas relacionados con la legalidad de la deuda pública de Puerto Rico. Por ejemplo, un informe previo a la auditoría publicado por la Comisión argumentó que aproximadamente la mitad de la deuda total de Puerto Rico es potencialmente ilegal y viola nuestra Constitución.[12]

Además, otros informes publicados identificaron varias prácticas depredadoras por parte de los acreedores de Puerto Rico. Por ejemplo, Puerto Rico tiene $37.8 mil millones en bonos de revalorización de capital (CAB, por sus siglas en inglés), lo que representa una gran parte de la deuda pendiente. Un CAB es un bono a largo plazo con interés compuesto sobre el cual el prestatario no realiza ningún pago del principal ni de intereses durante los primeros años y, en algunos casos, hasta el vencimiento final del bono. El principal de estos bonos es de sólo $4.3 mil millones. Los $33.5 mil millones remanentes corresponden a intereses —esto significa que tenemos préstamos que establecen que debemos pagar ocho o nueve veces la cantidad que se pidió prestada originalmente.[13] Por lo tanto, $33.5 mil millones de la deuda pendiente de la isla no corresponden al principal de la deuda, sino a intereses acumulados. Esta es una deuda depredadora e ilegítima, y no debe pagarse.

Muchos de los inversionistas que ahora poseen la deuda de Puerto Rico, incluidos los fondos buitres y de cobertura, no esperaban en un principio que la isla pagara el monto de la deuda pendiente porque la deuda ya había sido declarada incobrable —por esta

---

[11] Ver Pagán Rodríguez et al. v. Rosselló-Nevares, SJ2017CV00037 (Sentencia de 6 de abril de 2017) (Tribunal de Primera Instancia de Puerto Rico, Tribunal Superior de San Juan) (ordenando la restitución de los representantes ciudadanos de la comisión, previamente destituidos por el gobernador Rosselló-Nevares).

[12] Comisión para la Auditoría Integral del Crédito Público (CAICP), *Pre-audit Survey Report* (San Juan: CAICP, 2016), http://periodismoinvestigativo.com/wp-content/uploads/2016/06/Informefinal.pdf

[13] Saqib Bhatti y Carrie Sloan, "Puerto Rico's Payday Loans", *ReFund America Project*, 30 de junio de 2016, https://bibliotecavirtualpr.files.wordpress.com/2017/04/2016-2017-refund-america-debt-pr-english.pdf.

razón precisamente habían podido comprarla barata en el mercado secundario. Por ejemplo, varios fondos de cobertura (como Golden Tree y Tilden Park) comenzaron a comprar deuda puertorriqueña a fines de 2017 y principios de 2018, aprovechando los bajos precios después del huracán María. Antes de la tormenta, GoldenTree poseía $587 millones en deuda pública y después de María aumentó sus inversiones a $1.5 mil millones.[14] Ahora buscan recuperar por dos, tres o casi cuatro veces más su inversión inicial. Los acreedores no deben recibir más de lo que pagaron. Si compraron los bonos de Puerto Rico a 14 centavos, no deberían obtener más de 14 centavos. El Estado Libre Asociado no puede darse el lujo de costear ganancias de los fondos buitre y de cobertura si esto significa cerrar escuelas y recortar programas de salud pública.

A pesar de estos problemas, la Junta de Control Fiscal, que no tiene interés en realizar una auditoría integral, promueve agresivamente los acuerdos de reestructuración con los tenedores de bonos, incluso después de María. Por ejemplo, algunos de los acuerdos de reestructuración obligarían a la isla a pagar el doble del principal de algunos préstamos. Un ejemplo de esto es la Corporación del Fondo de Interés Apremiante de Puerto Rico (COFINA). COFINA es una corporación pública que fue creada para emitir bonos del gobierno y usar otros mecanismos financieros para pagar y refinanciar la deuda de Puerto Rico. La particularidad de COFINA es que su principal fuente de financiamiento es el impuesto local a las ventas y uso. En la actualidad, una gran parte de los ingresos fiscales de Puerto Rico va directamente a una cuenta bancaria privada que se utiliza para pagar a los tenedores de bonos.

El acuerdo de COFINA, vinculado al impuesto sobre las ventas de Puerto Rico, propone pagar cerca de $33 mil millones a los tenedores de bonos hasta la fecha de vencimiento de la deuda.[15] Pero el prin-

---

[14] Abner Dennis y Kevin Connor, "The COFINA Agreement, Part 2: Profits for the Few", *Eyes on the Ties*, 20 de noviembre de 2018, https://news.littlesis. org/2018/11/20/the-cofina-agreement-part-2-profits-for-the-few/. Las cifras actualizadas se reflejan en los documentos del acreedor en el proceso judicial en curso bajo PROMESA; ver *In re*: The Financial Oversight and Management Board for Puerto Rico, No. 17 BK 3283-LTS.

[15] Joanisabel González, "Bajo la lupa de Swain el plan de COFINA", *El Nuevo Día*, 18 de noviembre de 2018, https://www.elnuevodia.com/noticias/locales/ nota/bajolalupadeswainelplandecofina-2460418/.

cipal, es decir, la cantidad que el gobierno realmente recibió, era de sólo $17 mil millones.[16] Eso no es una reestructuración de la deuda. Es un regalo para los capitalistas financieros, en particular para los fondos de cobertura, que compraron partes de esa deuda por apenas 10 centavos de dólar.

Además, algunos acuerdos, como el propuesto para los tenedores de bonos de COFINA, convierten a éstos en los propietarios reales de los recibos de impuestos sobre las ventas de Puerto Rico,[17] y nos obligan a seguir pagando el impuesto durante al menos cuarenta años más, sin que ninguno de esos fondos vaya a los servicios públicos.[18]

Más aún, la isla ahora está pendiente de recibir un gran flujo de fondos federales de ayuda y apoyo externo para la reconstrucción post-huracán. Esto brinda una oportunidad real para impulsar la inversión pública y atender la falta de infraestructura eficiente que ha contribuido a la crisis. Pero, según ha destacado recientemente el Centro de Investigación en Economía y Política, "El Plan Fiscal de la Junta se centra en privatizar las instituciones públicas y reservar fondos para el pago de la deuda, en lugar de utilizar todos los recursos disponibles para ayudar a la isla a reconstruirse y recuperarse".[19]

Por todas las razones anteriores, insistimos en una auditoría ciudadana integral de la deuda de Puerto Rico. Nuestra comisión ciudadana —sucesor natural de la comisión anterior creada por el gobierno— está compuesta por diecisiete personas expertas y representantes de disciplinas y áreas afectadas por la deuda pública de Puerto Rico y las medidas de privatización y austeridad promovidas por el gobierno y la Junta de Control Fiscal. La Comisión Ciudadana se esfuerza en examinar los componentes forenses, legales, constitucionales, financieros y de rendimiento de la deuda emitida por el Estado Libre Asociado de Puerto Rico, incluidas sus corporaciones

[16] González, "Bajo la lupa de Swain".

[17] Dennis y Connor, "The COFINA Agreement".

[18] Dennis y Connor, "The COFINA Agreement".

[19] Lara Merling y Jake Johnston, *Puerto Rico's New Fiscal Plan: Certain Pain, Uncertain Gain* (Washington, DC: Center for Economic and Policy Research, 2018), http://cepr.net/images/stories/reports/puerto-rico-fiscal-plan-2018–06.pdf.

públicas y sistemas de pensiones, desde 1973. Por lo tanto, estamos demandando al gobierno con el fin de obtener toda la información pública necesaria para llevar a cabo dicho proyecto, incluidos los documentos que el gobierno ha compartido voluntariamente con la Junta de Control Fiscal y sus tenedores de bonos.

Adicional a esto, estamos impulsando una campaña de crowdfunding para que el público nos ayude a financiar esta auditoría tan necesaria.[20] Al final, nuestro propósito es muy simple: deseamos reclamar nuestro derecho de aprender y contar nuestra historia fiscal, económica y política con respecto a la acumulación de esta deuda odiosa; y empoderar a nuestro pueblo y movimientos sociales para cambiar la dinámica de poder que mantiene a nuestro archipiélago atrapado entre los males gemelos del capitalismo financiero y el imperialismo.

¡La gente antes de la deuda, la gente antes de la austeridad, una auditoría integral antes de dar ni un centavo más para financiar a los capitalistas!

---

[20] Para seguir nuestra campaña de crowdfunding, visite http://www.audit-now.org/.

Ana Portnoy Brimmer

AUTOTRADUCIDO

Rizomático

Según la ley de Puerto Rico, toda la playa de la isla es propiedad del gobierno, por sesenta pies detrás del borde del agua. Como consecuencia, lo que sería en nuestra propia tierra la sección residencial más selecta, está por todas partes cubierta de squátters, que no pagan renta, y construyen sus hogares miserables y pequeños con latas, cajas viejas, trozos de madera flotante, y yagua u hojas de palma, las paredes interiores cubiertas, como mucho, con etiquetas encontradas y periódicos ilustrados.

Harry A. Franck, Roaming Through the West Indies, 1920

Hay mangles al costado del camino.
Cortados a huesos calcinados,

pudriéndose en el sendero
rumbo a la bahía, donde gente

de la metro, o del continente,
construyen segundas o terceras casas.

Cómo si la costa no fuese casa desde un inicio.
Tiempos atrás, aquellas épocas que solo la sal

conoce, estas orillas de tierra fueron
abandonadas, decretadas virulentas,

muy pobres para poblar, un tramo
de hectáreas demasiado oscuro.

Una vastedad azul era todo menos útil,
espesa con arrecife y memoria.

Pero la historia de ellxs comienza aquí.
Con el agua. Su constancia y llamado.

Les tienen muchos nombres, verás.
Squátters, habitantes informales, sin título

en pies cuadrados. Pero estas costas
conocen sus pasos, la arena

ha tragado sus huellas y las de sus ancestrxs,
la tierra presenciado la zafra y quema

de la caña y sus hijxs. Como manglar,
su existencia es intermareal—

halada por el ir y venir del azul,
salmuera y firme enraizamiento.

Sus dedos están tatuados con pizca
de juey, callo de almejas y ostras,

mordisquitos de pez y agua de estuario,
imprecisión afilada de machete sobre coco.

Esta tierra es de nadie. Esta tierra es de sí misma.
Pero les acogió. Hizo un hogar de ellxs

a cambio. Y a ellxs también les arde
la perforación, la verja sangrante—

susurros ácidos de lo *privado* y el *profit*.
Les quieren desaparecer.

Ofrecen arreglar sus casas
tras la tormenta, si tan solo se van

tierra-adentro—como marejada,
retroceden de la orilla de la mar.

Que venga otro huracán.
Ellxs crecen rizomáticxs de esta tierra salina.

QUINTA PARTE

¿CÓMO TRANSFORMAMOS A PUERTO RICO?

Mónica Alexandra Jiménez

TRADUCIDO POR NICOLE DELGADO

"Buscando un camino hacia adelante en el pasado:
Lecciones del Partido Nacionalista Puertorriqueño"

En junio de 2016, la Corte Suprema de los Estados Unidos falló en dos casos importantes sobre la disputa de soberanía de Puerto Rico. Estas decisiones, aunque significativas, fueron eclipsadas rápidamente por la aprobación de la Ley de Supervisión, Gestión y Estabilidad Económica de Puerto Rico (la muy vilipendiada Ley PROMESA) por parte del Congreso, que buscaba atender la deuda de miles de millones de dólares. En conjunto, estas acciones reafirmaron el poder plenario, o completo, de los Estados Unidos sobre Puerto Rico y reinscribieron el rostro del colonialismo en la historia de la isla. A raíz de la asombrosa deuda y las crisis económicas, comencé a preguntarme qué podríamos encontrar en el pasado, y específicamente en las ideas del Partido Nacionalista de Puerto Rico y su líder Pedro Albizu Campos, que pudiera ayudarnos a comprender este momento y guiarnos hacia el futuro.

Luego, mientras el mundo observaba con horror y dolor, lo que ya era un problema aparentemente insuperable de deuda y colonialismo se convirtió en una catástrofe. El huracán María azotó a Puerto Rico en septiembre de 2017 y dejó al descubierto las vulnerabilidades y las inequidades de la vida puertorriqueña. El huracán exacerbó las muchas dificultades diarias que los/as isleños/as ya enfrentaban simplemente para vivir. Puerto Rico, casi invisible para la mayoría del mundo antes del huracán, se volvió hiper-visible a raíz del desastre, así como el colonialismo en su iteración del siglo XXI.

Ante tantas catástrofes, y ya que las ideas de soberanía y democracia ya no tienen ningún valor real para la isla, ¿qué camino hacia adelante tienen los/as puertorriqueños/as? ¿Dónde podemos encontrar otras formas de pensar sobre futuros posibles? En una isla que ha sido colonizada durante más de quinientos años, esta es una pregunta muy difícil. A la luz de los obstáculos, necesitamos urgentemente de la creatividad y conocer nuestra historia para buscar pistas que puedan iluminar el camino hacia adelante. ¿Qué podríamos encontrar en las viejas ideas —las mismas que fueron descartadas en su momento, consideradas imposibles, mal concebidas, retrógradas o peligrosas?

La historia de la soberanía y la autonomía en la isla es bastante resbaladiza. Antes de la llegada de los Estados Unidos, Puerto Rico había luchado por mayor autonomía de España, que recibió pocos meses antes de la ocupación estadounidense de 1898. De hecho, la isla nunca alcanzó la soberanía, ya que siempre se mantuvo como una colonia. A mediados del siglo XX, Albizu Campos abogó apasionadamente por la independencia de Puerto Rico, argumentando que cualquier cosa menor que la soberanía plena equivaldría al colonialismo. Ese período fue particularmente tenso, ya que la Gran Depresión y la desaceleración de los mercados mundiales vulnerabilizaron a Puerto Rico y a su economía basada en las exportaciones. En medio de la creciente desesperación en la isla, los/as puertorriqueños/as comenzaron a exigir un cambio en su relación con los Estados Unidos y el fin de las prácticas de explotación laboral.

En 1952, la creación del Estado Libre Asociado (ELA) pareció responder a los reclamos de cambio de los/as isleños/as. El ELA creó un gobierno local para supervisar los asuntos de la isla y permitió a los/as isleños/as elegir a sus propios funcionarios locales. Puso en práctica la noción de autonomía local en estrecha asociación con los Estados Unidos. Sin embargo, incluso después de la creación del ELA, la pregunta de la soberanía seguía presente. Durante los últimos sesenta años, éste ha sido un punto de debate en los círculos políticos locales. Y en junio de 2016, la Corte Suprema de los Estados Unidos dio a los/as isleños/as una respuesta definitiva con la decisión de Puerto Rico v. Sánchez Valle y Puerto Rico v. Franklin California Tax-Free Trust, et al.[1]

---

[1] *Puerto Rico v. Sánchez Valle*, 36 S.Ct. 1863 (2016); *Puerto Rico v. Franklin-California Tax Free Trust, et al.* 136 S. Ct. 1938 (2016).

Estos dos casos pidieron dictaminación a la corte sobre los límites de la isla para gobernarse a sí misma. Sánchez Valle le pidió a la corte que decidiera si Puerto Rico es un gobierno "soberanos separados" a los efectos de la cláusula de "double-jeopardy" de la Quinta Enmienda de la Constitución de Estados Unidos, que permite que dos procesamientos surjan de la misma serie de eventos si quienes llevan a cabo los procesamientos son "soberanos separados". En ese caso, el tribunal determinó que el poder para enjuiciar delitos se deriva de la constitución de la isla, como es el caso en los cincuenta estados. Pero a diferencia de los estados, cuyas constituciones se derivan de los poderes otorgados a cada uno por las personas que residen en ellos, la constitución de Puerto Rico surge de una delegación del Congreso. Como resultado, el poder de la isla para enjuiciar a los criminales proviene del Congreso, y donde haya una disputa sobre cuál poder es mayor, el Congreso gana.

Puerto Rico v. Franklin California Tax-Free Trust, et al. pidió a la corte decidir si la isla tiene el poder de aprobar su propia ley de bancarrota para atender su abrumadora deuda. La isla argumentaba que, dado que no es un estado, no habría prohibición para aprobar sus propias leyes de bancarrota. La corte no estuvo de acuerdo y encontró que no le correspondía a Puerto Rico decidir cuándo sus entidades gubernamentales endeudadas pueden declararse en bancarrota, como es el caso de los cincuenta estados. En cambio, corresponde al Congreso decidir sobre ese asunto. En conjunto, estas dos decisiones reafirmaron el poder plenario, o completo, del Congreso sobre Puerto Rico, establecido por la decisión de la Corte Suprema de 1901 Downes v. Bidwell. Allí, el tribunal usó el Artículo IV, Sección 3 de la Constitución de EE. UU., Cláusula Territorial, para determinar que el Congreso tiene poder plenario sobre la isla y, como tal, el Congreso puede elegir si extender las disposiciones de la Constitución a Puerto Rico. El tribunal también creó la designación única de "territorio no incorporado" para Puerto Rico, que significa que la isla está fuera del orden legal establecido y se mantiene como tal hasta el momento en que el Congreso decida cambiar ese estatuto.

Estas decisiones, junto con la aprobación de la ley PROMESA y la implementación de una Junta de Control Fiscal no electa para supervisar los asuntos financieros de la isla, declararon efectivamente la muerte del ELA y el limitado autogobierno de la isla. También anunciaron un regreso al tipo de relación colonial que había existido antes de su creación. Los eventos de 2016 sin duda no habrían sorprendido a Pedro Albizu Campos, quien predijo de múltiples maneras mucho de lo que se está desencadenando hoy en el ámbito político y económico de la isla. Sus advertencias contra abrazar el ELA y lo que el ELA realmente significaba para la isla fueron bastante proféticas.

Cuando se creó ELA, Albizu instó a los puertorriqueños a rechazarlo como una forma más de colonialismo con una apariencia más lustrosa. En 1950, cuando se pidió a los/as isleños/as votar por la legislación que aprobaría la constitución de la isla, Albizu Campos declaró: "En Puerto Rico hay una sola jurisdicción primaria, por la fuerza, que es el gobierno de los Estados Unidos… esa Ley [Ley 600, que aprobó el ELA] puede ser anulada por el Congreso de los Estados Unidos".[2] Argumentó que la supuesta constitución de la isla quedaría bajo el poder del Congreso. Como abogado, Albizu Campos entendió bien las limitaciones que el poder plenario del Congreso había impuesto en la isla, y también entendió que la creación de una constitución para Puerto Rico no había hecho nada para derogar ese poder. Para él, la constitución era simplemente un espejismo para aplacar a los puertorriqueños sin cambiar realmente la dinámica colonial de la relación de la isla con los Estados Unidos.

Quizás uno de los puntos en que Albizu Campos insistió con mayor vehemencia fue la imposibilidad de la democracia en Puerto Rico dentro del contexto estadounidense. De hecho, la lógica del ELA era que podía haber democracia local a pesar del poder plenario federal. En 1933 escribió: "No existe poder legislativo en Puerto Rico".[3] En otras palabras, aunque la isla tenía instituciones que imitaban a las del gobierno federal y los gobiernos estatales de los Estados Unidos —un Congreso en la isla, electo por el pueblo con el fin de representar sus intereses— éstas no tenían poder ante el veto del gobernador designado por los Estados Unidos, el representante del Congreso en la isla. Albizu argumentó que mientras existiera el poder plenario de

---

[2] Citado en Marisa Rosado, *Pedro Albizu Campos: Las llamas de la aurora, acercamiento a su biografía* (San Juan: Ediciones Puerto, 2008), 350.

[3] "Carta a Rafael Nadal del 7 de marzo de 1933", en *Pedro Albizu Campos: Obras escogidas, 1923–1936*, vol. 1, ed. J. Benjamín Torres (San Juan: Editorial Jelofe, 1975), 241.

los Estados Unidos, la gente de la isla nunca podría tener una verdadera democracia. Más tarde, los partidarios del ELA y de Luis Muñoz Marín, el primer gobernador electo democráticamente de la isla, usarían estas elecciones y la adopción de una constitución propia para refutar los argumentos de Albizu Campos.

Las decisiones de la Corte Suprema de 2016 con respecto a los orígenes del poder de la isla para autogobernarse efectivamente limitaron la democracia local de Puerto Rico y reafirmaron el poder plenario —también demostraron que Albizu Campos siempre tuvo razón. En 2016, el tribunal sostuvo que la Constitución de la isla y su capacidad de autogobernarse son meras delegaciones del poder del Congreso y, por lo tanto, son limitadas. En otras palabras, lo que el Congreso da, el Congreso lo puede quitar; en caso de duda, el poder del Congreso está por encima del poder del gobierno de la isla y del pueblo de Puerto Rico. Aunque el ELA permite la gobernanza local, ¿qué tan efectiva es la democracia local si, en última instancia, el Congreso puede vetar a los funcionarios de la isla y afirmar su voluntad incluso en las facetas más locales de la vida cotidiana?

En marzo de 1933, mientras Puerto Rico todavía se recuperaba del catastrófico huracán San Ciprián que había azotado a la isla en 1932, Albizu Campos escribió a Rafael Martínez Nadal, presidente del Senado de Puerto Rico, instándolo a adoptar medidas para suspender los pagos de la isla por sus deudas con bancos estadounidenses.[4] Entonces, igual que ahora, la isla estaba en medio de una gran calamidad financiera provocada por la Gran Depresión y dos huracanes importantes. La carta de Albizu Campos del 7 de marzo fue escrita en respuesta a acciones del presidente Roosevelt: la implementación de un feriado bancario nacional y la aprobación de la Ley de Emergencia Bancaria de 1933 (EBA). Esta última tenía la intención de proteger a los bancos de los efectos de los retiros masivos como resultado del pánico generalizado cuando la economía tocó fondo en el invierno de 1932-33. El feriado bancario y otras protecciones implementadas por el gobierno federal a través de la EBA resultaron intolerables para Albizu Campos, quien denunció el hecho de que esos mismos bancos no habían aprobado moratorias ni alivios en los pagos de

---

[4] "Carta a Rafael Nadal del 7 de marzo de 1933", en *Pedro Albizu Campos*, 241.

hipoteca y otras deudas a los/as puertorriqueños/as después de los huracanes consecutivos.[5]

Albizu Campos advirtió que el sistema financiero de Estados Unidos se aprovechaba de las vulnerabilidades provocadas y empeoradas por los huracanes. Alertó que esperar que los bancos ayudaran en la recuperación de la isla de los desastres naturales constituía una ingenuidad. Para él, el momento posterior a San Ciprián y la posibilidad de que el gobierno interviniera en favor de los bancos representaban una oportunidad de oro para consolidar el poder sobre las finanzas de la isla en manos de los intereses corporativos de Estados Unidos. Finalmente, los argumentos de Albizu Campos sobre la naturaleza depredadora del sistema bancario de los Estados Unidos parecían anticipar exactamente la debacle financiera que enfrenta la isla en el presente. Sus advertencias contra un sistema que protegía a los grandes bancos, pero no a los ciudadanos afectados, también resuenan en el momento actual de Puerto Rico. Aunque el mundo ha cambiado mucho desde 1933, los temores de Albizu Campos sobre la consolidación de las finanzas de la isla en manos de los banqueros estadounidenses y la pérdida de lo que él llamó "las riquezas naturales de la isla" — refiriéndose al sector público, las tierras públicas, los recursos públicos, etc.— anticiparon el lento movimiento hacia el financiamiento de la deuda y la situación actual.

Si bien lo que Albizu Campos afirmaba sobre la falta de poder legislativo de la isla o sus advertencias sobre los banqueros depredadores o incluso sobre la imposibilidad de declarar la democracia local en asociación con los Estados Unidos no resulta tan radical, sus advertencias cayeron en oídos sordos. Quizás lo que Albizu Campos vio a principios del siglo XX cuando consideró la relación de la isla con los Estados Unidos fue en realidad el futuro —nuestro presente actual. Un futuro que parecía tan inimaginable para sus contemporáneos que simplemente rechazaron sus advertencias como si fueran los delirios de un extremista, fáciles de ignorar y descartar.

Albizu Campos también insistió en que Estados Unidos no brindaría soluciones al problema del colonialismo en la isla. De hecho, declaró que "Nunca llegaremos a merecer el respeto de un pueblo

---

[5] "Carta a Rafael Nadal del 7 de marzo de 1933", en *Pedro Albizu Campos*, 241.

libre como el americano si seguimos pidiendo qué debe hacerse con nosotros".[6] En esto estoy de acuerdo con él; en los últimos 120 años, los llamamientos al Congreso han sido ineficaces para resolver algunos de los problemas más acuciantes de la isla. En 2016, destacados/as puertorriqueños/as de todas las tendencias, incluidos/as políticos/as, académicos/as y celebridades, presionaron al Congreso para que hiciera algo, cualquier cosa, para atender la crisis de deuda de la isla. La legislación resultante, la ley PROMESA, fue una respuesta decepcionante a dichas súplicas. Y, por supuesto, cuando en septiembre de 2017 azotó el huracán María, todo el mundo fue testigo de que los/as isleños/as desesperados pidieron ayuda a los Estados Unidos y lo que encontraron fue negligencia, incompetencia y papel toalla. Nuevamente, la respuesta de los Estados Unidos fue insuficiente y demostró una vez más que cuando los/as puertorriqueños/as buscan ayuda del gobierno de los Estados Unidos, la única respuesta que reciben es más colonialismo.

Han pasado ochenta y seis años desde que Albizu Campos le escribió a Martínez Nadal para pedirle que detuviera los pagos de la deuda de Puerto Rico y advertir sobre la naturaleza depredadora del sistema bancario estadounidense. Ochenta y seis años después, los/as puertorriqueños/as salen regularmente a las calles, a las redes sociales y a La Fortaleza (la mansión del gobernador de Puerto Rico) para exigir las mismas cosas que Albizu Campos pidió en la década de 1930. Albizu Campos nos advirtió que no nos engañáramos creyendo que Estados Unidos podría ofrecer a la isla algo más que colonialismo. A pesar de los años transcurridos, los aparentes cambios en el estado político de Puerto Rico y ante la devastación causada por los huracanes Irma y María, la advertencia de Albizu Campos suena más pertinente hoy que a fines de la década de 1940 bajo la promesa de las posibilidades del Estado Libre Asociado.

---

[6] *El Mundo*, "El estado federal para PR no es aceptable porque destruirá nuestra personalidad colectiva", 31 de enero de 1923, en Torres, *Pedro Albizu Campos*, 14 (énfasis en el original).

Patricia Noboa

TRADUCIDO POR NICOLE DELGADO

El psicoanálisis como acto político después de María

Cuando me invitaron a participar en el panel "Transforming María" me hice las siguientes preguntas: ¿Qué debemos transformar? ¿Podemos transformar nuestro dolor colectivo e individual? Si es así, ¿cómo lo hacemos? A partir de estas preguntas, describiré, como psicóloga, el tipo de apoyo que ofrecí en las comunidades de Puerto Rico después del impacto de María, y como investigadora, presentaré la investigación etnográfica que llevé a cabo en una comunidad y compartiré algunos de los resultados.[1]

A un mes después de que María azotara a la isla, al igual que muchos/as puertorriqueños/as, yo misma estaba lidiando con sensaciones de pérdida, impotencia y enojo. Estos sentimientos surgían cada vez que escuchaba la radio o leía noticias sobre la deficiente respuesta de los gobiernos locales y federales frente al desastre. Para transformar esas emociones, decidí participar de una iniciativa del Colegio de Médicos y Cirujanos de Puerto Rico, que organizó brigadas de salud para visitar comunidades afectadas y ofrecer servicios

---

[1] Este capítulo se basa en un artículo presentado en el panel titulado "Transformando a María" en la conferencia "Aftershocks of Disaster: Puerto Rico a Year After María"., que se llevó a cabo en el Seminario Teológico de New Brunswick en la Universidad de Rutgers, New Brunswick, Nueva Jersey. Se publicó por primera vez como "Psychoanalysis and Research for Communities", *Cruces,* 15 de noviembre de 2018. La investigación recibió apoyo de General Medical Sciences of the National Institutes, bajo el número de identificación R25GM121270. El contenido es responsabilidad exclusiva de la autora y no representa necesariamente los puntos de vista oficiales de los Institutos Nacionales de Salud. Para su traducción en español elaboré más sobre el psicoanálisis y sobre el trabajo que llevamos a cabo en la Clínica Legal Psicológica. Agradezco la lectura y los comentarios de la Dra. Elizabeth Martínez.

médicos. Las brigadas estaban compuestas por médicos de familia, pediatras, psicólogos/as, enfermeros/as y estudiantes de medicina, entre otros.

EL PSICOANÁLISIS COMO ACTO POLÍTICO

Fui a comunidades en Humacao, Canóvanas y Utuado. Soy psicóloga con una formación en psicoanálisis y analizante[2], así que, como miembro de las brigadas de salud, traté de brindar un espacio para que los/as residentes pudieran hablar sobre sus experiencias y pudieran hablar sobre la angustia[3], el sufrimiento y la sensación de abandono que se desatan en eventos como éste.

A la vez que el psicoanálisis abre un espacio para que los seres humanos puedan apalabrar su angustia, también hace posible que otra persona escuche respetuosamente sin dar un diagnóstico ni recetar medicamentos. Este acto es uno político en la medida que el psicoanálisis considera al sujeto en su singularidad y reconoce que lo que provoca sufrimiento en cada sujeto es único y propio de su historia como sujeto. Por ejemplo, durante el huracán, dos seres humanos podrían haber perdido el mismo objeto (automóvil, cama, casa, fotografías, etc.), pero la respuesta a cada pérdida sería diferente. Tal vez uno lloraría desconsoladamente durante mucho tiempo, sin dormir ni comer adecuadamente, mientras el otro podía experimentar dolor agudo en el pecho y un estado de angustia cada vez que recordara el objeto. En el campo del psicoanálisis, la causa de este sufrimiento no radica únicamente en la pérdida del objeto. El objeto en sí mismo no tiene significado, sino que éste resulta de las representaciones que el sujeto hace sobre el objeto perdido.

---

[2] Me refiero a que me encuentro en mi proceso de análisis.

[3] La angustia viene del latín *angustĭa* 'angostura', 'dificultad'. En el trabajo *Economías del miedo* en la Revista 80 Grados, https://www.80grados.net/economias-del-miedo/, la Dra. María de los Ángeles Gómez nos ofrece un marco inicial para entender el concepto de angustia desde el psicoanálisis. Nos plantea que es un afecto intenso y difuso, cuya expresión apunta a lo más íntimo del sujeto, vinculado a un instante traumático que nos remite a las vivencias más primaras y difusas del sujeto. Ese evento que no pudo ser asimilado con los recursos psíquicos de éste y ésta, regresa al cuerpo traducido en sensaciones físicas, como dificultad para respirar, acompañada de tristeza y aflicción.

En mi caso, recuerdo el ruido del viento que entraba por mis ventanas durante el huracán, soplando con todas sus fuerzas contra mis puertas de cristal. Me enfrenté temerariamente a los vientos, empujando las puertas corredizas de vidrio para cerrarlas. Sabía que estaba arriesgando mi vida, pero también estaba tratando de proteger lo que había trabajado por tantos años: mi hogar, que era mucho más que un sofá, una mesa o una cocina. Ese espacio representaba las promesas que me había hecho en mi infancia. Quería convertirme en una mujer independiente que pudiera mantenerse por sí sola, alguien que ya no iba a vivir en la pobreza. Esos significantes o representaciones me dieron la fuerza para defender y proteger mi hogar mientras arriesgaba mi vida. El o la psicoanalista, presta atención a esa realidad psíquica en el sujeto y abre el espacio para que el sujeto indague más en esa otra escena, la escena de lo inconsciente, aquellos significantes que me empujaron a defender mi hogar y poner en jaque mi vida. Ese trabajo clínico que permite bordear lo que no ha sido apalabrado, es un trabajo político en tanto y cuanto me permite descubrir dimensiones inexploradas en mí y ese trabajo sostenido me posibilita asumir otras posiciones subjetivas frente a esas identificaciones de lo que representaba para mí, el hogar.

Gran parte del sufrimiento humano es causado por las exigencias excesivas auto-impuestas por los propios sujetos cuando se identifican con los ideales de la cultura, como es el " ser feliz", " fuerte" "sobresalir" en alguna disciplina, " ser un emprendedor de sí", " o "ser una buena madre o esposa", entre otros. La práctica psicoanalítica le permite al analizante en el trabajo clínico que lleva a cabo en compañía del o la analista, des-identificarse de tales exigencias culturales, muy propias del capitalismo.[4] Según señala el filósofo y psicoanalista haitiano Willy Apollon en su texto "¿Qué es el psicoanálisis?", "Es la posibilidad, para un sujeto, de poder adentrarse en las dimensiones inexploradas de su vida sin reprimir aquello que parece insignificante o indecente. Es la posibilidad de ir más allá de los múltiples fracasos, más allá de la angustia, de sus efectos en el cuerpo y de la relación de la angustia con los otros. Es la posibilidad de salirse de una manera de vivir dañina para uno mismo y para los demás. Es la

---

[4] Para un análisis a profundidad, ver Jorge Alemán, Lacan y el capitalismo, Introducción a la Soledad: Común (Granada: Universidad de Granada, 2018).

posibilidad de calmar la angustia a partir de una palabra articulada y comprendida. Es la posibilidad de tratar los síntomas, los malestares inexplicables. Es la posibilidad de descubrir eso que dirige nuestra vida y que ignoramos... Después de muchos intentos por salir de ahí, llegamos al punto de constatar que nada ha cambiado y que el problema de fondo subsiste: sospechamos que algo de ese problema nos implica. El psicoanálisis es un trabajo en profundidad a partir del inconsciente, de los sueños, de los síntomas, las rupturas, los sucesos bizarros, los actos fallidos.".[5]

El psicoanalista argentino Juan David Nasio afirma en su libro; Sí, el psicoanálisis cura (2017): "Escuchar a quien nos habla es concentrarnos activamente en lo que nos dice, tratar de ir más allá de las palabras que pronuncia y, sobre todo, más que ninguna otra cosa, sentir su emoción consciente en nosotros y, si es posible, su emoción dolorosa e inconsciente. La especificidad del analista consiste en sentir la vieja emoción traumática que el paciente ya no siente hoy, y que, sin embargo, está allí, está en él, oculta detrás de la emoción manifiesta". Permítanme compartir una experiencia que ilustra mi acto de escuchar, que aclaro, no estaba colocada como analista, sino, abierta a lo que los y las residentes de las comunidades que visité tenían a bien compartirme.

La brigada estaba ofreciendo sus servicios en una iglesia en Punta Santiago, una comunidad pobre del pueblo de Humacao, en la costa este de la isla. Allí conocí a una mujer que tenía unos sesenta y cinco años. Estaba casada y tenía una hija adulta. Ella y su esposo eran pescadores y tenían una pescadería. Ese día ella repartía café a quienes esperaban ser atendidos por los médicos. La saludé calurosamente y le pregunté: "Elisa[6], ¿cómo estás? ¿Cómo está esa líder?" (Ella era una de las líderes que había ayudado a organizar la actividad). Me miró con sorpresa y me preguntó: "¿Cómo sabes mi nombre?". Le dije que lo llevaba escrito en la etiqueta. Se miró el pecho,

---

[5] Willy Apollon, "¿Qué es el psicoanálisis?", Escuela Freudiana de Quebec. Para un análisis a profundidad, ver Willy Apollon, Danielle Bergeron, Lucie Cantin, "Tratar la psicosis", en *Tratar la psicosis* (Polemos, Buenos Aires, 1997). También, Willy Apollon, Danielle Bergeron, Lucie Cantin. *After Lacan: Clinical Practice and the Subject of the Unconscious* (New York: State University of New York, 2002).

[6] Nombre ficticio para proteger su identidad.

se rió y me habló. Me contó lo difícil que había sido el huracán para ella. Mencionó todas las cosas que había perdido. "Perdí mi ropa, mis zapatos, mi lavadora, mi secadora, mi carro, mi pescado para vender y la nevera donde tenía el pescado", me dijo.

De inmediato agregó: "Esas son cosas materiales. No importan. Al menos estamos vivos". A lo que respondí: "¿Sí? Esta pregunta pareció desencadenar algo en ella y comenzó a llorar. Luego dijo: "No puedo llorar. Aquí me necesitan. Debo ser fuerte. No puedo perderme. No puedo perder la cabeza". Le contesté: "Cuéntame más sobre lo que perdiste". Elisa comenzó a contarme sobre la cama que había perdido y cómo el perderla la había llevado a dormir en la iglesia, y esto representaba para ella "invadir" ese espacio. Estaba "invadiendo la casa del "sacerdote" y no quería sentirse así. Elisa "no quería molestar" a nadie. Me contó todo esto llorando y llena de dolor.

Quiero resaltar aspectos significativos de su discurso y de la manera en que escuché su dolor. Primero, mi pregunta "¿Sí?, le abrió un espacio para poner en palabras su dolor y sufrimiento, la pérdida de la cama, cómo esa pérdida la había llevado a dormir en la iglesia y cómo ella vivía eso, como una "invasión". Mi pregunta también puso en duda su discurso yoico, "esas son cosas materiales" que cumplía la función de encubrir la otra escena- la que no había apalabrado-, que anudaba intensos afectos vinculados con el sentirse "invasora", con el acto de "invadir" un espacio que le corresponde al sacerdote. Aunque mi trabajo de escucha llegó hasta allí, posteriormente me hago preguntas, ¿cómo fue su relación con el padre o quién cumpliera esa función de padre? ¿cómo los otros atendían sus necesidades? ¿cómo nuestra historia colonial se jugó ahí en la inscripción de no merecer un lugar en el espacio del otro?

María fue definitivamente un evento doloroso para muchos y traumático[7] para algunos en Puerto Rico. Sin embargo, cada uno de

---

[7] He observado que se habla de María como un trauma y o un evento traumático para todos indistintamente y hay que tener cuidado con asumir esa premisa de forma categórica. En el psicoanálisis precisamente se hacen distinciones sobre el trauma y lo traumático. En el capítulo el Trauma y lo Traumático: Claves Psicoanalíticas, (2019) la Dra. María de los Ángeles Gómez nos señala que "la ocurrencia de un evento cuyas características visibles marcan su potencial traumático no necesariamente dará paso a un vivenciar traumático. Cada sujeto inscribirá las ocurrencias o eventos de su vida de

nosotros experimentó y dio sentido al evento y a nuestras pérdidas de una manera única. En el enfoque psicoanalítico, escuchamos el evento presente (el huracán María), pero también escuchamos lo traumático. Estas son experiencias únicas que el sujeto nunca ha nombrado ni conversado, pero que María las desencadenó, y de eso trata el psicoanálisis, de abrir un espacio para lo que no se ha podido nombrar.

En segundo lugar, mi pregunta "¿Sí?" también respondía a los discursos de resiliencia que aparecieron después de María, como "Puerto Rico se levanta" o "Vamos pa'lante". Estos discursos enfatizan la responsabilidad individual exclusivamente, pero no necesariamente reflejan la responsabilidad del gobierno hacia nosotros. Cuando nos identificamos con estos discursos, se convierten en exigencias. Quiero subrayar dos exigencias que Elisa tenía para con ella misma:

1. *Debía ser una mujer fuerte y no llorar.* Para ella, llorar era un signo de debilidad, y podía llevarla a perder la razón. Para comprender su preocupación por "perder la cabeza" es importante mencionar que había recibido tratamiento psiquiátrico previo como consecuencia de haber perdido su trabajo. Durante los últimos trece años, debido a la recesión económica en Puerto Rico, se han perdido 272,000 empleos y las enfermedades mentales afectan al 7.3% de los adultos (entre dieciocho y sesenta y cuatro años). En otras palabras, más de 165,000 adultos necesitan servicios de salud mental.[8,9]

2. *Debía estar atenta.* Tenía que responder a las necesidades de su familia, de su comunidad. Sin embargo, parecía negarse a

---

manera diferente a partir de su historia y sus memorias, del lugar desde el cual ha asumido lo que le ha tocado vivir, y a partir de los recursos con los que cuenta y el momento en que los tiene que enfrentar. Por ello podríamos decir que, aunque el trauma es siempre una herida, no todas las heridas –por más intensas que parezcan– se configuran como traumatismos ni se inscriben como trauma.

[8] Jose Caraballo, "El efecto exacerbante del huracán María sobre la quebrada economía de Puerto Rico", presentación oral en el Simposio de Huracán María en la Universidad de Puerto Rico Cayey, 2019.

[9] Behavioral Sciences Research Institute University of Puerto Rico Medical Campus, *Need Assessment Study of Mental Health and Substance Use Disorder and Service Disorder and Service Utilization Among Adult Population of Puerto Rico*, 2016.

reconocer sus propias necesidades, y experimentó angustia cuando fueron atendidas.

Este caso ilustra también lo que hemos estado viviendo en Puerto Rico desde antes de María, como la pérdida de empleos debido a la crisis económica. Los líderes comunitarios, especialmente las mujeres, se han ocupado de las necesidades de la familia y la comunidad[10], lidiando solos con su dolor y con las limitaciones que supone un tratamiento psiquiátrico, que como sabemos recurren mayormente al uso de medicamentos psicotrópicos. Estos medicamentos tratan la bioquímica del organismo, operando únicamente en el campo biológico. Pero no tratan las causas de la depresión, como son las exigencias excesivas impuestas al sujeto para cumplir con un ideal cultural.[11] En el psicoanálisis, la enfermedad en el sujeto no se conceptualiza como un objeto médico; el sujeto sufre porque él o ella está en conflicto consigo mismo y con los demás. Justamente, es ese conflicto interior y relacional lo que el psicoanálisis intenta trabajar. Desde el punto de vista psicoanalítico, una persona se "cura" cuando consigue amarse tal cual es, cuando llega a ser más tolerante consigo mismo y, por lo tanto, más tolerante con los demás.[12] A mi juicio, este enfoque es político siempre y cuando el trabajo clínico se encamine a la desidentificación de los ideales promovidos por la cultura capitalista y el sujeto pueda darle cabida a su deseo inconsciente[13].

LA ETNOGRAFÍA COMO ACTO POLÍTICO

Mi trabajo etnográfico se llevó a cabo en Valle Hill, un sector de la comunidad de San Isidro en Canóvanas. San Isidro se encuentra

---

[10] Para un análisis a profundidad, ver María Dolores-Fernós, Marilucy González- Báez, Yanira Reyes-Gil, Esther Vicente, "Voces de mujeres: estrategias de supervivencia y de fortalecimiento mutuo tras el paso de los huracanes Irma y María" (San Juan, Puerto Rico: Inter-Mujeres, 2018).

[11] Elisabeth Roudinesco, ¿Por qué el psicoanálisis? (Buenos Aires, Argentina: Paidós, 2007).

[12] Juan Nasio, *Sí, el psicoanálisis cura* (Buenos Aires: Argentina. Paidós, 2017).

[13] Para un trabajo sobre esto favor de revisar el texto Willy Apollon (2017). The Subject of the Quest.

cerca de la llanura de inundación del Río Grande de Loíza, el río más abundante de la isla. Valle Hill está ubicado en zona inundable.

Según el CENSO de 2010, en San Isidro viven 6,288 residentes; el 53% son mujeres, el 53% está desempleado, el 46% tiene trabajo (en ocupaciones de servicios y oficinas, así como en el comercio minorista, y la construcción), el 67% obtuvo un diploma de escuela superior; el 95% son puertorriqueños/as, el 2.1% son dominicanos/as y el 59% vive por debajo del nivel de pobreza.[14] Los/as residentes no tienen alcantarillado ni sistema de agua potable; no tienen centro comunitario, ni programa Head Start, ni biblioteca, tampoco instalaciones deportivas o recreativas.[15] Alrededor de mil quinientos residentes viven en Valle Hill, un área de San Isidro. La mayoría son inmigrantes de la República Dominicana.[16] Algunos llevan viviendo allí durante los últimos veinticinco años. Muchos llegaron a Valle Hill porque un ex alcalde, José "Chemo" Soto, puso terrenos a su disposición para construir casas con la esperanza de "un nuevo comienzo". A lo largo de los años, los residentes, con el apoyo del gobierno municipal, han continuado rellenando ilegalmente los humedales para construir casas. Debido a esas violaciones, la Agencia de Protección Ambiental sancionó al gobierno municipal con una multa de $128,000.

Los materiales de baja calidad utilizados, como los techos de zinc y madera deteriorada, las prácticas informales de construcción, sumado a las particularidades de la vida sobre un humedal, han creado condiciones de vulnerabilidad ante un evento climático como María. Llegué a Valle Hill en octubre de 2017, un mes después del huracán. El nivel de destrucción que vi allí tuvo un impacto tan grande en mí que decidí regresar. Alrededor del 41% (900) de las casas estaban completamente destruidas.[17] En Puerto Rico en general, doscientos cincuenta mil hogares sufrieron daños severos a raíz de la tormenta.[18]

---

[14] Características económicas seleccionadas comunidad San Isidro; Encuesta sobre Comunidad de Puerto Rico del 2012–16. Estimado de cinco años. Tabla DP03.

[15] Oficina de Comunidades Especiales, *Perfil Socioeconómico de la Comunidad de Valle Hill*, 2003.

[16] Jannette Lozada, líder comunitaria de Valle Hill.

[17] Jannette Lozada, líder comunitaria de Valle Hill.

[18] Justicia Ambiental, Desigualdad y Pobreza en Puerto Rico. Informe Multisectorial sobre las violaciones de derechos económicos, sociales, y

En noviembre me reuní con los miembros de la Junta de la Comunidad de Valle Hill. Jannette Lozada, presidenta de la Junta, comenzó la reunión hablando sobre la pérdida de su madre, quien había muerto durante el huracán Irma. Alberto, otro miembro de la Junta, me contó sobre la muerte de su vecino (que murió de leptospirosis) y cómo casi se ahoga durante María (había decidido quedarse en su casa durante el huracán). Estas expresiones se refieren a la muerte: la pérdida de una madre y un vecino, y la posibilidad de morir, ilustrando así el dolor colectivo que se experimentó en Puerto Rico después de María. Según los estimados, murieron unas tres mil personas, principalmente a causa del colapso del sistema de salud. Alrededor de tres cuartas partes de los hospitales no funcionaban, las clínicas de tratamiento estaban cerradas y más de mil oficinas médicas y farmacias no brindaban servicios. A grandes rasgos, esto se debió a que la infraestructura general de la isla había colapsado: no había electricidad, agua potable, ni telecomunicaciones. Tres meses después de María, muchas personas murieron debido a accidentes, ataques cardíacos, diabetes, sepsis (debido a las altas temperaturas en los hospitales y a condiciones insalubres), suicidios, afecciones respiratorias y presión arterial alta. Se certificó que 26 personas murieron de leptospirosis. La mayoría de estas muertes ocurrieron entre septiembre de 2017 y marzo de 2018.[19]

En este contexto inmediato de destrucción, y en el contexto a largo plazo de pobreza, exclusión y discriminación en Valle Hill San Isidro y en todo Puerto Rico, tuve la intención de documentar y resaltar cómo los/as residentes de Valle Hill se recuperaron del huracán María a través de sus acciones colectivas. Escuché sus narraciones y

---

medioambientales tras el paso de los huracanes Irma y María. (2017). https://noticiasmicrojuris.files.wordpress.com/2018/05/final-informe-cidh-audiencia-pr-dic-2017.pdf.

[19] Centro de Periodismo Investigativo, *Los muertos de María* (serie investigativa). septiembre 2018, http://periodismoinvestigativo.com/2018/09/los-muertos-de-maria/; Centro de Periodismo Investigativo, *Vidas de damnificados por María aún penden de un hilo*, septiembre 2018, http://periodismoinvestigativo.com/2018/06/vidas-de-damnificados-por-Maria-aun-penden-de-un-hilo/ and Centro de Periodismo Investigativo, *Investigación CPI+CNN: Puerto Rico tuvo un brote de leptospirosis tras el huracán María, pero el gobierno no lo dice*, julio 2018, http://periodismoinvestigativo.com/2018/07/puerto-rico-tuvo-un-brote-de-leptospirosis-tras-el-huracan-Maria-pero-el-gobierno-no-lo-dice/.

reflexioné sobre las experiencias que compartieron conmigo y sobre cómo y por qué lo hicieron. También estuve abierta a sus intereses y necesidades. La respuesta de las brigadas de salud, incluida la prestación de servicios y la distribución de suministros, tuvo que ser rápida porque la prioridad era satisfacer las necesidades básicas de los/as residentes, y no necesariamente llevar a cabo investigaciones. No obstante, pude llevar a cabo mi investigación, centrándome en tres preguntas principales: (1) ¿Qué desafíos enfrentaron lxs residentes en su proceso de recuperación? (2) ¿Cómo hicieron frente a esos desafíos? (3) ¿Cuáles fueron los efectos psicosociales que estaban manejando? Utilicé la observación participe, notas de campo, entrevistas etnográficas (no estructuradas y estructuradas) y narraciones etnográficas.

Reconociendo que se deben satisfacer las necesidades básicas para iniciar el proceso de recuperación, comenzamos a identificar las necesidades de los/as residentes y llevamos donativos (filtros de agua, ropa, medicamentos, muebles y alimentos). También llevamos a una abogada para ayudarles a apelar las decisiones de FEMA. Coordinamos brigadas de salud para los/as encamados/as y los/as ancianos/as, como Abuelo, que no había recibido atención médica en los últimos siete años. Llevamos a cabo una actividad de arte con niños/as. Queríamos que dibujaran sus experiencias con el huracán María. Sus madres nos dijeron que los/as niños/as estaban muy ansiosos/as. Gracias al apoyo sostenido y respetuoso pudimos construir una relación de confianza con los residentes de Valle Hill.

El gobierno municipal abrió refugios desde antes del paso del huracán, pero debido a que muchos de los refugios carecían de comida y agua y tenían pobre higiene, los residentes decidieron quedarse en su comunidad. Confiaban en sus vecinos inmediatos, no en el gobierno municipal. Aquellos/as residentes que se quedaron en sus casas o en las casas de sus vecinos/as se enfrentaron a más de quince pies de agua (que estaba contaminada debido a que los pozos sépticos se desbordaron). Los/as residentes fueron rescatados en botes y balsas improvisadas, como neveras. Algunos/as vecinos/as incluso tuvieron que nadar desde sus casas para rescatar a otros/as residentes. Debido a las inundaciones, los/as residentes perdieron todo lo que tenían. Como dijo Lulú, una mujer dominicana: "No puedo olvidar esa imagen de cuando llegué y vi todas las casas destruidas, pero lo más fuerte para mí fue cuando llegué aquí [refiriéndose a su casa]. No había nada. Todo se había ido". En este contexto de pérdida y destrucción, enfrentando años de exclusión social como resultado del racismo, la discriminación y la estigmatización, los residentes de Valle Hill comenzaron su proceso de recuperación.

Varios/as residentes han sido discriminados/as porque son pobres, negros/as y no hablan inglés. Muchos/as residentes comentaron que los inspectores de FEMA hablaban poco o nada de español. Otros/as informaron que los inspectores los maltrataron: les dijeron que guardaran silencio, bromearon sobre la situación, y la correspondencia de FEMA llegó en inglés a pesar de que los/as residentes la habían solicitado en español. Otros/as residentes no recibieron orientación sobre el proceso de apelación. Todo esto constituía un obstáculo para los/as residentes con limitado conocimiento del inglés.

El caso de Lulú ilustra la discriminación de las autoridades federales contra la comunidad. Lulú ha vivido en Puerto Rico durante varios años, trabaja en una escuela y es profesora de cosmetología. Perdió su hogar, que también le servía de espacio de trabajo. Ella preparó un álbum para documentar sus pérdidas y facilitar la inspección de FEMA. El álbum incluía una fotografía en la que aparecían las cabezas de maniquí que usa en sus cursos de cosmetología. Cuando un inspector de FEMA, que sabía poco español, vino a su casa, le preguntó sarcásticamente a Lulú: "¿Esas son las cabezas de los inspectores de FEMA?" En otras palabras, sugería que Lulú estaba practicando brujería contra los inspectores de FEMA. Cuando Lulú vio mi cara de indignación, me dijo: "Oye, pueden cortar la rama pero no el tronco", sugiriendo que este comentario insensible e irrespetuoso no la había afectado. Valle Hill no es la única comunidad que sufre discriminación; otras comunidades también han sido discriminadas en Puerto Rico.[20] Cuando te sientes discriminado/a, cuando alguien te trata irrespetuosamente, como si fueras deshonesto/a o menos

---

[20] ICADH, *Justicia Ambiental: Desigualdad y Pobreza en Puerto Rico,* 2017, https://noticiasmicrojuris.files.wordpress.com/2018/05/final-informe-ci-dh-audiencia-pr-dic-2017.pdf.

Páginas del álbum de Lulú, fotografías de la autora.

inteligente, esto afecta negativamente tu salud mental, exacerbando los sentimientos de tristeza, abandono, ira y soledad[21].

La recuperación de Valle Hill se llevó a cabo por residentes cuyas casas habían sido destruidas, junto a vecinos/as, familiares, organizaciones sin fines de lucro (Techo, Cruz Roja, iglesias católicas y evangélicas), entidades privadas y financieras (Banco Santander) y grupos de ciudadanos/as (como Brigada de Todxs). Algunos trajeron donaciones, instalaron toldos o ayudaron a reconstruir casas. Algunos/as residentes compartieron comidas cocinadas por ellos mismos y juntos/as construyeron una cocina comunitaria; otros/as residentes compartieron las donaciones que recibían con sus vecinos/as cercanos/as. Algunos/as ofrecieron sus propias casas como refugios (durante meses) o ayudaron a limpiar las casas de sus vecinos/as. Algunos/as residentes limpiaron las calles llenas de escombros, o limpiaron el humedal.[22]

Como en muchas comunidades en Puerto Rico, los miembros de la comunidad de Valle Hill recaudaron dinero, adquirieron equipos

---

[21] Weems, C.F, Watts, S. E., Marsee, M.A., Taylor, L. K., Costa, N.M., Can-non, M. F., y Pina, A, "The psychological impact of Hurricane Katrina: Contextual differences in psychological symptoms, social support and discrimination", *Behavior research and therapy*, 45 (10), 2295–306.

[22] Algunos residentes rellenan el canal del río con basura y escombros para construir sus casas. En el pasado, se nombró a un mariscal para disuadir esta práctica. Algunos residentes comentaron que hasta la fecha no se han tomado medidas de seguridad para finalmente detener esta práctica.

Miembros de la Brigada evalúan los daños de una casa, foto de la autora.

eléctricos y se volvieron a conectar a la red eléctrica. Sin embargo, estas acciones colectivas de supervivencia no impidieron el deterioro de la salud de los/as residentes. La diabetes, el cáncer, la hipertensión, las enfermedades gastrointestinales, el asma, las alergias y las enfermedades de la piel causaron la muerte de algunos/as residentes, como Cano. Cano tenía problemas respiratorios y apnea del sueño. Ambas condiciones requerían equipo médico, el cual no pudo usar después del huracán porque no había electricidad. El caso de Cano ilustra cómo las condiciones preexistentes, sin equipo, electricidad, ni acceso a tratamiento médico, causaron muertes. Cuando me enteré de su muerte visité a Ana, la esposa de Cano. Cuando me vio, me abrazó con fuerza y me dijo llorando: "No pude salvarlo. Lo perdí".

Los residentes se ocuparon de satisfacer sus necesidades inmediatas, como agua, refugio, comida, ropa y medicamentos, mientras

Cano antes de morir, foto de la autora.

expresaban su sufrimiento a los demás. Me parece que narrar el sufrimiento les sirvió como una estrategia política para lograr un bien necesario en el proceso de recuperación. Por ejemplo, en muchas ocasiones, los residentes lloraron por lo que habían perdido. Un residente declaró: "Esta Navidad será la peor porque no tendré a mis hijos conmigo". Los hijos de este residente habían emigrado a los Estados Unidos, y la calle donde vivían ahora estaba vacía. Como resultado, este residente no sólo perdió a la familia sino también a los vecinos que dejaron sus casas; era, sin duda, una escena desoladora. Otra residente comentó: "Perdí todo. Lo único que me queda es lo que tengo puesto [su ropa] y estas sandalias". Esta residente había pasado el huracán en el hospital porque no tenía a nadie que pudiera recogerla; pasó varios días angustiada, sintiéndose impotente y sin saber si su casa había sobrevivido a la tormenta. Una líder comunitaria a menudo decía: "Mi comunidad se está vaciando", refiriéndose a todos/as los/as residentes que habían emigrado a los Estados Unidos o que regresaron con sus familias en la República Dominicana. Alrededor de ciento sesenta mil puertorriqueños/as se desplazaron a los Estados Unidos después de la tormenta, según el Centro de Estudios Puertorriqueños. Este éxodo representa una de las migraciones más significativas de puertorriqueños/as al continente de los Estados Unidos en la historia de la isla.[23]

La psicoanalista argentina Ana María Fernández dijo una vez: "No podemos psicologizar lo social".[24] En otras palabras, debemos reconocer cómo la cultura, la economía y la política causan sufrimiento a nuestros/as ciudadanos/as. Si queremos transformar nuestro dolor colectivo, debemos trabajar para cambiar esas circunstancias y comprender las causas subjetivas, las que se basan en las experiencias singulares que cada uno/a de nosotros/as hemos tenido con el huracán María en Puerto Rico. Por lo tanto, es de suma importancia continuar abriendo espacios para escuchar el dolor de las personas. Es por eso que desarrollamos la Clínica Legal y Psicológica (conocida como Clínica).[25]

La Clínica tiene como propósito abrir un espacio para acompañar psicológica y legalmente a las comunidades de bajos y moderados recursos en sus respectivos procesos de recuperación luego de desastres naturales y apoyar sus proyectos de autogestión. El **acompañamiento legal** tiene como objetivos, que lxs residentes, conozcan sus derechos, cómo y cuándo reclamarlos, conozcan los pasos que deben seguir durante sus respectivos procesos de recuperación y/o posibles desplazamientos, se perciban preparadxs para manejar los retos que vienen como resultado de la ineficiencia del gobierno

---

[23] Center for Puerto Rican Studies, *Puerto Rican Exodus: One year since Hurricane María*, September, 2018, https://centropr.hunter.cuny.edu/sites/ default/files/RB2018-05_SEPT2018%20%281%29.pdf.

[24] Ana Fernández, *Hacia los Estudios Transdisciplinarios de la Subjetividad* (Re-formulaciones académico-políticas de la diferencia). Revista Investigaciones en Psicología, 1(0329–5893), 2011, 61–82.

[25] Nuestro primer año fue financiada por Fundación Acceso a la Justicia y la Fundación Segarra Boerman.

Reunión comunitaria previa a una orientación sobre cómo llevar a cabo un inventario de estorbos públicos en la comunidad, 7 de marzo 2020, foto de Nachalie Martínez, asistente de la Clínica.

municipal, estatal o federal y propongan distintas estrategias en la búsqueda de soluciones. En reuniones y orientaciones comunitarias, discutimos los desafíos compartidos de los/as residentes al tratar con los gobiernos municipales, locales y federales. También ofrecemos orientaciones legales individuales para ayudar a los/as residentes con sus situaciones particulares.

El **acompañamiento psicológico** tiene como objetivos que los y las residentes se perciban más fortalecidos para manejar los procesos emocionales y psicológicos que se desencadenaron en ellxs luego de los desastres naturales y que a partir de la escucha y las puntualizaciones de la psicóloga, generen un mejor entendimiento sobre dimensiones de su vida emocional y psicológica que no han sido exploradas por ellos y ellas. El acompañamiento consta de un programa clínico de escucha psicoanalítica de entre 5 hasta 10 sesiones que se ofrecen en la misma comunidad y aspiramos a ofrecer hasta 12 sesiones gratuitas como otros modelos de terapia corta. El tratamiento clínico individualizado parte del deseo del residente, y el número de sesiones se dá de acuerdo a las necesidades del participante.

Siguiendo la filosofía de la Clínica, para el acompañamiento legal, los temas tanto de las orientaciones y de las reuniones comunitarias, se establecen de acuerdo a las necesidades e intereses identificados con la Junta Comunitaria y/o residentes, o traíamos asuntos nuevos, luego de las reuniones con los jefes de las distintas agencias de gobierno estatal o municipal. Para el **acompañamiento psicológico** las sesiones clínicas se llevan a cabo en los salones de una iglesia del barrio, con quien tenemos un acuerdo de colaboración. Para **evaluar el funcionamiento de la Clínica** utilizamos múltiples técnicas de evaluación; hojas de asistencia, entrevistas iniciales y de cierre para ambos acompañamientos, hojas de evaluación para orientaciones legales, y entrevistas con la Directora de la Clínica una vez los participantes culminan su programa clínico. Nos encontramos en nuestro segundo año y a través del trabajo de acompañamiento legal, psicológico y otras actividades comunitarias hemos alcanzado sobre 306 residentes de la comunidad de San Isidro. También iniciamos el trabajo de acompañamiento en la comunidad de Villa del Carmen en Ponce, a partir de los sismos de enero.

Para cerrar les comparto dos citas de residentes que dan cuenta de los efectos del trabajo en esta comunidad. Este es uno de los líderes del sector de Villa Hugo I, otro de los sectores de San Isidro con los que hemos trabajado y nos comparte cómo ha sido para él y lxs residentes de este sector las orientaciones y reuniones comunitarias: "Las orientaciones comunitarias son importantes y puntuales y comenzaron en un momento en que la comunidad carecía de información precisa sobre qué hacer después del huracán María que fue cuando me inserté- refiriéndose a su participación en las actividades de la Clínica-. Sirvió de mucho porque había mucha confusión y desinformación, carencia de un liderato sólido y las reuniones servían de foco de luz y esperanza para nosotros. Lo importante no es sólo el trabajo que hicieron, sino que se han mantenido, incluso ahora en la pandemia, han demostrado lo que es realmente la Clínica. Las personas siempre preguntan por ustedes para las actividades. De esas experiencias interesantes me llevo haberme familiarizado más con la comunidad y sus necesidades. Cada vez veían más el resultado y se cumplían siempre las expectativas."

En la entrevista de cierre con unas una de las participantes del programa clínico, esta mujer de 48 años de edad, me comentó cómo ha sido el programa clínico para ella: "Me ha ayudado un montón en cuanto mi vida cotidiana. Cómo ir llevando las cosas. Cómo sobrevivir los eventos que me pasan en mi diario vivir. Los trauma de María, me ayudó a superarlos. Yo me quedé traumatizada en María. Cada vez que caía un aguacerito y yo lo escuchaba en el techo de zinc- la lluvia-, yo no dormía. Pensaba que se estaba inundando. Yo estaba hecha un desastre. Me ayudó un montón. Ya duermo tranquila".

Sarah Molinari

TRADUCIDO POR NICOLE DELGADO

Validación de la pérdida y la lucha por la recuperación:
FEMA y la política de administración de desastres coloniales

La Agencia Federal para el Manejo de Emergencias (FEMA) encabeza los titulares de las noticias en Puerto Rico desde el huracán María. Empezando por la escasez de personal antes de la tormenta, sus empleados que no hablan español, los cargamentos de agua no entregados y la otorgación de grandes contratos a postores sin experiencia, las noticias sobre los problemas de la agencia de desastres de los EE. UU. han acaparado la atención de medios locales e internacionales. A pesar de esto, el principal centro de operaciones de FEMA ostenta un aire de eficiencia y organización. Estuve allí para realizar una entrevista. Ese día, el edificio de GRF Media en Guaynabo (donde se encuentran las oficinas centrales de FEMA) bullía como una sala de redacción: filas de escritorios, teléfonos sonando, tableros de mensajes, mapas y cientos de empleados. Sin embargo, detrás de la fluidez aparente, había capas y capas de fallas y trabajos de recuperación que no llegaban a término. Según los datos de FEMA,[1] la agencia aprobó 464,821 solicitudes para el Programa de Asistencia Individual y Doméstica, que cubre costos de reparación a la propiedad personal de residencia primaria y a daños estructurales del hogar en las "áreas esenciales de vivienda" designadas.[2] Pero

---

[1] FEMA, "Puerto Rico Hurricane María (DR-4339)", https://www.fema.gov/disaster/4339.

[2] Las "áreas esenciales de vivienda" son espacios domésticos que incluyen la cocina, el dormitorio y el baño. Esta categoría excluye espacios como patios, segundos o terceros baños, o dormitorios adicionales al número de residentes de la casa.

este número no tiene en cuenta a quienes fueron aprobados/as con fondos insuficientes y ni las más de trescientas mil solicitudes que fueron denegadas. Si bien se presentaron muchas apelaciones, FEMA negó o no respondió al 79% de las reclamaciones de apelación.[3] Sostengo, en cambio, que el fracaso institucional dio paso a contextos de recuperación más complejos que desafían los estereotipos de la gestión de desastres coloniales y sus herramientas disciplinarias.

DESASTRE DESIGUAL Y "OTRAS MARÍAS" EN LAS CAROLINAS, CAGUAS

En el vecindario semi-rural de Las Carolinas, Caguas, donde estoy llevando a cabo una investigación etnográfica y colaborando con el Centro de Apoyo Mutuo (CAM), las capas de abandono a través del tiempo y las características demográficas de la comunidad exacerbaron el impacto del huracán María. El 60-70% de los/as mil quinientos residentes de Las Carolinas tienen más de cincuenta y cinco años de edad, y uno de cada tres hogares vive por debajo del umbral de pobreza.[4] Según la Asociación de Residentes, el barrio ha perdido el 20% de su población desde 2013, dejando a los/as residentes mayores casi sin apoyo familiar. En palabras de un líder del CAM, reflexionando sobre el primer aniversario de la tormenta: "Porque antes de venir María, también hemos pasado otras Marías. Porque a las personas de menos recursos, somos los que siempre estamos en el fondo."

En 2017, muchas familias se habían visto forzadas a abandonar Las Carolinas, cuando el Departamento de Educación de Puerto Rico cerró la escuela primaria María Montañez Gómez como parte de la ola de cierre de 167 escuelas de ese año. Padres, residentes y maestros habían luchado desde 2012 por mantener abierta la única escuela primaria de su comunidad a través de protestas, boicots

---

[3] Nicole Acevado, "FEMA Has Either Denied or Not Approved Most Appeals for Housing Aid in Puerto Rico", *NBC News*, 17 de julio de 2018, https://www.nbcnews.com/storyline/puerto-rico-crisis/fema-has-either-denied-or-not-approved-most-appeals-housing-n891716.

[4] American Community Survey, Bureau of the US Census, "Selected Economic Characteristics: 2013–17 American Community Survey Five Year Estimates", 2017, https://factfinder.census.gov/faces/nav/jsf/pages/community_facts.xhtml.

de pruebas estandarizadas, huelgas e innumerables reuniones con funcionarios municipales y de Educación. Pero el Departamento de Educación se amparó en los puntajes por debajo del promedio en las pruebas estandarizadas y en la disminución de la matrícula de la escuela, y finalmente cerró el plantel en la primavera de 2017. Al recordar los cinco años de lucha, una madre me dijo:

> "Aquí estudió mi papá, mis tíos, mis hijos. Me acuerdo la última graduación que se hizo de aquí de sexto grado antes de cerrarse la escuela fue de mi hijo menor...Me acuerdo que hicieron una huelga para que no cerrara la escuela. Y una amiga mía me preguntó, '¿qué tú haces aquí?' Y yo, ¿porque tu me preguntas eso? 'Ah pero es que tu hijo ya salió." Y yo le dije, ¿y qué tiene que ver? Pero mi hijo salió, pero mi hijo salió de aquí. Y yo todavía tengo sus primitos aquí. Estoy aquí por ellos. Y tu hija también esta aquí."

Después de María, los/as residentes de Las Carolinas se quedaron sin servicio de agua durante tres meses, sin electricidad durante siete meses y sin recogido de escombros municipales por ochenta días. Durante la espera por la recolección de escombros después del huracán, algunos/as residentes hicieron un ritual mensual para celebrar el "cumpleaños" de los escombros y decorar las pilas de basura de las calles con adornos navideños. Los camiones de la empresa privada EC Waste finalmente aparecieron a principios de diciembre de 2017, después de que el presidente de la Asociación de Residentes, Miguel Rosario Lozada, escribiera un artículo de opinión en El Nuevo Día criticando al alcalde y a lo que nombró como "el gobierno municipal ausente"[5]. Entre otras cosas, el municipio siguió retrasando la recolección de escombros, apenas les ofrecía información y originalmente había programado a Las Carolinas como el último entre todos los vecindarios del municipio para la restauración de energía.[6]

---

[5] Miguel Ángel Rosario Lozada, "Un gobierno municipal ausente", *El Nuevo Día*, 7 de noviembre de 2017, https://www.elnuevodia.com/opinion/columnas/ungobiernomunicipalausente-columna-2372408/.

[6] Después de la presión ejercida por la columna en *El Nuevo Día* y una protesta de la comunidad en la planta local de servicio de energía, Las Carolinas fue priorizada por el municipio y avanzó en el calendario de restauración de energía eléctrico. El servicio fue restaurado en marzo de 2018.

Incluso después de la remoción de escombros, los/as residentes organizaron brigadas de limpieza para encargarse del mantenimiento básico de la vegetación, como podar árboles y cortar el césped en los espacios públicos. El abandono de estos servicios municipales ciertamente contribuyó al apagón posterior al huracán; el colapso de la infraestructura en gran medida era provocado por un largo proceso de desinversión pública. Por ejemplo, el municipio de Caguas estaba ahorrando en mantenimiento con un recorte del presupuesto total del 14% entre 2016 y 2018, exacerbado por un recorte de $350 millones de las contribuciones del gobierno central a todos los municipios en el año fiscal 2017-18 —estos nuevos presupuestos habían sido aprobados y obligados por la Junta de Control Fiscal colonial, localmente conocida como la Junta.[7]

Más allá de los efectos desiguales de la austeridad y de María, las medidas de asistencia y recuperación ante desastres en sí mismas pueden exacerbar la vulnerabilidad y la desigualdad a través del tiempo.[8] Estas contradicciones también han impulsado formas alternativas de imaginar la recuperación a través del apoyo mutuo en sustitución de las estrategias dominantes de individualización y mercantilización, destinadas a restaurar la propiedad privada, la riqueza y el orden social existente.

"Pérdida total" y la lucha por un hogar digno

A quince meses después del huracán María, Jennifer, residente de Las Carolinas, todavía vive con un toldo azul que cubre el techo de su hogar.[9] Vive con cinco miembros de la familia en el sótano de la casa porque el último piso quedó inhabitable. Solicitó al Programa de Asistencia Individual y Familiar de FEMA, y los inspectores

---

[7] Presupuesto municipal de Caguas, año fiscal 2017–18. https://caguas.gov.pr/wp-content/uploads/2017/07/Presupuesto-Modelo-2017-2018.pdf

[8] Ver Junia Howell y James R Elliott, "Damages Done: The Longitudinal Impacts of Natural Hazards on Wealth Inequality in the United States", *Social Problems*, 14 de agosto de 2018, https://doi.org/10.1093/socpro/spy016; Vincanne Adams, *Markets of Sorrow, Labors of Faith: New Orleans in the Wake of Katrina* (Durham, NC: Duke University Press), 2013.

[9] Todos los nombres, excepto los de figuras públicas identificables, son seudónimos.

llegaron cinco semanas después de que María dejara la casa de Jennifer en condiciones de "pérdida total". Jennifer ha vivido en su casa durante cuarenta y cuatro años, pero al igual que muchas otras personas en la comunidad, que viven en parcelas que se han subdividido a lo largo del tiempo y han sido heredadas, no tiene un título de propiedad formal.[10] De hecho, un memorando confidencial de FEMA de 2011 enumera a Las Carolinas como una de las 116 áreas en Puerto Rico que FEMA identifica como una "comunidad de ocupantes ilegales".[11] El memorando proporciona pautas de inspección y establece que los ocupantes ilegales, y presumiblemente todas las comunidades enumeradas, no son elegibles para asistencia de reparación de viviendas porque "no son propietarios de la vivienda afectada". En noviembre de 2018, la Oficina de Noticias de FEMA Puerto Rico confirmó a través de correspondencia por correo electrónico que la lista de comunidades de ocupantes ilegales de 2011 no había sido actualizada, aunque no queda claro si la lista se utilizó durante el huracán María ni si el memorándum podría haber dado forma a prejuicios sobre los supuestos "invasores" y las comunidades identificadas. Grupos de activistas legales como Ayuda Legal Huracán María presionaron a FEMA para que revisara su política de verificación y asistencia a propietarios individuales diez meses después de María.[12] Según la política revisada, los/as solicitantes podían presentar una "declaración" para "probar" que

---

[10] En entrevistas y conversaciones, los residentes describen tres tipos de propiedad en Las Carolinas: *parcelas viejas, el fanguito* y *la urbanización*. Las parcelas viejas son parcelas de tierra que fueron distribuidas a mediados del siglo XX a las personas que "establecieron" la comunidad. Algunas parcelas se han subdividido entre familias o han sido traspasadas de generación en generación, y muchas no tienen título. El fanguito se describe como *terreno invadido* u ocupación. Los residentes de el fanguito pueden no ser elegibles para recibir ayuda de FEMA porque viven en zona inundable y se les había pedido que se mudaran hace algunos años. Quienes se negaron a reubicarse ahora no tienen derecho a la asistencia de FEMA. La urbanización es el nombre que reciben popularmente las casas de los residentes más privilegiados económicamente, quienes sí tienen títulos de propiedad.

[11] Federal Emergency Management Agency (FEMA), "Memo on Nontraditional Forms of Housing", 2011.

[12] Ayuda Legal Huracán María (ALHM). Manual de abogacía para desastres Puerto Rico. San Juan: ALHM, 2018.

eran dueños de la propiedad junto con sus apelaciones de FEMA si no se tenía un título formal, pero esto era una medida mínima que se ofrecía demasiado tarde. FEMA no hizo circular sistemáticamente la información sobre esta nueva opción para verificar la propiedad, dejando fuera del circuito a muchas personas que habrían cualificado.

Debido a su dudoso estatuto de propietaria ante los ojos del estado, Jennifer solicitó la asistencia individual de FEMA respaldada por una declaración jurada de un abogado pro-bono donde se establecía que era la propietaria y ocupante legítima de la casa y que se encontraba en trámites para asegurar su título formal. Para sorpresa de Jennifer, el Departamento de Vivienda de Puerto Rico finalmente comenzó a procesar su solicitud de título formal después de María, a pesar de que había estado solicitándolo durante décadas. Me expresó una sensación de alivio porque casi tenía su título, como si este documento pudiera reducir su vulnerabilidad ante tormentas futuras.

FEMA instaló un toldo azul en la casa de Jennifer y autorizó $11,000 para reparar los daños estructurales, incluyendo un nuevo techo de cemento, puertas y ventanas. Sin embargo, Jennifer no ha podido encontrar un contratista para hacer el trabajo dentro de este presupuesto porque los $11,000 apenas dan para cubrir el costo de materiales, madera y parte del trabajo.[13] Apeló la decisión de FEMA para tratar de obtener una cantidad mayor pero fue denegada. No podía entender cómo su "pérdida total" equivalía a $11,000: "Vinieron y tomaron fotos. Ellos vieron", dijo.

Para completar el monto de asistencia necesaria, el Departamento de Vivienda le recomendó a Jennifer que solicitara a Tu Hogar Renace, un programa financiado por FEMA y administrado localmente a través del Departamento de Vivienda, que prometía brindar hasta $ 20,000 para reparaciones menores de emergencia con el fin de que las casas fueran "seguras y funcionales". Tu Hogar Renace se organizó alrededor de siete conglomerados de construcción (cinco

---

[13] Al momento de escribir este ensayo, Jennifer ha mantenido intactos los $ 11,000 en una cuenta bancaria en una cooperativa y se ha negado a usarlo para otras necesidades económicas que han surgido. Ella sigue decidida a utilizar el dinero asignado para arreglar su casa, aunque probablemente no sea suficiente.

empresas estadounidenses, dos empresas puertorriqueñas) que se dividieron el archipiélago por zonas entre contratistas. Es importante tener en cuenta que la empresa SLS con sede en Texas (designada para la zona 2) también recibió un contrato de $145 millones en 2018 para la construcción del muro fronterizo de Texas, lo que apunta a la interrelación entre las industrias de seguridad y de manejo de desastres en EE. UU. Estas siete compañías principales luego debían contratar a compañías de construcción más pequeñas en Puerto Rico para proporcionar mano de obra y materiales, manteniendo las principales ganancias en los rangos superiores. Mis entrevistas con los/as inspectores/as de Tu Hogar Renace y FEMA revelaron la naturaleza explotadora del trabajo de inspección. Los/as inspectores/as que trabajaron para los subcontratistas de FEMA narraron que trabajaban siete días a la semana "de sol a sol" y tenían que conducir sus vehículos personales en condiciones difíciles, a menudo sin señal de GPS ni teléfono, para inspeccionar las casas antes y después de recibir la asistencia. Los/as inspectores/as, muchos/as de ellos/as trabajadores/as puertorriqueños/as con salarios bajos y poca experiencia ni capacitación formal en este campo, generalmente recibían un pago por cada inspección que realizaban, incentivándoles a trabajar "como máquinas", según describió un inspector. Debían actuar como los "ojos de FEMA". Su labor consistía en recopilar evidencia en tabletas electrónicas utilizando fórmulas, comentarios escritos, medidas, inventarios y fotos para ratificar el cálculo de pérdidas y daños del propietario; luego, enviar el informe a FEMA para revisiones de control de calidad antes de la aprobación final. Aunque las determinaciones finales de ayuda estaban fuera de su alcance, los/as inspectores/as describieron estrategias como tomar fotos adicionales o fotografiar daños estructurales en ángulos dramáticos para ayudar a los/as residentes a recibir la mayor ayuda posible. Una de las tareas principales de los/as trabajadores/as que realizaban las inspecciones finales de Tu Hogar Renace era garantizar que la casa fuera "habitable" y que todos los materiales y electrodomésticos de construcción fueran fabricados en los Estados Unidos y se instalaran adecuadamente; si se identificaba un producto de fabricación internacional, fallaba la inspección y era necesario reinstalarlo.

Contratistas de Tu Hogar Renace. Capturas de pantalla de su página de internet, Noviembre 2018.

Tu Hogar Renace le aprobó a Jennifer la cantidad máxima de $20,000 para reparaciones interiores, como reemplazar la estufa, fregaderos, refrigeradores, gabinetes y camas y también para instalar generadores eléctricos.[14] Pero Jennifer siguió retrasando el trabajo porque no tenía sentido instalar equipos interiores sin un techo adecuado. "Esperando y esperando pasó el tiempo. Se cumple el año, todavía está el toldo sin tirar. Y debido a esto, pues, cada vez que ellos venían, para ellos montar el equipo, como fregaderos, gabinete... pues, yo tenía que dejar—pararlo—porque como todavía estaba, habría que tirar el techo; todo se va a dañar. Se puede dañar", dijo. Tu Hogar Renace le indicó a Jennifer que llamara una vez que hubiera hecho el techo nuevo. Luego, alrededor de septiembre de 2018, Jennifer llamó porque había instalado algunos paneles temporales de zinc en parte del techo, por lo que pensó que podría comenzar a instalar el equipo interior poco a poco. Pero Tu Hogar Renace había cerrado su caso sin ninguna notificación. "Se acabó el tiempo", le dijeron. Y así desaparecieron los $20,000 prometidos. Irónicamente, el logotipo

---

[14] Anteriormente, Jennifer no tenía generadores eléctricos. He observado en múltiples entrevistas que Tu Hogar Renace instala o añade cosas como detectores de humo y generadores eléctricos, que no estaban allí antes o que el propietario no había solicitado. Éstos, por supuesto, aumentan el costo estimado de la ayuda y, por lo tanto, suma beneficios para las empresas contratadas.

de la página web de Tu Hogar Renace dice: "El primer paso hacia tu recuperación" (https://web.archive.org/web/20190120192217/https://tuhogarrenace.com/).

Le pregunté a Jennifer si iba a apelar la decisión de Tu Hogar Renace, a lo que tenía derecho, pero dijo que no porque "no contestan el teléfono. Siempre hay problemas con el contacto. Y no pude hacer nada. Y lo dejé así. Y estoy aquí". Después de la *violencia lenta* del maratón burocrático que parecía ir en contra de ella a cada paso del camino, se sintió resignada y superada con una especie de fatiga causada por el proceso de solicitar asistencia por desastre. La lenta violencia de esta espera saturada de documentos, inspecciones, llamadas de seguimiento y contratistas no había sido para nada memorable ni extraordinaria; por el contrario, resultaba banal, ordinaria y constituía la causa de un trauma posterior al desastre y de la ansiedad de vivir sin techo.[15] La experiencia de Jennifer perturba la temporalidad normativa del desastre que se mueve linealmente desde la respuesta hasta la recuperación y la reconstrucción. Sin un techo adecuado, para ella la "recuperación" parecía haberse estancado en el tiempo.

DISCIPLINA CONTRA LOS SUJETOS DEL DESASTRE

El caso de Jennifer destaca el papel disciplinario que desempeña la tenencia de propiedad en los marcos institucionales dominantes de auxilio en casos de desastre, o las tensiones entre la dependencia de FEMA sobre el título formal de propiedad en contraste con la experiencia real de las personas y las diversas relaciones de propiedad en Puerto Rico. En mis entrevistas con funcionarios de agencias como FEMA y COR3, muchas veces surgieron discursos que estigmatizan a los residentes sin títulos formales de propiedad.[16] El proyecto para "formalizar la propiedad" es, de hecho, central para las visiones

---

[15] Sobre "violencia lenta" y la política de la espera, ver Javier Auyero, *Patients of the State: The Politics of Waiting in Argentina* (Durham, NC: Duke University Press), 2012; Rob Nixon, *Slow Violence and the Environmentalism of the Poor* (Cambridge, MA: Harvard University Press), 2011.

[16] COR3 es la Oficina Central de Recuperación, Recuperación y Resiliencia, una agencia bajo la Autoridad para las Alianzas Público-Privadas de Puerto Rico (P3).

oficialistas de "resiliencia", mitigación y preparación para desastres, en parte porque garantiza el buen funcionamiento del mercado de seguros de propiedades y la especulación inmobiliaria futura. El borrador del Plan de Recuperación ante Desastres del gobierno central de julio de 2018 propone $800 millones para promover el registro del título de propiedad y multar a quienes no se registren, pero con pocos detalles sobre cómo sería ejecutado. Además, el Plan de Acción enmendado del Departamento de Vivienda de Puerto Rico para fondos federales CDBG-DR incluye una propuesta para un "Programa de Autorización de Título" de $400 millones, destinados a formalizar la titularidad de propiedades que no se encuentran en zonas inundables o áreas de riesgo por deslizamientos de tierra.[17]

A fines de mayo de 2018, visité el Centro de Recuperación por Desastre de Caguas para preguntar sobre los datos de FEMA específicos del municipio, porque no había podido encontrar esta información en línea. Sólo había unos cuatro residentes en un gran gimnasio haciendo su recorrido por las mesas de información. De hecho, había más guardias armados en el gimnasio que residentes de Caguas, aunque no estaba claro cuál era la amenaza a la seguridad. El director me dijo que no podía dar ninguna información, pero me dio un contacto en el Departamento de Relaciones Públicas de FEMA. A partir de ahí, me comuniqué por correo electrónico y fui investigada durante más de dos meses por Relaciones Públicas y la Oficina de Noticias para poder programar por fin una entrevista con un oficial de coordinación de FEMA de alto rango en agosto de 2018. Este proceso de acceder a la información y poder navegar entre contactos y oficinas fue, por supuesto, posibilitado por mi propia posición como investigadora visitante blanca y anglófona.

Me permitieron un intervalo de tiempo de quince minutos con este funcionario y tres miembros de su personal, quienes se sentaron en la sala a la hora y grabaron la entrevista en audio; yo también la grabé. Pregunté sobre la perspectiva de FEMA al respecto de los

---

[17] El Programa de Subvención en Bloque para el Desarrollo Comunitario para la Recuperación ante Desastres es administrado por el Departamento Federal de Vivienda y Desarrollo Urbano (HUD) y proporciona fondos de recuperación a las zonas declaradas como zonas de desastre en los EE. UU. Los fondos estimados de CDBG-DR asignados a Puerto Rico son de aproximadamente $ 20 mil millones.

problemas generalizados que estaban teniendo las personas con sus solicitudes y apelaciones. Refiriéndose a la visión de FEMA en cinco a diez años, el funcionario dijo:

"Estamos tratando de cambiar la cultura de esperar hasta el último minuto ... La gente en Puerto Rico debe comenzar a pensar: "Necesito cuidarme a mí mismo. Tengo que ser responsable de mi propio futuro. Tengo que tomar acción. No puedo esperar a que otros me den cosas". Y te lo digo porque soy puertorriqueño, esto es cultural. Están esperando a que algo pase. Necesitamos cambiar eso para ser proactivos sobre nuestro propio futuro. Si vas a arreglar tu casa, no lo hagas a medias. Utiliza los mejores materiales".[18]

Pensé en Jennifer, que había estado "tomando acción" todo el tiempo, y en todos/as aquellos/as para quienes la "recuperación" es una promesa ambigua. El Plan Estratégico FEMA 2018–22 se hace eco de este argumento culturalista —promueve una "cultura de preparación" neoliberal, como bien lo describió el Coordinador. El plan no menciona el cambio climático y sus objetivos estratégicos incluyen alentar a las jurisdicciones locales a invertir en la mitigación previa al desastre a través de nuevos instrumentos financieros llamados bonos de resiliencia; también exige ampliar el seguro contra inundaciones de los/as dueños/as de casa, incentivar el llamado cambio de comportamiento positivo a través de capacitación y prácticas, y aumentar la preparación financiera personal. Esto no es una tarea fácil para las poblaciones vulnerables y racializadas, quienes están en mayor situación de riesgo durante desastres.[19] Según los agentes institucionales de auxilio y recuperación, el "sujeto de desastre" ideal podría considerarse como una persona dueña de una propie-

---

[18] "We're trying to change the culture of waiting for the last minute... The people in Puerto Rico need to start thinking, "I need to take care of myself. I have to be responsible for my own future. I have to take action. I can't wait for stuff to be given to me". And I'm telling you because I'm Puerto Rican— this is cultural. They're waiting for stuff to happen. We need to change that to be proactive for our own future. If you're going to fix your house, don't do it halfway. Use the best materials". Federal Emergency Management Agency (FEMA), Strategic Plan, 2018–22, 2018. http://www.fema.gov/media-library-da ta/1533052524696b5137201a4614ade5e0129ef01cbf661/strat_plan.pdf

[19] Ver, por ejemplo, cómo el Plan Estratégico de FEMA, 2018–22 usa un lenguaje sobre "resiliencia" y la creación de una "cultura de preparación".

FEMA ☑
FEMA @fema

Following ⌄

Get financially prepared for emergencies.
Consider saving money in an emergency
savings account and be sure to keep a small
amount of cash at home in a safe place since
ATM's and credit cards may not work during
a disaster. #FinancialFuture2018

Tweet de FEMA sobre preparación financiera de emergencia, 9 de abril de 2018.

dad privada que tiene un título de propiedad formal, seguro sobre la vivienda, seguro contra inundaciones, ahorros en el banco y un suministro de alimentos y agua para diez días por cada persona en el hogar.

El endeudamiento personal también figura como una herramienta disciplinaria de recuperación ante desastres. En agosto de 2018, representantes de FEMA y del Programa Nacional de Seguro contra Inundaciones organizaron un taller en Las Carolinas para promover préstamos a bajo interés de la Administración Federal de Pequeñas

Empresas; estos préstamos no tienen las mismas restricciones de uso que la asistencia de FEMA y se pueden utilizar para que los hogares individuales o las pequeñas empresas llenen las brechas de los fondos de ayuda. Después de una larga presentación de PowerPoint, el representante de FEMA aseguró a un grupo de asistentes principalmente de edad avanzada que estos préstamos son seguros y no discriminatorios, a diferencia de los préstamos de los bancos privados: "Cuando pensamos en préstamos, pensamos en el Banco Popular, pero este es un préstamo para ayudar después un desastre", enfatizó el representante. Un residente frustrado debatió el punto, insistiendo en que el representante ofreciera otras opciones de ayuda por desastre, porque la deuda es difícil de vender entre personas mayores de bajos ingresos.

RE-IMAGINAR LA RECUPERACIÓN A TRAVÉS DEL APOYO MUTUO

Por otro lado, existen proyectos alternativos locales para re-imaginar colectivamente la recuperación después del desastre, en lugar de adscribirse a marcos racistas de deficiencia cultural y modos de endeudamiento. Por ejemplo, después del huracán María surgieron varios Centros de Apoyo Mutuo organizados de manera autónoma, incluido uno en Las Carolinas. Aquí, Jennifer y otras mujeres residentes ocuparon la escuela primaria cerrada María Montañez Gómez, transformando el espacio abandonado en espacio de sanación, aprendizaje y centro de cuidados. La iniciativa ha ido cambiando a partir de las necesidades de la comunidad, moviéndose de la respuesta inmediata de emergencia hacia estrategias de recuperación a largo plazo y la transformación local. Las mujeres en el CAM cocinan y entregan cien almuerzos a domicilio a los/as residentes mayores y postrados/as en cama y sus cuidadores/as aproximadamente tres veces por semana. Hacen dos rutas en la comunidad y brindan una forma de acompañamiento a través de la presencia y la constancia. Esto equivale a entre seis y ocho horas de trabajo no remunerado cada día, además del trabajo emocional incalculable sumado al de sus vidas como madres, abuelas, parejas e hijas. Además de la entrega del almuerzo, los principales proyectos del CAM incluyen una clínica de acupuntura semanal, jardines, una tienda de segunda mano y un salón de actividades para ancianos/as, donde organizan charlas

Centro de Apoyo Mutuo, Las Carolinas. Foto de la autora.

y talleres, juegan dominó y hacen proyectos de arte. Los/as líderes del CAM se están vinculando con la Asociación de Residentes para desarrollar un plan de emergencia comunitario, que incluirá convertir parte de la escuela en un refugio de emergencia y administrar un censo para identificar las circunstancias específicas de los/as residentes, como si toman medicamentos, si viven solos/as o tienen movilidad limitada.

Los proyectos locales de autogestión[20] no pueden reemplazar la responsabilidad de las instituciones estatales como FEMA, ni nuestro derecho al acceso a la asistencia por desastre y los servicios públicos. Pero la política de Apoyo Mutuo en este caso particular demuestra otra forma de hacer las cosas, que, aunque limitada y determinada por las relaciones de poder operantes, se enmarca en torno al apoyo y las relaciones afectivas. Esta "ecología social de apoyo"[21] tiene el potencial de señalarnos un camino más equitativo hacia adelante, precisamente porque rechaza los marcos de individualización que convierten a las personas en consumidores en un mercado de recuperación, que son disciplinados/as a través de relaciones de propiedad y deuda.

---

[20] Eric Klinenberg, *Heat Wave: A Social Autopsy of Disaster in Chicago* (Chicago: University of Chicago Press), 2015.

[21] Eric Klinenberg, *Heat Wave: A Social Autopsy of Disaster in Chicago* (Chicago: University of Chicago Press), 2015.

Arturo Massol-Deyá

Traducido por Nicole Delgado

La revolución energética:
Un modelo de autogestión, sustentabilidad, y soberanía comunitaria en Puerto Rico

Poco antes de que el huracán María azotara a Puerto Rico el 20 de septiembre de 2017, caminé en silencio por las calles del pequeño municipio montañoso de Adjuntas. Me despedí en susurros, con la extraña sensación de que todo sería diferente después de la tormenta. En efecto, la devastación de María arropó tanto al paisaje natural como a la infraestructura. Cientos de casas sufrieron daños significativos, muchas perdieron el techo. Los deslizamientos de tierra y los árboles caídos obstruyeron las carreteras y las líneas eléctricas cayeron por todas partes. Los árboles desnudos daban al paisaje un aire de desolación total. No había electricidad, el servicio de agua potable era intermitente y el único supermercado de la ciudad había quedado destruido; parecía un campo de batalla. Adjuntas estaba aislado geográficamente del resto de la Isla y del planeta, y tampoco teníamos combustible. Cientos de "refugiados/as" estaban atrapados/as en refugios públicos improvisados y hacinados, donde escaseaban las camas, los alimentos, las medicinas y los servicios básicos. Desafortunadamente, Adjuntas no fue una excepción a esta realidad.

El huracán golpeó a Puerto Rico después de más de una década de depresión económica y medidas de austeridad. Como resultado, la capacidad de preparación del gobierno era limitada, mientras los recursos se dirigían a unos pocos favorecidos. Por ejemplo, el gobierno usó decretos de emergencia para acelerar proyectos sin tener que acatar las leyes o regulaciones. Con un decreto de emergencia energética el gobierno comisionó en el año 2010 un gasoducto de noventa y tres millas de largo que atravesaría recursos hídricos, bosques, áreas agrícolas, humedales y áreas densamente pobladas en una isla

321

de cien millas de diámetro. El gobierno prometió resolver los problemas energéticos del país con el tubo y, por lo tanto gastó millones de dólares, agravando la crisis fiscal de la Autoridad de Energía Eléctrica (AEE) en lugar de atender la crisis energética real del país: un sistema energético basado en la explotación de recursos no renovables.

Tomando en cuenta los efectos bien documentados de las emisiones de gases de invernadero sobre el calentamiento global y el cambio climático, la lucha por un futuro mejor debe incluir de manera inequívoca resolver nuestra dependencia a los combustibles fósiles. Un grupo de investigadores de la Universidad Estatal de Florida y la Universidad de Princeton estimaron que por cada aumento de un grado Celsius en la temperatura de la superficie del mar, los vientos de un huracán pueden acelerarse dieciocho millas por hora, lo suficiente como para cambiar su categoría.[1] Además, el aumento en calor implica mayores tasas de evaporación, es decir, más agua en la atmósfera. El huracán María fue resultado de temperaturas más altas; el sistema llegó a alcanzar el tamaño de Francia, transportaba una gran cantidad de agua que aumentaba su poder destructivo, provocando inundaciones catastróficas y deslizamientos de tierra. Con el paso de María sufrimos las consecuencias combinadas de todos estos factores, incluidos más de cien mil deslizamientos de tierra, según documentado por imágenes de satélite y por el Servicio Forestal de Estados Unidos. Uno de estos deslizamientos de tierra ocurrió en el municipio de Utuado, donde dos hermanas fueron enterradas vivas en su propio hogar. Otros ocurrieron en áreas de colinas empinadas donde la construcción mal planificada de carreteras y edificios aumentó el riesgo de deslizamientos.

Para abordar estos desafíos y enfrentar los peligros únicos del siglo XXI, debemos comprender mejor el rol ecológico de los bosques en la sociedad, preocuparnos por la seguridad del agua, proteger las costas del aumento del nivel del mar y las marejadas, repensar cómo se practica la agricultura y rediseñar nuestros hogares para que sean más autosuficientes.

---

[1] James B. Elsner, Sarah E. Strazzo, Thomas H. Jagger, Timothy Larow, y Ming Zhao "Sensitivity of Limiting Hurricane Intensity to SST in the Atlantic from Observations and GCMs", *Journal of Climate* 26 (15 de agosto de 2013): 5949–5957. https://doi.org/10.1175/JCLI-D-12-00433.1

El problema es que reconocemos las advertencias, pero no tomamos las medidas adecuadas. El discurso "verde" impregna actualmente la retórica de los políticos, mientras en la práctica perpetúan la quema de carbón, insisten en construir incineradores y abren nuevas válvulas para gas natural. Al mismo tiempo, impiden la labor de quienes promueven las energías renovables y obstaculizan la conservación de los bosques, que producen aire limpio, amortiguan las inundaciones y ayudan a amortiguar las consecuencias de las sequías. Las advertencias sobre huracanes y sequías han estado sobre la mesa durante bastante tiempo. En un mundo donde el clima es cada vez más extremo, es fundamental promover un futuro que rechace el capitalismo salvaje, la corrupción y el clientelismo que impregna nuestro sistema energético.

La crisis energética en Puerto Rico

En Adjuntas se fue la luz días antes de la tormenta, cuando aún no había caído ni una pulgada de lluvia ni soplaban ráfagas de viento. Nadie se sorprendió cuando el huracán dejó a la AEE inutilizable y expuesta. La tormenta puso al descubierto el modelo energético anticuado de la AEE, basado en plantas de energía que queman petróleo, gas o carbón. Los subproductos de las plantas —incluidas las emisiones de ceniza y carbono— amenazan la salud de nuestra gente y de nuestro planeta sobrecalentado. Sumado a esto, la enorme deuda pública representa una agresión más contra nuestros/as hijos/as, quienes terminarán migrando o pagando por las decisiones corruptas y mediocres del pasado.

No hay progreso en simplemente restaurar la misma infraestructura defectuosa. El país debe pasar de la simple aspiración a construir efectivamente un modelo de energía responsable y resistente a partir de fuentes de energía renovables, como el agua, el viento, la biomasa y, por supuesto, la energía solar. Sin embargo, con sólo una pequeña ventana de tiempo para avanzar en el desarrollo de fuentes alternativas de energía que podrían prevenir el cambio climático, la AEE sigue obsesionada con opciones ya descartadas, como el gas natural, el cual debería quedar en el pasado. A penas el 3% de la electricidad de Puerto Rico se genera con fuentes de energía renovables, pero el gobierno se ampara en las excusas de que el sistema de energía "no fue diseñado para energías renovables" y que "el sol brilla sólo durante el día" para no aumentar este porcentaje.

Una cosa queda clara: debemos abandonar los combustibles fósiles y el obsoleto modelo energético de la AEE. La Autoridad de Energía Eléctrica mantiene sus precios astronómicamente altos porque monopoliza el mercado energético y bloquea los esfuerzos para buscar fuentes alternativas de energía.

LA PRIVATIZACIÓN COMPROMETE EL DESARROLLO ENERGÉTICO DE PUERTO RICO

En Puerto Rico ya conocemos bien la importancia integral de nuestro sistema energético. Desafortunadamente, aprendimos esta dura lección gracias a la obsolescencia del sistema existente. Después del huracán María, el tiempo sin servicio se contaba en meses, no en días. La falta de electricidad provocó mayor inseguridad, desempleo, quiebras, pérdida de medicinas y alimentos, y contaminación del agua, ya que las plantas de tratamiento descargaron aguas residuales sin tratar. Todo esto se agravó debido a la incapacidad de los hospitales para operar a plena capacidad. Durante los seis meses posteriores a la tormenta, murieron 2,975 personas y muchas más migraron a los Estados Unidos.

En medio del sufrimiento de la abrumada población, muchos recibieron el anuncio del gobierno de privatizar el sistema eléctrico del país como el paso lógico hacia adelante. El gobierno argumenta que las fallas de la compañía eléctrica son resultado de ser propiedad pública y que por eso la misma es víctima del partidismo. Sin embargo, después de María en Puerto Rico fallaron ambos, los servicios públicos y los privatizados (como las telecomunicaciones). Pero mientras el sector público de los servicios de energía era criticado, a las empresas privadas de telecomunicaciones se les dio una oportunidad. Sin mencionar el hecho de que el 30% de la generación de energía de la AEE fue privatizada a mediados de la década de 1990. La privatización no es una solución nueva. El componente privatizado de la AEE ha dictado en gran medida los contratos y los nuevos proyectos de la compañía, que triplicaron la deuda pública incluso cuando su capacidad de operar fue diezmada por la imposición de medidas de austeridad.

El modelo privado de la AEE tiene la vista puesta en expandir el uso de gas natural, carbón e incineradores. Esta visión del futuro energético de Puerto Rico, claramente expresada por la Junta de Control Fiscal, es el mayor desafío que enfrenta el país. En lugar de mantener nuestra dependencia a los combustibles fósiles y gastar más de $ 2.8 millones anuales en combustible, debemos aspirar a la autosuficiencia energética.

Nuestra experiencia después del huracán María debería ser suficiente para incitar a un cambio de paradigma. Tras la tormenta, la AEE recurrió a la subcontratación de empresas privadas, principalmente estadounidenses, para llevar a cabo las operaciones de recuperación. No existe ya un potencial público local para responder porque éste había sido desmantelado. Las medidas de austeridad fiscal provocaron la eliminación de brigadas de mantenimiento y organismos de respuesta, como la Defensa Civil, que solía responder inmediatamente después del paso de un huracán o tormenta en cada municipio. Aunque se descubrieron esquemas de corrupción, como la contratación de la infame compañía Whitefish, después de eso siguieron patrones similares. El sueldo de los trabajadores de reparación traídos del exterior era hasta diez veces más alto que el de la mano de obra sindical local; aun así, después de meses de contratos, gran parte del país todavía no tenía electricidad. La AEE tardó casi un año en anunciar que el servicio eléctrico había sido completamente restablecido en Puerto Rico. Como era de esperarse, dejaron en la oscuridad a muchas personas del campo, ya que no resultaba rentable proporcionarles servicio a menos que los propios consumidores pagaran los postes y asumieran otros costos.

Inicialmente, el número de postes caídos de la red de transmisión y distribución se utilizó para definir el grado de daño. Según los estimados, hubo sesenta y dos mil postes caídos (aunque esta cifra se redujo más tarde a cuarenta y ocho mil). En base a esta y otras observaciones, se declaró que el 80% de nuestro sistema de energía se había derrumbado con el huracán. Sin embargo, ninguna de las centrales eléctricas sufrió daños directos significativos, y en realidad más de seiscientos mil postes no fueron afectados. Aunque sin duda el número de postes caídos es sustancial, no representaba ni siquiera el 10% del total. El daño al sistema eléctrico se exageró como medio para ocultar el incompetente proceso de restauración. Sorprendentemente, el esfuerzo de reparación privatizado tampoco cumplió rápidamente su tarea.

Si el gasoducto Vía Verde existiera hoy

En 2010, la administración del gobernador Luis Fortuño declaró un estado de emergencia energética. La solución, según ellos, era construir un gasoducto de noventa y tres millas de largo. La tubería, engañosamente llamada Vía Verde, estaba destinada a atravesar las laderas más empinadas de la Cordillera Central, pasar sobre (o debajo de) 234 cuerpos de agua, fragmentar fincas y bosques, y cruzar por patios residenciales y humedales hasta llegar a las unidades generadoras de la AEE en Palo Seco y San Juan.

¿Cuál hubiera sido el impacto del huracán María si hubiéramos permitido la construcción de Vía Verde? ¿Se habría restaurado la electricidad más rápidamente? ¿Se habrían evitado miles de muertes al tener un gasoducto? ¿Se habrían evitado las emisiones y los ruidos estridentes de las centrales eléctricas? Por supuesto que no. Sin embargo, sí se puede suponer que los deslizamientos de tierra hubieran sido peores. La tubería habría pasado exactamente por las áreas montañosas donde los deslizamientos de tierra arrastraron casas, puentes, carreteras y otra infraestructura. Sin los árboles y sus raíces, los suelos son más propensos a los deslizamientos como tras una huella de construcción mayor.

Fue una gran negligencia perder tiempo y recursos en el proyecto fallido del gasoducto, al mismo tiempo que se descuidaban las necesidades críticas del sistema de energía. El gobierno sabía que la tubería era técnicamente inviable porque Ecoeléctrica, la terminal de gas natural en Peñuelas, carecía de la capacidad para procesar el excedente de combustible necesario para abastecer la tubería. Además, tratar de vendernos una tubería como la solución a nuestra crisis energética fue un acto injustificado y corrupto. En lugar de mantener y fortalecer las líneas de transmisión y distribución, el gobierno desmembró a la AEE con su austeridad, desperdicio y malas decisiones. Como resultado, la AEE se declaró en quiebra.

Hoy día, los saqueadores, los políticos y los representantes de la industria del gas y el petróleo, ejerciendo presión a espaldas de la gente y tomando decisiones sobre la reconstrucción del país después del huracán, son los mismos que querían distribuir los contratos del gasoducto entre sus amigos. Al enfrentarlos, debemos defender una agenda energética que se pueda resumir con las palabras "recursos renovables". Es la única forma de contrarrestar a aquellos cuyo discurso absurdo nombra al gasoducto como Vía Verde.

Esclavitud energética

El representante Rob Bishop (R-Utah), presidente entonces Comité de Recursos Naturales de la Cámara de Representantes, visitó la isla en mayo de 2018, en medio de la emergencia extendida. Bishop declaró "Me gustaría ver más puertos de gas natural aquí", admitiendo que había discutido el tema en Washington D.C. con ejecutivos de compañías privadas que no quiso nombrar. Su agenda energética para Puerto Rico excluye la energía solar y eólica, condena al Caribe a depender de combustibles fósiles y utiliza a Puerto Rico como un centro de distribución y consumo para la región.

Al deliberar y tomar decisiones a nuestras espaldas, los políticos de Washington (influenciados por poderosos cabilderos como el ex gobernador Luis Fortuño) visualizan un país que pueden reconstruir en favor de sus intereses. El gobierno de Estados Unidos quiere mantenernos sujetos a un modelo de dependencia energética. Es decir, "la energía debe importarse", dijo Bishop, y "el gas natural es una magnífica forma de hacerlo". La nueva fiebre estadounidense no es el oro californiano ni el petróleo de los 1960s, sino el fracking, o la hidrofractura —una de las tecnologías más destructivas de este siglo, usada para extraer reservas subterráneas de gas. Por lo tanto, es un error pensar que Estados Unidos ha perdido interés geográfico en nuestras islas y que preferiría que nos convirtiéramos en un estado de la nación o en un país independiente. La agenda energética y el modelo de privatización indican claramente el objetivo de Estados Unidos: perpetuar el status quo de Puerto Rico.

Frente a esta desafortunada e injusta realidad colonial, debemos organizarnos localmente para rechazar la imposición de la dependencia energética de Estados Unidos y proponer una agenda de autosuficiencia energética —haciendo énfasis en las fuentes de energía limpia y segura que tenemos en abundancia. Generar energía con el sol, el agua, el viento y la biomasa a través de micro-redes, sistemas híbridos y otras configuraciones en el punto de consumo es una vía para lograr bienestar y progreso para todos/as y para comenzar a descolonizar a Puerto Rico.

Para salir de la oscuridad, construyamos un presente de energía alternativa

Sobrevivir a la fuerza enfurecida de un huracán moderno y luego tener que sufrir la desesperanza colectiva al ver morir a tantas personas por causa de la grave negligencia histórica del gobierno de Estados Unidos es algo que haría a cualquiera cuestionar seriamente el futuro inmediato.

Pero en Adjuntas demostramos que más allá de la desesperación existe otro Puerto Rico, donde comunidades diversas y organizadas respondieron a la emergencia a través de la autogestión y un sentido colectivo de esperanza.

Casa Pueblo, una organización comunitaria local que opera con energía renovable desde 1999, sirvió como un oasis de energía para la comunidad. El sistema de energía solar recientemente modernizado de Casa Pueblo resistió al embate del huracán, permitiendo a la comunidad llevar a cabo tareas de ayuda humanitaria en el pueblo, en las periferias rurales y en otros municipios. La iniciativa #iLuminarPRconSOL fue una de las primeras tareas de mitigación, que movilizó a la diáspora puertorriqueña y a amigos/as de nuestro proyecto de autogestión para ayudar a superar el colapso de nuestra red eléctrica. Como resultado, miles de lámparas solares iluminaron los hogares de la región.

Debido al colapso de los sistemas de comunicación de Puerto Rico, una de las acciones cruciales en los primeros días de la crisis fue conectar y comunicar a cientos de adjunteños/as con sus familias a través de telefonía satelital, radio comunitaria y nuestras redes sociales. Mientras tanto, varias motosierras comunitarias pasaron de mano en mano para ayudar a despejar carreteras y residencias. Los/as voluntarios/as distribuyeron refrigeradores, filtros de agua, agua limpia, alimentos y productos de higiene. También se recolectaron toldos en la diáspora, que fueron traídos directamente a Puerto Rico por voluntarios/as mientras no funcionaba el correo postal. Estos toldos se distribuyeron en las montañas semanas antes de que llegara FEMA.

Decidimos ampliar nuestra respuesta con la meta de cambiar el panorama energético a través de proyectos de autosuficiencia energética que atiendan el derecho a la energía, las comunicaciones, la salud, la nutrición, el entretenimiento, la educación y el estímulo económico. Por ejemplo, desde febrero de 2018 la barbería Pérez en Adjuntas opera con un sistema de energía solar que Casa Pueblo instaló como parte de sus iniciativas de desarrollo económico. Don Wilfredo, el barbero, es la primera persona que conozco cuyos ojos brillan cuando se le pregunta sobre su factura de electricidad. En lugar de los $80 que solía pagar mensualmente, su nuevo gasto de energía solar es el mínimo de $5.80. Un día me dijo: "No me di cuenta de que había un apagón. Los clientes son los que me dicen cuando no hay luz en el pueblo". Dijo esto con una combinación de orgullo, felicidad y empatía por quienes siguen necesitados. "Hay muchos sin luz en el campo", dijo.

La barbería se suma a una cartera de proyectos energéticos de Casa Pueblo en el punto de consumo que trabajan directamente con personas y empresas. A sólo unos meses después de María, habíamos equipado diez hogares en la comunidad rural de El Hoyo con sistemas de respaldo para equipos médicos como diálisis y máquinas respiratorias. Atendimos el tema de seguridad alimentaria con la instalación de más de cincuenta refrigeradores solares en residencias en todos los barrios del municipio, y ahora cinco supermercados funcionan con energía solar. Los supermercados, que representan la primera línea de abastecimiento de la comunidad, están ubicados estratégicamente en los barrios de Guilarte, La Olimpia, Vegas Abajo, Tanamá y Garzas. En lo que respecta a educación y entretenimiento, se estableció un salón solar en el Bosque Escuela, y en abril de 2018 se completó el primer cine solar de Puerto Rico. También establecimos el primer transmisor de radio completamente solar y proporcionamos energía solar a dos ferreterías, treinta hogares (que los vecinos llaman cucubanos o luciérnagas), casas con necesidades de diálisis peritoneal, dos ferreterías, la casa agrícola, el hogar de ancianos, emergencias médicas, bomberos, la Escuela Elemental Domingo Massol, a la primera lechonera de un joven comerciante Vista al Río e incluso a El Campo es Leña, una concurrida pizzería.

Se espera que las ferreterías transfieran sus ahorros en la factura de energía eléctrica a la comunidad, ofreciendo a sus clientes productos de bajo consumo a bajo costo. Se pide a los supermercados que controlen sus precios, que no cierren sus operaciones, que ofrezcan alimentos de mejor calidad y que sirvan como oasis energético para nuestra gente de la misma manera que lo ha hecho Casa Pueblo. Quienes recibieron refrigeradores solares de Casa Pueblo prometieron ayudar a sus vecinos/as, y el barbero prometió bajar sus precios. Este es un modelo de cambio que aprovecha los nuevos recursos para promover responsabilidad social colectiva.

Mientras tanto, hemos estado trabajando con profesores y estudiantes de la Universidad de Michigan en innovaciones para diversificar las fuentes de energía y desarrollar una micro-red de energía a partir de sistemas híbridos. ¿El plan? Integrar la biomasa agrícola y usar residuos vegetativos para generar energía por la noche en combinación con un sistema fotovoltaico diurno.

En busca de independencia energética para Puerto Rico

Mientras el gobierno central carece de una visión clara para el futuro o se deja influenciar por agendas externas, Casa Pueblo y muchos otros grupos y comunidades abogamos por proyectos de energía solar en toda la isla. Hay consenso sobre la idea de maximizar los recursos energéticos locales y reemplazar un modelo obsoleto donde, vergonzosamente, sólo el 0.41% de la energía generada es solar. A medida que avanzamos, luchamos por la meta a corto plazo de #50conSOL para 2027. Es decir, queremos que para el décimo aniversario del huracán María el 50% de la generación de energía del país para consumo residencial se traslade a la energía fotovoltaica. Esta sería la primera fase de desarrollo de un sistema energético 100% renovable. Al abogar por este objetivo, también estamos promoviendo un modelo económico que generaría ahorros y beneficios para las comunidades locales a la vez que crea empleos en toda la isla. Más aún, estas iniciativas crearán resiliencia mientras revitalizan la economía, empoderando a las comunidades marginadas en Puerto Rico a tomar control local de los recursos y convertirse en un centro de energía limpia en el Caribe. Finalmente, la autosuficiencia energética podría ser nuestro primer paso puntual hacia un proceso de descolonización.

Giovanni Roberto

TRADUCIDO POR NICOLE DELGADO

Cocinas comunitarias
¿Un movimiento emergente?

Trabajo en los comedores sociales de Puerto Rico, un proyecto social de cocinas comunitarias donde cocino, ayudo con tareas de organización y promuevo el activismo político. El nombre "comedores sociales" proviene de los puestos de comida basados en donaciones que comenzamos en 2013 en el recinto de Río Piedras de la Universidad de Puerto Rico y en otros lugares en todo Puerto Rico. El grupo que inició los comedores es socialista, por lo que criticamos el sistema capitalista e intentamos crear experiencias transformadoras para el cambio social que incluyan experiencias personales para todos los involucrados en el proyecto.

En mi caso, la comida y el hambre siempre han sido un tema. Durante muchos años mi familia tuvo que recurrir a cupones de alimentos, que, como sabemos, ayudan pero no son suficientes. Para tener algunos ingresos en efectivo vendimos gandules, ajíes, calabazas, mangos y cualquier cosa que creciera en la ladera de la montaña cercana. Mi mamá hacía pasteles y otras cosas. Mi papá trabajó esporádicamente hasta que se lesionó permanentemente la espalda y sus opciones de trabajo se vieron aún más limitadas. En nuestro hogar, el desempleo y el trabajo por cuenta propia eran la norma.

Mi despertar político ocurrió con los acontecimientos históricos de finales de la década de 1990, incluidos la Huelga del Pueblo de 1998, la liberación de los prisioneros políticos puertorriqueños en 1999 y la intensa lucha contra la presencia de la Marina de los EE. UU. En la isla de Vieques.[1] Estos fueron eventos *históricos y colecti-*

---

[1] La Huelga del Pueblo de 1998 fue una serie de protestas, marchas y paros contra la privatización del servicio telefónico nacional. Incluyó una huelga

vos que experimenté desde mi *contexto individual* de ser de la región montañosa de Puerto Rico, de tener hambre y de vivir en la pobreza.

Es por esto que siempre he estado convencido de que debemos construir diferentes sistemas sociales, políticos y económicos para reemplazar al capitalismo y todas sus prácticas de exclusión.[2] En Puerto Rico, el capitalismo global se manifiesta a través del control político directo que el Congreso de Estados Unidos ejerce sobre nosotros. El capitalismo que nos oprime aquí es un sistema colonial, y es por eso que nuestra lucha por una vida mejor es siempre *independentista* y anticolonial.

Este tipo de dominación a menudo conduce a distracciones ideológicas como "¿Qué seríamos sin los Estados Unidos?", "Estamos mejor que cualquier república latinoamericana" y "Si nos independizamos, vamos a morir de hambre".

UNA TRAVESÍA PERSONAL

A finales de 2012, me sentía deprimido y desorientado. Estaba perturbado y necesitaba reinventarme. Renunciar a mi trabajo docente en una escuela alternativa parecía simple en comparación a decidir qué hacer con mi vida.

Finalmente di con el psiquiatra Efrén Ramírez, que atiende la enfermedad mental desde un enfoque holístico. Aunque puede recetar medicamentos farmacéuticos, fundamenta su práctica en la nutrición, incluyendo el consumo de litio natural como suplemento al proceso de desarrollo personal. Ramírez defendía la idea de que la vida

---

general de dos días en todo Puerto Rico durante el verano. Doce presos políticos fueron liberados después de diecinueve años de prisión luego de una intensa campaña y apoyo popular. En 2010 fue liberado Carlos Alberto Torres y Oscar López Rivera en 2017. Vieques es una isla-municipio de Puerto Rico, invadida y ocupada por la Marina de los EE. UU. desde 1945. Después de la muerte de un civil —David Sanes— en 1999 durante prácticas militares, las protestas contra la marina exigieron el fin de las prácticas de bombardeo y el cierre de la base naval. La lucha continuó hasta que la base naval finalmente cerró en 2003.

[2] Fui miembro militante de la Organización Socialista Internacional (OSI) desde 2000 hasta su finalización en 2014. Esta experiencia dio paso a la creación del Centro para el Desarrollo Político, Educativo y Cultura (CDPEC), los Comedores Sociales de Puerto Rico, y otros proyectos.

se puede sustentar a través del "apoyo mutuo y el esfuerzo propio" en la búsqueda de significado, y que esto se alcanza a través de la organización, la nutrición y el servicio comunitario, entre otras cosas.

Su método resonó conmigo, e inmediatamente comencé a mejorar. Comencé a tomar decisiones diferentes que tuvieron un efecto dominó. En las sesiones con Ramírez, sólo compartía lo que estaba haciendo para sentirme mejor, no mis problemas ni cosas que me entristecían. Era una forma de centrarse en la búsqueda de soluciones y de implementar alternativas para enfrentar los desafíos de la vida.

A mi madre, Guillermina Caez, quien también es fundadora de comedores sociales y una de nuestras cocineras desde hace mucho tiempo, le diagnosticaron cáncer en 2012. Afortunadamente su tratamiento fue simple y breve porque se detectó temprano. Su enfermedad y recuperación influyeron en su dieta y en la mía. Junto al programa de sanación de Ramírez, su enfermedad me hizo repensar el papel de los alimentos en el desarrollo humano físico y social.

Las primeras mesas de comida que establecí en 2013 estaban destinadas a acompañar el trabajo político que hacía con la Organización Socialista Internacional (OSI)[3]; establecí el comedor desde la perspectiva de la organización, que era lo que más me interesaba como activista. Para mi sorpresa, en menos de un año las mesas de comida llegaron a *sustituir a la organización política*, enfrentándonos con otra dimensión del trabajo político que no habíamos pensado antes. Esto también me dejó ver una faceta de mi propósito en la vida, una que no había integrado en mi práctica política hasta el momento: la lucha contra el hambre y la escasez.

Solidaridad política y colectiva

En las primeras mesas vendíamos una comida por $4 o lo que la gente pudiera pagar. También aceptábamos donaciones y ayuda. Debido a la vida que he vivido, no me gusta cómo el dinero limita a las personas. Al distribuir alimentos, no quería que el dinero fuera una limitación. Ya que el trabajo de las mesas se llevó a cabo con la

---

[3] La OSI era una organización marxista y defensora del "socialismo desde abajo", la idea de que una clase trabajadora organizada puede y debe dirigir la sociedad. En 2013 había dos sedes principales, en Cayey y Río Piedras.

ayuda de mi madre desde el principio, recibir ayuda con las mesas siempre fue muy importante. Si alguien dona algo de arroz o una lata de frijoles, se lo agradecemos mucho y les damos a cambio un plato de comida. Poco a poco, a través de nuestras interacciones con las personas, hemos desarrollado nuestro "sistema de tres contribuciones": a cambio de comida, las personas pueden dar dinero, una donación en especie, o trabajo voluntario. El punto de partida siempre fue una perspectiva política antisistémica.

Las tensiones aumentaron rápidamente y la universidad dejó en claro cuán radicales eran nuestras acciones. Las autoridades de UPR Cayey intentaron detenernos varias veces sin éxito, a pedido del gerente de Fazaa Food Service, los administradores privados de la cafetería de la universidad. Así, el estado y una empresa privada unieron fuerzas para oponerse a un puesto de comida que regalaba como máximo veinte comidas por semana a estudiantes que apenas podían pagar con dinero. Eventualmente me dieron una multa, pero nuestro contable logró eliminarla. En otra ocasión, la seguridad del recinto intentó, sin éxito, obligarnos a dejar de repartir las comidas.

En el recinto de UPR Río Piedras, una vez los guardias de seguridad del campus bloquearon las mesas de comida con sus cuerpos. Ahora era el estado llevando a cabo una protesta pacífica contra una iniciativa estudiantil civil. Los guardias de seguridad, la mayoría de los cuales estaban obviamente avergonzados, se pararon allí para detener la distribución de las comidas solidarias. Después de un rato el rector vigente ordenó a los guardias que se fueran. En otra ocasión, el decano de la Escuela de Administración de Empresas cortó el acceso al suministro de agua. Y de vez en cuando un nuevo y arrogante guardia de seguridad le bloqueaba la entrada al carro de los comedores para que no pudiera entregar la comida que se iba a servir ese día. Pero a diferencia de UPR Cayey, la administración de UPR Río Piedras siempre ha estado abierta a regular nuestro proyecto.

Desde la OSI emprendimos los comedores sociales como parte de nuestro trabajo político a la vez que establecimos el Centro para el Desarrollo Político, Educativo y Cultural[4], una organización sin fines de lucro que creamos en 2012 para promover experiencias de

---

[4] Los Comedores Sociales de Puerto Rico fueron inicialmente un Proyecto de CDPEC. Para más información, visite www.cdpecpr.org.

cambio. Con el tiempo se creó una división entre quienes estaban emprendiendo el comedor y los miembros estudiantes de la OSI que estaban orientados hacia la protesta y los movimientos políticos.

Cada ataque de los administradores o de la UPR fortaleció nuestra protesta con mesas de comida y nos brindó experiencia política. Así es como asumimos el nombre de *comedores sociales* y le explicamos por escrito los objetivos del proyecto a las autoridades de la UPR: alimentamos la solidaridad al construir una organización sin fines de lucro dedicada a crear experiencias de cambio a largo plazo para las personas. Cuando se nos preguntó acerca de nuestro "negocio", respondimos que estaba sincronizado con el modelo de organizaciones sin fines de lucro: aceptamos donaciones, materiales y trabajo voluntario. En cualquier caso, si la persona no podía brindar ninguno de los tres tipos de donación, comía de todos modos, pasando a ser también un proyecto de distribución gratuita. Sin embargo, nos organizamos en torno a la solidaridad, no a la caridad. Es por eso que establecimos métodos de donación flexibles, que pueden incluir el recibir una comida sin haber dado una donación. Esto nos permite presentar una relación distinta a la relación tradicional de cliente-vendedor. En efecto, somos proveedores de comida, pero con el objetivo de consolidar los lazos sociales y construir una comunidad. Los fondos que recibimos pagan el alquiler y otros gastos operativos, incluyendo la paga para el personal que trabaja en el proyecto.

CRECIMIENTO DURANTE LA CRISIS

Los últimos años han sido particularmente difíciles para los movimientos políticos que buscan mejorar las condiciones de vida de las personas —difícil también para los movimientos independentistas, socialistas y laborales. Enmarcada por la crisis global y la deuda, la clase alta está librando una guerra frontal contra la clase trabajadora. Los efectos principales son evidentes: la destrucción del servicio público, el aumento y la consolidación del desempleo y una migración masiva. Nadie parece ser capaz de escapar de estos efectos.

Lamentablemente, nuestros comedores sociales están sirviendo a mucha gente porque el hambre crece paralelo a la crisis. Una persona que vino a comer me dijo que almuerza en los comedores, va a un comedor cristiano por la tarde para cenar y le pide comida a su vecino de vez en cuando para sobrevivir la semana. Otra persona me habló de los estudiantes universitarios: "La gente pasa hambre con mucha frecuencia. Abres la nevera en los hospedajes y no hay absolutamente nada." Esto es más común de lo que uno pensaría.

Los comedores sociales se están expandiendo alrededor de la isla. Ahora hay comedores en los recintos de la UPR en Ponce, Arecibo y Humacao, así como en la Universidad de Sagrado Corazón. En diciembre de 2015 celebramos la primera reunión de los comedores sociales de toda la isla. En 2017, justo cuando la UPR Mayagüez estaba lista para comenzar el suyo, golpeó el huracán María.

APOYO MUTUO DESPUÉS DEL HURACÁN MARÍA

Los comedores sociales siempre habían sido una iniciativa precaria, así que cuando María pasó por Puerto Rico, lo único que teníamos era comida. ¡Que suerte! Habíamos recolectado provisiones a principios de septiembre para "tener un buen comienzo de semestre". Estas provisiones se convirtieron en los primeros alimentos del *comedor social comunitario* que fundamos junto con el colectivo Urbe a Pie[5] y un ejército de voluntarios del Centro de Apoyo Mutuo (CAM), para atender la escasez de alimentos después del huracán. Utilizamos el modelo de "tres donaciones" para invitar a las personas a "no sólo recibir una comida sino también construir algo a largo plazo". Como sabíamos que después de un desastre natural y social seguiría el "capitalismo de desastre" —y los intentos del sistema para restablecerse— queríamos que nuestra iniciativa tuviera la menor intervención gubernamental posible. De esta manera, el CAM contó con el apoyo de las mismas personas que hacían fila para comer y de nuestros/as compañeros/as puertorriqueños/as que viven en el extranjero, quienes enviaron rápidamente alimentos no perecederos, suministros médicos, generadores eléctricos y lámparas solares, entre otras cosas.

Inesperadamente, los huracanes dejaron en claro la negligencia del gobierno: el bienestar de la población general no era prioridad

---

[5] Urbe a Pie es un colectivo que trabaja para el desarrollo social y económico del casco urbano tradicional del municipio de Caguas. Desarrollan distintos proyectos, como Huerto Feliz, Boutique Comunitaria, Galería de Arte Comunitario y Café Teatro El Reflejo.

para el gobierno, pero el sistema de acumulación y enriquecimiento sí lo era. Aunque los puertos estaban abastecidos de gasolina y mercancías, el gobierno limitó su distribución. Durante las primeras semanas, cientos de camioneros se ofrecieron a trabajar gratis, pero no se lo permitieron. Como el dinero era mayor motivación que restablecer rápidamente la energía eléctrica nacional, el gobierno esperó y otorgó turbios contratos por millones de dólares a la compañía White Fish. Nuestro gobierno ocultó la cantidad de muertes a consecuencia de los huracanes Irma y María para impresionar al gobierno de los Estados Unidos mientras llevaban a cabo una campaña oculta a favor de anexar Puerto Rico a los Estados Unidos. Mientras la gente moría por falta de atención médica, nuestros políticos trataban de obtener préstamos, contratos y cargos políticos.

Durante los días, semanas y meses siguientes al paso del huracán María, las docenas de brigadas, los comedores sociales, los esfuerzos médicos independientes, las presentaciones artísticas y la ayuda individual de personas en nuestro país y en el extranjero fueron lo que realmente levantó a Puerto Rico.

La idea del *centro de apoyo mutuo* fue adoptada por diferentes sectores en Puerto Rico; se establecieron centros similares en varios municipios. Desde Las Marías y Lares hasta Humacao y Vieques, diferentes iniciativas adoptaron el nombre de *centro de apoyo mutuo* para hacer hincapié en el tipo de dependencia y asistencialismo promovidos por el estado y sus agencias. El llamado a construir algo diferente sigue abriendo camino a mayor trabajo de base entre las personas.

Así es como los comedores sociales se vieron involucrados en la creación de otras cocinas comunitarias sociales, como la de Yabucoa, con el apoyo del Centro de Desarrollo Político, Educativo y Cultural (CDPEC) y el Centro de Apoyo de Las Carolinas, una comunidad en Caguas que ha brindado comida y otros servicios a sus residentes desde 2017. Para fortalecer las relaciones entre cada uno de los centros de apoyo y otras iniciativas similares, creamos la Red de Apoyo Mutuo, que continúa haciendo un importante trabajo de base.

UN MOVIMIENTO POLÍTICO EMERGENTE

Nuestros comedores sociales son un modelo de apoyo mutuo sustentable en lo que se refiere a la alimentación de personas. Nuestro modelo está creciendo para que se pueda aplicar al trabajo en muchas otras áreas. En los últimos años se han creado diversos centros orientados a satisfacer necesidades sociales, incluso antes del huracán María.

Existe el Centro de Estudio Transdisciplinario para la Agroecología en Lares y la iniciativa del Colectivo Columpio, un taller casero de teatro en el municipio de Camuy. También está el Consejo Integral Comunitario de la Barriada Morales, que capacita y apoya a los residentes de la comunidad.

Los proyectos ecológicos y agrícolas son muy importantes dentro de un ecosistema de alternativas concretas. El regreso a la agricultura y la proliferación de huertos orgánicos es la tendencia social más prometedora hacia un cambio político en Puerto Rico durante la próxima década.

Los comedores sociales están emergiendo en Puerto Rico como un movimiento político que orbita alrededor de satisfacer necesidades básicas. Estas iniciativas pueden multiplicarse porque responden a necesidades concretas y son fácilmente replicables. Las iniciativas se sostienen con sus propios recursos, donaciones privadas o literalmente pasando un sombrero. En lugar de depender del estado, el gobierno federal o las corporaciones, estas iniciativas "dependen" de su propia gente. La conexión directa con las *personas en la base* es la tarjeta de presentación de estos proyectos sociales y políticos orientados a la vida cotidiana. La crisis ha demostrado ser una oportunidad.

Tarde o temprano, la crisis habría generado una respuesta colectiva muy parecida a la nuestra para atender la necesidad de alimentos de las personas, así como también generaría otras respuestas que desconocemos. La crisis se asegurará de que las iniciativas y acciones que respondan a las necesidades de las personas sean exitosas.

Para el desarrollo vigoroso de la política antisistémica en Puerto Rico, necesitamos estar anclados en proyectos sociales, igual que lo hicieron los Black Panthers[6] y los Young Lords en los Estados

---

[6] El Partido de las Panteras Negras (Black Panther Party) fue una organización nacionalista, socialista y revolucionaria Negra que operó de 1966 a 1982 en los Estados Unidos. Sus militantes estaban involucrados en "programas de supervivencia" que servían desayuno a los niños, donaban ropa en invierno y ofrecían vigilancia a los barrios para evitar las agresiones de la policía blanca.

Unidos. Estas organizaciones protestaron contra el gobierno por su abuso sistémico, pero también organizaron la resistencia contra el capitalismo en el día a día.

Estos proyectos aumentan la confianza colectiva y demuestran efectivamente que podemos hacer mejor las cosas en la base. En Puerto Rico, no se debe subestimar el trabajo que se lleva a cabo para aumentar la autoestima, transmitir confianza y proyectar esperanza, porque somos un país cuya psique colectiva ha sido duramente golpeada por el colonialismo.

Nuestros proyectos sociales tienen la virtud de crear nuevas experiencias de intercambio y de relaciones humanas. Puede ayudarnos a superar el miedo a nuestro futuro político y a no ser capaces de asegurar nuestra supervivencia, que ha sido sembrado en nosotros generación tras generación. "Con la independencia moriremos de hambre" es lo que la gente piensa y dice, pero con el capitalismo colonial nos estamos muriendo ahora. Queda por desarrollar un movimiento político antisistémico —uno cuyo objetivo sea organizarse con la gente en la base para concretar alternativas a la crisis. Necesitamos luchar contra el viejo mundo y construir uno nuevo.

Y funciona. Una vez, en el comedor social, una comensal preguntó cuánto costaba la comida. A lo que respondimos: "La donación sugerida es de $5, pero puedes dar lo que puedas". Al principio la mujer se rió, pero luego nos dimos cuenta de que su risa era de asombro. Ella volvió a insistir: "¿Pero cuánto tengo que dar?" Le contestamos "$5 si los tienes" y nos respondió "¿Qué quieren decir con 'si los tengo'?... y si no los tengo, ¿no tengo que pagar?" Dejamos en claro que si alguna vez no tenía dinero y necesitaba comer, podía venir y ayudar de otra manera, darnos una mano o lavar algunos platos. Nos dio los $5 y se fue. Luego siguió viniendo todo el semestre.

No tenemos que preguntar sobre las ideas políticas de nadie porque el *comedor* en sí mismo es un *filtro*. Si la persona no es solidaria y no busca lo mejor para los demás, probablemente no nos conozcamos. Si no creen que las personas que se organizan pueden hacer cambios, probablemente no confiarán en nuestros nuevos proyectos porque no operan bajo las autoridades existentes, por lo que no nos consideran legítimos. El cambio profundo toma tiempo.

Por eso tengo fe en las luchas futuras. Generar cambio significa generar un movimiento para modificar los paradigmas de las funcio-

nes políticas. Así es como nuestros proyectos se nutren simultáneamente de la crisis y se radicalizan como resultado de ella.

Aunque se destacan los jóvenes y las mujeres, estos proyectos de
la vida diaria integran a todo tipo de personas. Sobre todo, la participación de las personas mayores resulta vital e indispensable para
los proyectos agroecológicos. Todos comparten una fuerte conexión
entre los temas de salud, cultura y bienestar general.

El movimiento que necesitamos llevar a la acción, un proyecto
de liberación nacional, se verá enriquecido por una combinación de
lucha política contra el estado y la construcción a corto plazo de
alternativas concretas. Lo estamos haciendo. Tenemos que seguir
sembrando.

TRADUCIDO POR NICOLE DELGADO

Rendición de cuentas y futuros seguros:
Una entrevista con Mari Mari Narváez

Mari Mari Narváez es fundadora y directora ejecutiva de Kilómetro 0, una organización que lucha contra la represión del estado y la violencia contra los/as ciudadanos/as. Como resultado del trabajo del grupo de responsabilidad ciudadana Espacios Abiertos, creado en 2014, Kilómetro 0 ha estado a la vanguardia de la lucha para hacer que el estado, especialmente el Departamento de Policía de Puerto Rico, sea más transparente y responsable ante el pueblo de Puerto Rico. En particular, Kilómetro 0 se ha dedicado a reducir los casos de acoso, violencia y letalidad policiales, mientras trabaja con el público para recopilar historias de mala praxis de la policía y crear conciencia sobre los derechos de las personas durante una intervención policial.

Mari ha formado parte de la política de vanguardia en Puerto Rico durante más de dos décadas como periodista y comentarista social para una variedad de medios, incluidos *Claridad*, *El Nuevo Día* y *80 Grados*. Publicó los libros *Del desorden habitual de las cosas* (Capicúa, 2015) y *Fuera del quicio* (Santillana, 2008) junto con Sofía Irene Cardona, Ana Teresa Pérez Leroux y Vanessa Vilches Norat. También es coautora de *Palabras en libertad: Entrevistas a los ex-prisioneros políticos puertorriqueños* (Editorial Claridad, 2000).

En esta entrevista habla sobre cómo desarrolló conciencia política y comenzó a organizarse en torno a los derechos humanos en Puerto Rico. Discute el panorama político antes del huracán María y cómo las protestas contra la imposición de PROMESA y la Junta de Control Fiscal enfrentaron intensa vigilancia estatal y represión policial. Para Mari-Narváez, el huracán María y sus réplicas presentan nuevos desafíos y oportunidades para los defensores de la justicia social y organizadores políticos en Puerto Rico. Mientras que el huracán María y la tormenta de negligencia intencional y austeridad que le siguió crearon nuevas urgencias en la vida de muchos/as puertorriqueños/as —lo que a menudo dificulta la posibilidad de salir a las calles a protestar—, señala que el huracán también arrancó la fachada de la gobernanza democrática y dejó claras las realidades del colonialismo en Puerto Rico, lo que pudiera estimular una renovada conciencia política y mayor organización. En última instancia, Mari-Narváez sugiere que una verdadera recuperación para los/as puertorriqueños/as que viven entre las réplicas del huracán María significa construir capacidades comunitarias y trabajar en favor del control comunitario de las instituciones que gobiernan nuestras vidas.

MARISOL LEBRÓN. Como periodista y activista, hace tiempo que le preocupan los problemas de justicia social y la lucha por los derechos humanos en Puerto Rico. ¿Puede contarnos un poco sobre su trayectoria política y cómo se involucró en los esfuerzos para crear mayor responsabilidad policial?

MARI MARI NARVÁEZ. Aunque me crié en una familia de activistas, en realidad nunca quise ser activista. Quería ser periodista y escritora desde adolescente. Escribir fue y sigue siendo mi mayor amor. Pero si lo piensas bien, ¿qué son el periodismo y la escritura, sino formas de activismo, ¿verdad? Comencé mi carrera periodística en *Claridad* a los veinte años. Unos años después estaba escribiendo columnas de opinión en *Claridad* y *El Nuevo Día*, y trabajando para diferentes organizaciones sin fines de lucro en Puerto Rico. Así que, al escribir sobre tantos temas sociales y culturales urgentes, creo que me fui convirtiendo en activista lentamente y de forma involuntaria. Todavía lucho con eso porque me imaginaba a mí misma escribiendo historias de ficción y viviendo una vida más tranquila. Claro, eso no va a suceder nunca, aparentemente. Los tiempos que vivimos son mucho más complicados de lo que esperaba.

Mi despertar político más significativo fue relativamente tarde en la vida, a mis veintitantos. Fue en 2005, cuando el FBI llegó a Puerto Rico, formó un perímetro alrededor de la casa de Filiberto Ojeda

Ríos y lo mató. Obvio que yo ya tenía conciencia política, llevaba mucho tiempo trabajando como periodista. Había crecido dentro del movimiento independentista, entre marchas y protestas. Pero algo pasó ese día, tenía que ver con una indignación vital y productiva. La lucha por los derechos humanos se volvió muy personal para mí. El asesinato de Filiberto me cambió radicalmente. Ese día entendí todo lo que no había entendido completamente sobre nuestra condición política y colonial hasta el momento. Y supe que tenía que estar más involucrada políticamente. La escritura era una herramienta poderosa y eficiente, pero no lo suficiente. Desde ese día sentí el fuego prendérseme dentro, y todavía lo siento. En el aspecto colonial y socioeconómico, las cosas en Puerto Rico sólo han empeorado con el tiempo, mi ira desde el 23 de septiembre de 2005 es justificada. También tuve el privilegio de trabajar junto a grandes organizaciones sin fines de lucro, aprendí mucho y reuní muchos recursos de esas experiencias. Una cosa llevó a la otra.

MARISOL LEBRÓN. La policía trabajando como herramienta de represión política en Puerto Rico tiene una larga historia, una historia con la que usted está íntimamente familiarizada. ¿Cómo entiende el rol de la policía en Puerto Rico?

MARI MARI NARVÁEZ. Mi familia ha sido perseguida ideológicamente por la policía la mayor parte de nuestras vidas. Antes de que yo naciera, en 1976, mi hermano Santiago Mari Pesquera fue asesinado en un ataque político en San Juan. Un grupo de extremistas exiliados cubanos estuvo involucrado en la planificación y ejecución del crimen, y la Policía de Puerto Rico participó, como mínimo, en el encubrimiento. Más de treinta años después, los documentos desclasificados del FBI revelaron que los exiliados cubanos tenían un plan para matar a mi padre y el FBI lo sabía. Mi padre, Juan Mari Brás, en aquel entonces era un destacado líder político en Puerto Rico, candidato a gobernador a la cabeza del Partido Socialista Puertorriqueño, un movimiento anticolonial, socialista y secesionista. Cinco meses después, asesinaron a mi hermano.

Por supuesto, mi familia no es la única cuyos miembros fueron asesinados, perseguidos, encarcelados y puestos en lista negra. En la dé-

343

cada de 1980, los litigios de derechos civiles revelaron que la policía había creado ilegalmente archivos políticos para vigilar a los/as disidentes, afectando la vida, el trabajo y las relaciones de cualquiera que protestara o que estuviera mínimamente involucrado/a en cualquier movimiento progresista en Puerto Rico. Cientos de personas han sido asesinadas y miles han sido encarceladas o perseguidas por la represión política y el colonialismo en Puerto Rico.

Cuando tenía veinte años y me convertí en periodista, volví a encontrarme con la policía, esta vez en las protestas sociales que cubría, donde abusaban de manifestantes y periodistas usando fuerza excesiva, intimidando a las personas y lanzando gases lacrimógenos contra nosotros/as.

No dudo que la autodeterminación y también el progreso político y social de Puerto Rico se han estancado principalmente como resultado del uso sistemático de la represión. Específicamente, represión policial. Pero esto no sólo aplica a los activistas. También aplica a las comunidades desatendidas, que quizás no llegan a recibir servicios básicos decentes del estado durante su vida, pero sí reciben la *mano dura*, la vigilancia discriminatoria, el abuso selectivo y violaciones de derechos humanos por parte de la policía. Esto también retrasa el progreso social. Estas son algunas de las razones por las cuales, desde 2014, me he dedicado a aprender, investigar, conseguir y abogar por la rendición de cuentas y la responsabilidad policial en Puerto Rico, primero desde Espacios Abiertos, una organización sin fines de lucro en Puerto Rico, y ahora desde Kilómetro 0, una organización que fundé recientemente con su apoyo.

MARISOL LEBRÓN. Dos de las organizaciones con las que ha trabajado como líder, Espacios Abiertos y Kilómetro 0, defienden la transparencia y el acceso a la información como parte central de su misión. ¿Por qué esto es tan importante para el trabajo de transformar la relación entre la policía y el pueblo de Puerto Rico?

MARI MARI NARVÁEZ. El gobierno puertorriqueño es y siempre ha sido extremadamente secreto y hermético, a pesar de que los/as residentes de Puerto Rico tenemos el derecho constitucional de acceder a la información. Históricamente, los/as activistas de derechos humanos, líderes ambientales y luchadores/as por la libertad han sido lo suficientemente valientes, sabios/as e intuitivos/as como para descubrir mucho de lo que ha sido ocultado. Pero la transparencia es uno de los principales pilares de una democracia, y la falta de ella en Puerto Rico nos ha causado mucho dolor. Cuando se establecen las grandes causas profundas de nuestra crisis actual, la mayoría de la gente se enfoca en el colonialismo, lo cual es obvio e irrefutable. La falta de transparencia no está sólo ligada al colonialismo, pero ha enmarcado nuestra cultura política. La paradoja es que esto sucedió al mismo tiempo que los funcionarios del gobierno de los Estados Unidos y Puerto Rico perpetraron una narrativa que presentaba a Puerto Rico como un país altamente democrático e incluso modelo. Todo resultó ser un fraude descarado, ya que nunca creamos la base mínima para una cultura de transparencia y acceso a la información, que son, nuevamente, elementos vitales de una democracia.

Como activista, puedo decir que paso al menos la mitad de mi tiempo de trabajo luchando por lo desconocido, todo tipo de datos e información que el gobierno no proporciona. Por ejemplo, la documentación sobre el uso de fuerza policial, el número, la información y las circunstancias de las personas asesinadas, mutiladas o gravemente heridas por la policía. Solicitar y luchar por esta información implica mucha carga de trabajo para cualquier activista. Y ni siquiera tenemos un mecanismo para acceder a la información. Es muy común pedirle información a una agencia y no recibir nada de vuelta o recibir datos conglomerados muy pobres. Entonces tus únicas opciones son (1) renunciar a los datos y utilizar cualquier otra información que puedas encontrar por tu cuenta o (2) demandar a la agencia, que no es algo que todos puedan hacer. Resulta demasiado oneroso tomar decisiones basadas en datos y hacer trabajo de defensa en Puerto Rico. Este es un elemento muy básico para crear una democracia.

MARISOL LEBRÓN. Antes del huracán, parecía haber una gran insatisfacción contra PROMESA y la imposición de la Junta de Control Fiscal. En todo Puerto Rico, pero especialmente en el área metropolitana de San Juan, hubo muchas manifestaciones y acciones contra las soluciones propuestas ante la crisis fiscal. ¿Cómo describiría el clima político antes de María? ¿Cómo respondió el gobierno al aumento en el activismo contra el nuevo régimen de austeridad implementado?

MARI MARI NARVÁEZ. El gobierno respondió con un nivel de represión que creo que no habíamos visto en mucho tiempo. Décadas tal vez. Nunca en mi vida pensé que estaría viviendo en un ambiente represivo similar al de mis padres. Hace quince años pensaba que todo eso había quedado en el pasado. Estaba muy equivocada. La represión es horrible por muchas razones, especialmente por la forma en que desalienta a las personas a ejercer sus libertades. En los últimos años le han sucedido cosas muy feas a las personas que protestan, especialmente a los jóvenes. Eso es malo, triste y terrible, pero mucha gente no se deja intimidar y eso también inspira. Sin embargo, lo que realmente resulta aterrador es la forma en que el capital mundial controla los gobiernos y el destino de un país, así como así. En Puerto Rico, tanto el gobierno puertorriqueño como el de Estados Unidos y la Junta de Control Fiscal hicieron todo lo posible para garantizar que las decisiones de La Junta encontraran un camino de ejecución relativamente fácil. Tanto la represión policial como la protección de los intereses privados han sido una parte central de su plan.

Como siempre, el gobierno federal ha jugado un papel principal en este clima de represión, y si queda alguna duda, basta con ver lo que han hecho con Nina Droz. Droz salió de su casa el 1 de mayo de 2017 para protestar contra las violentas medidas de austeridad que están matando a nuestro país y, casi dos años después, no ha regresado. Se le negó la libertad bajo fianza y fue encarcelada injustamente utilizando una teoría excéntrica sobre una "organización terrorista" que supuestamente investigaron y está "vinculada" a este caso. La teoría es completamente loca y todo el mundo lo sabe. Ha sido torturada, intimidada y le han negado atención médica; su dignidad ha sido violada continuamente. La fiscalía federal la encarceló como un cruel castigo de exhibición para todos los demás manifestantes. Y lo hacen porque saben que lo único que realmente puede amenazar sus planes de explotación económica son las movilizaciones sociales. Las protestas y los manifestantes sí pueden cambiar el curso de las cosas.

MARISOL LEBRÓN. ¿Cómo cambió las cosas el huracán María? ¿Se hizo más difícil organizarse contra la deuda? ¿Se volvió más importante?

MARI MARI NARVÁEZ. Ha sido un tiempo extraño y extraordinario. Algunos aspectos son mejores ahora, otros son más difíciles. Ha sido positivo el hecho de que el huracán dejó ver nuestra pobreza, nuestra fragilidad estructural y política, ya que más personas han podido comprender los efectos mortales de las medidas de austeridad y la relación entre la corrupción, la explotación capitalista, la deuda y nuestra vulnerabilidad —nuestra situación actual del día a día. La atención de los medios a Puerto Rico, especialmente gracias a Donald Trump y la discriminación y la falta de respuesta del gobierno federal en Puerto Rico, también ha traído un nuevo nivel de capital filantrópico que no teníamos antes. Eso ha facilitado las cosas para ciertas ONG y organizaciones activistas. Para muy pocas en realidad, pero la mayoría son organizaciones con impacto, influencia y una capacidad y compromiso comprobados. Eso ha sido positivo.

Por otro lado, muchas personas todavía están lidiando con las secuelas del huracán. Y cuando no tienes casa, por ejemplo; cuando tu situación económica ya es difícil y empeora debido a la falta de trabajo o a los efectos de las medidas de austeridad; cuando te encuentras en una mala situación y las escuelas de tus hijos cierran, y quizás perdiste tu carro en el huracán o tal vez perdiste tu red de apoyo porque tu familia se mudó a los Estados Unidos —no puedes pensar en movilizarte contra la deuda ni para pedirle cuentas a la policía o lo que sea. Muchas personas están inmersas en una situación económica y social extrema, y esto les dificulta mucho defender sus derechos. A veces, abogar por los derechos humanos constituye incluso un privilegio y eso es trágico.

MARISOL LEBRÓN. Después de la tormenta, fuimos testigos del despliegue de fuerzas militares para limpiar escombros, "mantener la paz" y ayudar con la distribución de suministros. Algunas personas vieron esto como la militarización de los necesarios esfuerzos de ayuda humanitaria, mientras otras personas pensaban que los militares eran los únicos capaces de distribuir adecuadamente la ayuda y mantener las calles seguras después de María. ¿Cuál fue su reacción al ver esta mayor presencia militar?

MARI MARI NARVÁEZ. Creo que, desafortunadamente, en Puerto Rico estamos acostumbrados/as a ver a los militares a menudo. Claro que fue más dramático después del huracán. Los podías ver justo en el medio de la autopista, simplemente parados allí en sus enormes vehículos, a veces sin hacer absolutamente nada. No me enorgullece decir esto, pero no reaccioné demasiado a la militarización. Supongo que se ha vuelto costumbre. Creo que la presencia militar en las calles no se sintió tan horrible y abrumadora como en Haití después del terremoto, por ejemplo. Estuve allí y mi reacción fue mucho más visceral que en Puerto Rico.

Pero esos días después del huracán fueron muy borrosos. El tiempo estaba como suspendido. Teníamos mucho que hacer y de qué preocuparnos, desde cosas básicas como encontrar agua potable hasta cosas más complicadas, como llevar ayuda al campo o lidiar con nuestras pérdidas y las de los demás. No estaba tan molesta con la presencia militar como con la imposición del toque de queda, por ejemplo. Y, por supuesto, con el caos general, especialmente con la falta de diesel. Saber que los camiones diesel llegaban a las mansiones y las propiedades de personas ricas, pero no a los hospitales, eso me enojó y me asustó. Simplemente no podías creer que eso estaba sucediendo. Sabía que no podíamos darnos el lujo de terminar en un hospital, así que estaba constantemente pensando en cómo mantenernos seguros y saludables.

Aun cuando el toque de queda me mortificaba mucho, no hice nada al respecto de inmediato. No podía. Estábamos concentrados/as en labores de emergencia y, como dije, lidiando con nuestro propio caos personal. Pero en noviembre comencé a hablarlo con diferentes activistas y comunicadores. Para diciembre de 2017, un grupo de organizaciones y activistas ya se había movilizado para crear un informe sobre las violaciones a los derechos humanos durante el manejo de la emergencia. Tuvimos una audiencia en la Comisión Interamericana de Derechos Humanos en Washington, DC. En este informe, analizamos y discutimos el toque de queda, entre muchos otros temas. Un abogado que participó me convenció de que el toque de queda había sido ilegal y no pude dejar de pensar en eso. Finalmente, cuando llegaba la fecha del aniversario del huracán, me di cuenta de que teníamos que mirar atrás y sostener la conversación que no habíamos podido tener antes: la conversación sobre el toque de queda ilegal que se nos impuso. En ese momento ya había fundado Kilómetro 0 y creamos una campaña de sensibilización llamada Mi

Candado Lo Tranco Yo. Llevamos el mensaje acerca de cómo ciertos derechos fundamentales como el derecho a la libertad de movimiento habían sido violados innecesariamente, por qué eso era ilegal y por qué debíamos reafirmarnos a nosotros/as mismos/as que "mi candado lo tranco yo". Lo vi como un poderoso mensaje de autodeterminación. Sí, somos sujetos coloniales. Sí, hay muchas decisiones sobre nosotros/as mismos/as que no podemos tomar. Pero al menos, todos/as deberíamos poder determinar cuándo cerramos nuestras propias puertas y candados. Esta es una libertad fundamental y un derecho básico de autodeterminación.

También destacamos la historia de una mujer llamada Ana Luisa Nieto que murió porque su centro de diálisis estaba cerrado por el toque de queda; y la historia de Aníbal Martínez Centeno, un hombre que fue arrestado ilegalmente en una gasolinera durante el toque de queda y pasó la noche en la cárcel. Y subrayamos el hecho de que Aníbal era un hombre negro de clase trabajadora. Intentamos explicar por qué el toque de queda era ilegal y discriminatorio, con el espíritu de una conversación que no se puede dejar pendiente, sin importar cuánto tiempo haya pasado. Era importante decir: "Está bien, en ese momento no pudimos hacer mucho por tantas razones. Pero tenemos que hablar sobre lo que sucedió, sobre la ilegalidad del toque de queda, sobre cómo violó una de nuestras libertades fundamentales y por qué no podemos permitir que esto vuelva a suceder".

MARISOL LEBRÓN. La tormenta expuso las muchas formas en que las personas y las comunidades son vulnerables a la violencia y la agresión en Puerto Rico. Los grupos que eran vulnerables a la violencia antes de la tormenta se encontraron aún más vulnerables después de la tormenta. Hubo informes de que las mujeres y las personas LGBTQ experimentaron mayor volumen de violencia después de María y que la policía fue en gran medida ineficiente en su labor de abordarla. ¿Por qué cree que aumentó la violencia después del huracán y por qué la policía ha fracaso en proteger a estos grupos?

MARI MARI NARVÁEZ. La policía siempre ha fracasado en su intento de proteger a estos grupos y esa es una de las razones por las que se enfrentan a un proceso de reforma. Estos problemas de seguridad eran completamente predecibles. Las organizaciones que trabajan con estos grupos sabían que una situación como un huracán generaría peligros para estos grupos vulnerables. Y lo anticiparon. No fue un misterio ni una sorpresa. ¿Cómo puede usted, el gobierno, no saber que las víctimas de violencia doméstica, por ejemplo, se verían incomunicadas e incapaces de denunciar a sus agresores? ¿Cómo no puede anticipar que los refugios necesitan tener protocolos para denuncias de agresión sexual, para proteger a las personas trans y los derechos de las mujeres? Estas cosas son obvias y la policía no las atendió porque no hay voluntad institucional para hacerlo. Su única visión es punitiva y remedial. Pueden intervenir cuando se comete un delito o una violación (si encuentran los recursos para hacerlo). Pero no tenían ningún plan de prevención. Y no es que este haya sido el primer huracán que haya afectado a Puerto Rico, no hay ninguna explicación legítima para estos fracasos.

MARISOL LEBRÓN. Ha habido informes de que la policía ha acosado y reprimido a grupos y organizaciones comunitarias que intervinieron para ayudar en la recuperación después de María. ¿Por qué estamos empezando a ver que estos grupos, tan celebrados después de la tormenta, de repente se convierten en objetivos?

MARI MARI NARVÁEZ. A mí no me sorprende. Como mencioné anteriormente, hay mucha evidencia de que desde hace varios años la policía ha estado carpeteando a manifestantes, líderes políticos, líderes comunitarios e incluso abogados/as. Los/as abogados/as que participan en la defensa de manifestantes son constantemente acosados/as y perseguidos/as.

El activista ambiental Arturo Massol Deyá fue arrestado selectivamente en julio de 2018. La policía le fabricó un caso después de que presentó varias demandas ante una delegación de congresistas demócratas en Adjuntas, Puerto Rico. Massol y la organización que dirige, Casa Pueblo, figuran entre las voces más fuertes a favor de las energías renovables en Puerto Rico y en contra del plan de gasificación del sistema energético de la isla después de la devastación del huracán María.

Estas son sólo algunas de las estrategias de intimidación usadas contra los/as defensores de derechos humanos. La policía accedió a los documentos y la información personal de miles de personas que participaron, comentaron o interactuaron con ciertas páginas de Facebook a través de una orden de allanamiento en un caso del 27 de abril de 2017. La cantidad de datos que han acumulado y que pueden acumularse a través de la plataforma de Facebook es preocupante, y todos/as debemos ser conscientes de las implicaciones de estos nuevos modos de vigilancia y su relación con la recuperación de archivos y la represión de disidentes.

MARISOL LEBRÓN. ¿El huracán María le hizo cambiar o repensar cómo aborda los asuntos de la reforma de la policía y la rendición de cuentas? En su trabajo con Kilómetro 0, ¿hay nuevos desafíos o problemas con los que se enfrenta que no había anticipado?

MARI MARI NARVÁEZ. Creo que las experiencias que tuvimos durante y después del huracán nos hicieron reflexionar sobre todos los aspectos de nuestras vidas y nuestro trabajo. Una de las cosas que más he tenido que repensar e intentar replantearme es sobre las condiciones laborales y emocionales en las que trabajan los/as agentes de la policía. Los sindicatos policiales han estado informando durante mucho tiempo que sus miembros tienen una moral muy baja. Los/as oficiales de la policía, al igual que los/as maestros/as y los/as trabajadores/as sociales y muchos/as otros/as trabajadores, han sido muy golpeados/as por la austeridad; muchos/as de ellos/as abandonan la agencia y otros/as parecen sentirse muy traicionados. He escuchado que al menos uno de sus líderes dice que han hecho el trabajo de reprimir a los manifestantes y proteger a la Junta Fiscal, pero que no han recibido nada a cambio. Claro, creo que este razonamiento es nocivo, pero para poder comprender las consecuencias de la austeridad en los diferentes sectores necesito entender también esta forma de pensar, por más frustrante que sea. La situación me preocupa por muchas razones. Primero, la baja moral tiene efectos negativos diversos. Por un lado, muchas personas están de acuerdo en que los oficiales de la policía están arrastrando los pies. Esto significa que no están realizando su trabajo correctamente. Por otro lado, también sospecho que podrían estar menos motivados a acatar las nuevas políticas de uso de fuerza. Me preocupa profundamente que a mediados de febrero la policía en Puerto Rico ya había matado al menos a cuatro personas. Al menos uno de ellos era un hombre desarmado, y se dice que otro estaba desarmado también, aunque la policía dice que no. Otro estaba armado con un machete y la policía respondió matándolo. Para nosotros/as, ese número resulta bastante alto para tan poco tiempo. Tengo la sensación de que están actuando como si no valiera la pena el riesgo de salvar vidas. Primero disparan, luego averiguan si la persona estaba armada. Sumado al hecho de que los mecanismos de rendición de cuentas dentro de la agencia aún no han sido implementados, esto es extremadamente peligroso para nuestras aspiraciones democráticas y equitativas, así como para nuestra seguridad.

La narrativa de austeridad también ha llevado a la mayoría de las personas a aceptar un discurso cuestionable sobre cómo la falta de agentes de la policía aumenta la inseguridad. Me preocupa que incluso personas progresistas estén asumiendo este discurso sin consultar los datos o cuestionar sus suposiciones. ¿Realmente necesitamos tantos policías? ¿Por qué? La realidad es que solíamos tener una enorme fuerza policial de casi dieciocho mil agentes. Ahora tenemos alrededor de diez mil, pero también hemos perdido mucha población. Estamos estudiando la situación. Aunque todavía no tenemos un análisis completo, no hemos encontrado verdad alguna en la idea de que hay muy pocos agentes de policía.

MARISOL LEBRÓN. ¿Qué significa para usted la recuperación de Puerto Rico? ¿Cómo cree que esta idea influirá su trabajo en el futuro?

MARI MARI NARVÁEZ. Para mí, la recuperación es la oportunidad de romper: romper con nuestras dependencias pasadas, con nuestra cultura dominante de inequidad. Desearía poder aprovechar esta terrible situación para reconocer que necesitamos construir una sociedad más horizontal, un lugar donde todos/as podamos vivir, trabajar y amar. Esto no es un pensamiento idealista. Es una perspectiva inclusiva, compasiva y de derechos humanos. Los derechos humanos son algo fundamental. Y sí es posible ejercerlos.

En términos de la seguridad, aspiro a construir una sociedad donde no necesitemos miles y miles de policías. Aspiro a una sociedad que considere la seguridad como algo mucho más allá que sólo la policía o un Taser o armas de fuego. La seguridad se trata de la salud, del derecho a una vivienda segura, de paz y tranquilidad, de que las mujeres puedan vivir y caminar por las calles sin ser violadas ni acosadas. Es vivir en una comunidad donde la salud y la seguridad no están amenazadas por cenizas de carbón u otra contaminación ambiental. La seguridad es tener acceso a agua limpia, a una educación pública de alta calidad, acceso a la cultura y acceso a un trabajo. Para lograr todo eso, debemos hacer que el estado y la policía rindan cuentas, para mantener a raya la represión policial y el uso excesivo de la fuerza. En el mundo en el que aspiro a vivir, las instituciones no controlan a las personas. Es todo lo contrario. Las personas son quienes deben controlar sus instituciones.

Vida póstuma[1]

> "Todo se pudre en el vagón de la colonia."
>
> —La Puerta

Vagón-escuela. Vagones con provisiones podridas. Vagones perdidos. Vagón-clínica improvisada e insuficiente. Vagones llenos de muertos. En una columna recién publicada en *Claridad*, Rima Brusi hace un recuento del protagonismo del vagón en tiempos de austeridad, incluyendo en el manejo del embate del huracán María.[2] Nos invita a conectar estos con los vagones ubicuos en Puerto Rico desde hace tiempo. Vagón-casa para aquellxs viviendo en la pobreza. Vagón de contratista. Vagones norteamericanos que traen la comida y los productos que componen el 85% de lo que se consume en Puerto Rico. Brusi escribe:

> En fin, que parecería que la historia moderna de nuestra isla se puede contar así, vagón por vagón, que los vagones son el tropo que mejor representa algunas de las facetas más trágicas, más descarnadas, de nuestra condición: la isla colonia, la isla crónicamente olvidada, la isla pobre, la isla del desastre, la isla donde los niños no cuentan y los muertos tampoco.

Brusi empieza su columna confesando que en momentos de oscuridad piensa en los vagones. Pensar en los vagones, especialmente llenos de muertos, me lleva a Christina Sharpe. En *In the Wake*, Sharpe ata el vagón de transporte marítimo con el "barco de esclavos".[3]

---

[1] Este ensayo fue originalmente publicado en *80 grados*.

[2] Rima Brusi, "Vagones," *Claridad*, 26 de junio de 2019: https://www.claridadpuertorico.com/vagones/.

[3] Christina Sharpe, *In the Wake: On Blackness and Being* (Duke University Press, 2016).

En "*The Ship*," el segundo capítulo de su libro, Sharpe hace una lectura crítica del film *The Forgotten Space* de Allan Sekula y Noël Burch. Estos presentan el mar como espacio clave de la "globalización," argumentando que no existe otro sitio en el que el neoliberalismo se exprese en su mayor desorientación, violencia, y alienación. Sharpe señala que estos ignoran el origen del capital, que siempre ha sido global, en el comercio de africanos secuestrados. Cuando estos hombres dicen que los vagones de carga "están en todas partes, móviles y anónimos: 'ataúdes de mano de obra remota', que transportan productos fabricados por trabajadores invisibles en el otro lado del mundo" sin hacer referencia al origen de este sistema económico global, hacen invisible lo que Saidiya Hartman llama "la vida póstuma de la esclavitud" (*the afterlife of slavery*).

En *Lose Your Mother*, Hartman escribe:

> Si la esclavitud persiste como un problema en la vida política de la América negra, no es por una obsesión anticuaria con días pasados o por el peso de una memoria demasiado larga, si no por que las vidas negras están en peligro y son devaluadas por un cálculo racial y una aritmética política que se arraigaron hace siglos. Esta es la vida póstuma de la esclavitud –opciones de vida sesgadas, acceso limitado a la salud y a la educación, muerte prematura, encarcelación, empobrecimiento. Yo también soy la vida póstuma de la esclavitud.[4]

A veces Hartman habla sobre la vida "póstuma de la propiedad" (*the afterlife of property*). En «*Venus in Two Acts*," la describe como "el detritus de vidas que aún no hemos atendido, un pasado que aún no se ha hecho, y el estado de emergencia que continua y en el cual la

---

[4] Saidiya Hartman, *Lose your Mother: A Journey Along the Atlantic Slave Route* (New York: Farrar, Straus, Giroux, 2017), p. 6: ""If slavery persists as an issue in the political life of black America, it is not because of an antiquarian obsession with bygone days or the burden of a too-long memory, but because black lives are still imperiled and devalued by a racial calculus and a political arithmetic that were entrenched centuries ago. This is the afterlife of slavery—skewed life chances, limited access to health and education, premature death, incarceration, and impoverishment. I, too, am the afterlife of slavery."

vida negra permanece en peligro."[5] La vida póstuma de la esclavitud no es separable de la vida póstuma de la propiedad —y viceversa. La inseparabilidad del capital de la esclavitud es lo crucial. El punto no es señalar que el origen del capital lo ubicamos en una violencia radical. Es rastrear la continuación de ese sistema de violencia, explotación, y expropiación en la actualidad, en la violencia racial contemporánea.

Hartman nombra la continuación de sistemas de violencia y opresión que fundaron el mundo contemporáneo no solo por sus efectos, entonces. El punto es nombrar su rearticulación en instituciones, normativas, relaciones, sensibilidades, y deseos en el presente. Hartman y Sharpe enfatizan como el pasado aún no se ha hecho. El presente *es* el pasado. Toca tornar el presente *en* pasado. Esa gestión requiere no sólo hacer memoria escribiendo la historia de las vidas que sufrieron esa violencia originaria en su singularidad.[6] Hacer memoria es atender las vidas que hoy viven las modalidades de esa violencia. Atender requiere desmantelar el mundo fundado por esa violencia radical, tornar inoperante la efectividad de ese pasado que es el presente. Requiere, en fin, deshacer los modos de vincular —institucionales, normativos, perceptuales, libidinales— que articulan ese mundo, que reinstalan esa violencia originaria en el presente.

Las declaraciones de Ta-Nehisi Coates en las vistas del Comité Judicial de la Cámara de Representantes sobre el Proyecto H.R. 40, que crearía una comisión para el estudio y desarrollo de propuestas de reparación para la comunidad negra en los Estados Unidos, hacen referencia a la vida póstuma de la esclavitud.[7] Las reparaciones no sólo harían memoria. Son requeridas para desmantelar el presente que continúa, reinstala, se nutre de modalidades de esa violencia

---

[5] Saidiya Hartman, "Venus in Two Acts," *Small Axe* 26: 12/2 (2008), p. 13: ". . . afterlife of property, by which I mean the detritus of lives with which we have yet to attend, a past that has yet to be done, and the ongoing state of emergency in which black life remains in peril."

[6] En "Venus in Two Acts," Hartman argumenta que la falta de archivo de la niña esclavizada no es límite para ese hacer memoria aún cuando indica el límite de la memoria.

[7] Ver: https://www.youtube.com/watch?time_continue=13&v=vO1yqOWf-jbQ&fbclid=IwAR150UuUj-ZViTqF8X_4_OSCLcTZoXd3WkVnUo8nR2dMzxne-TiCvc7Nrmdc.

originaria. Es crucial ponerle cifra a lo que se le debe a los negrxs estadounidenses, no únicamente a los descendientes directos de personas esclavizadas. Pero las reparaciones requerirían desarmar la violencia y la desigualdad racial desmantelando la economía política, las normativas legales, las relaciones y los deseos en los que ese pasado sobrevive en el presente. En fin, las reparaciones tendrían que contribuir al desmantelamiento del mundo en el que vivimos, por ende, al desmantelamiento de nosotrxs mismxs. No serían suficiente si generan un cheque que absuelva al deudor. "La descolonización, que se propone cambiar el orden del mundo," como dice Fanon, "es un programa de desorden absoluto."[8]

Sería un error asumir que lxs que viven o mueren en el vagón de la colonia están igualmente ubicadxs en la jerarquía de raza/género/clase que es la vida póstuma de la instalación del mundo capitalista/moderno que comenzó en el siglo 15 —lo que Aníbal Quijano llamó la "colonialidad del poder". Toca trazar diferencias, intensidades, privilegios, precariedades. Toca rastrear, es decir, la colonialidad en la colonia, no reducir la una a la otra. En Puerto Rico, la vida póstuma de la condición colonial sostiene la colonia, la nutre. El pasado es el presente en un sentido doble, entonces. Los vagones son índices de una lógica de la historia que desafía toda linealidad. La vida póstuma de la colonia reinstala la colonia en condiciones materiales alteradas —por ejemplo, a través de la deuda en el contexto del capitalismo financiero neoliberal. Toca desmantelar ambas para hacer del pasado un pasado. Reparaciones, comisiones de verdad, serían aquí también apropiadas. Ubicarnos en el Caribe, pensar la reparación en referencia a las gestiones en el Caribe, sería crucial.[9]

Sharpe nos invita a hacer *wake work*, a ubicarnos en el velorio, en la vigilia, en el estar despiertx, en la conciencia, y en la estela. Estos múltiples significados de la palabra "*wake*" orientan el pensamiento de "la contención [*containment* – vagón], la regulación, el castigo, la captura y el cautiverio y las formas en que las múltiples representaciones de la negritud se convierten en el símbolo, por excelencia,

---

[8] Frantz Fanon, *Los condenados de la tierra* (Fondo de Cultura Económica de México, 1963).

[9] Ver, por ejemplo, la Comisión de Reparaciones de la Comunidad del Caribe (CARICOM).

del ser menos que humano condenado a muerte".[10] No podemos establecer una equivalencia en modos de hacer conciencia, duelo, historia. ¿Qué fin serviría supuesta equivalencia? Tornaría invisible la especificidad de las experiencias de captura. Tornaría imposible precisar su modo de operación e imaginar cómo hacerlas inoperantes, hacer de ellas un pasado. Aún así, su invitación es importante para nuestro contexto. Toca ubicarse desde la vida póstuma que es la colonialidad para hacerla historia, para tornarla concretamente en el pasado. Parte clave de esa gestión es pensar desde la vida póstuma de la esclavitud en Puerto Rico y vincularla con su expresión en el Caribe, no sólo con la colonia/colonialidad en el contexto de la relación con los Estados Unidos.[11]

Brusi nos recuerda la etimología de la palabra "vagón." Esta admite dos raíces: "vacuus" y "vagari." La primera implica vacío, hueco. Está presente en sustantivos como "vagancia," "vacación," "vanidad." La segunda en palabras como "vagar," "divagar," "vagabundo." Tenemos ejemplos de vagones "luminosos" que sugieren "creación" y "supervivencia": vagón-mural, vagón-cafetín. "Pero en mis momentos de oscuridad," Brusi escribe, "pienso que para esos seres sombríos que deciden nuestros destinos, somos una isla-vagón, vacía de poder o propósito pero llena de comida podrida, de muertos y niños desatendidos, de nómadas que no se mueven de sitio, de seres errantes y a la vez encerrados." Yo diría que estos momentos de oscuridad y hasta de pesimismo nos permiten contar la historia moderna de nuestra isla, vagón por vagón, para *interrumpirla*. Sharpe sugiere que el *wake work* es una manera de ocupar el "yo" del "yo también soy la vida póstuma de la esclavitud" de Hartman. El estar no en duelo, si no pensarnos desde la vigilia, la estela, despiertx, consciente.

---

[10] Sharpe, *In the Wake*, p. 21: "As we go about wake work, we must think through containment, regulation, punishment, capture, and captivity and the ways the manifold representations of blackness become the symbol, par excellence, for the less-than-human being condemned to death."

[11] Haití es central en la discusión de la vida póstuma de la esclavitud en el texto de Sharpe.

Traducido por Nicole Delgado

Epílogo:
Crítica y decolonialidad ante la crisis, el desastre y la catástrofe

Este libro ofrece reflexiones y trabajos creativos que buscan aclarar el significado y la importancia del huracán María, el contexto en el que tuvo lugar y sus secuelas en Puerto Rico. En el proceso, utiliza un trío de términos relacionados que contribuyen al pensamiento decolonial contemporáneo del Caribe y al pensamiento decolonial en general. Estos términos son: *crisis, desastre* y *catástrofe*. Si bien estos términos a veces se usan indistintamente en descripciones de devastación anticipada o no anticipada, cada uno tiene un significado específico que vale la pena considerar.

Una buena razón para explorar con más atención de la habitual los significados de *crisis, desastre* y *catástrofe* es que se puede obtener una idea más precisa del alcance y la profundidad de diversas manifestaciones de devastación y destrucción, así como de diferentes maneras de responder a ellas. Una forma de responder a eventos como el huracán María es a través de la crítica. La crítica es importante porque invita a considerar una crisis, desastre o catástrofe más allá de como un mero evento natural, también tomando en cuenta la intervención humana o las fuerzas sociohistóricas. Todas las reflexiones y el trabajo creativo en este volumen comparten la postura de que el huracán María no fue simplemente un evento natural y que comprenderlo y explicarlo requiere la consideración de ideologías, actitudes y sistemas sociales, económicos y políticos, entre otros factores. Sin subestimar el valor del trabajo crítico, resulta dudoso que la crítica en sí misma, incluso en sus formas más desarrolladas, sea suficiente para comprender y analizar a cabalidad el huracán María, su contexto y sus consecuencias. Este volumen apunta tanto a la importancia como a los límites de la crítica, a la vez que promueve el pensamiento decolonial. Una mirada más cercana a los significados de crisis, desastre y catástrofe arroja luz sobre este punto.

De hecho, los conceptos de crisis, desastre y catástrofe no son tan similares como parecen. Sus diferencias tienen implicaciones en cómo se entiende la labor del pensamiento caribeño. Hay una historia de relaciones entre la crítica, la crisis y las interpretaciones eurocéntricas de la crisis de la modernidad, que es perturbada por la atención al desastre y la catástrofe en el Caribe. Me veo tentado a afirmar que —al menos en los acercamientos dominantes— la crisis es para Europa lo que la catástrofe es para el Caribe. Esto no quiere decir que no haya crisis en el Caribe, sino que cualquier crisis probablemente se entienda mejor en referencia a la catástrofe. Del mismo modo, en las descripciones europeas de la historia de Europa, la crisis parece sustituir a la catástrofe. Sin embargo, la historia del Caribe deja en claro que Europa no puede desligarse tan fácilmente de la catástrofe que es la larga presencia del colonialismo, la esclavitud naturalizada, el extractivismo y sus consecuencias en el Caribe. Esto apunta a la necesidad de un recuento de la modernidad occidental como catástrofe en vez de como crisis, según ha sido la norma.

La *crisis* comparte etimología con el concepto de crítica; esto es central en la definición de la teoría crítica. Como explica Reinhart Koselleck, tanto *crítica* como *crisis* tienen sus raíces en el verbo *krino* (cuya forma infinitiva activa actual es *krinein*), que, en griego clásico, tiene una serie de significados relacionados a las acciones de elegir, juzgar y decidir.[1] La crítica puede entenderse como la actividad de emitir un juicio, así como una acción que requiere la toma de una decisión, o que pide una decisión. La crisis, a su vez, se refiere a un estado de las cosas que requiere una decisión porque ya no es estable. La crítica provoca crisis, y la crisis requiere crítica —un juicio o una decisión. Por esta razón, no es difícil entender cómo tanto la crisis como la crítica han sido tan centrales para la modernidad occi-

---

[1] Reinhart Koselleck, "Crisis", trad. Michaela W. Richter, *Journal of the History of Ideas* 67, no. 2 (2006): 358. Para profundizar más sobre el pensamiento de Koselleck acerca de la crítica y la crisis, ver Reinhart Koselleck, *Critique and Crisis: Enlightenment and the Pathogenesis of Modern Society* (Cambridge, Mass.: The MIT Press, 1988).

dental. Si bien la crítica se ha planteado como "una tendencia genuinamente moderna", la crisis se ha considerado "un estado mental, social y genuinamente moderno".[2]

En ese sentido, si este libro sobre el huracán María tratara, por ejemplo, sobre la crítica y la crisis del capitalismo, o de la relación entre Estados Unidos y Puerto Rico, se podría decir que el libro muestra la "modernidad" de sus colaboradores, mayormente puertorriqueños/as, y la modernidad del campo de los estudios puertorriqueños o caribeños. Pero el huracán María no fue simplemente una crisis —podría decirse que fue más bien un desastre o una catástrofe, términos que, bajo un examen minucioso, resultan ser bastante diferentes. Una crisis es un momento que requiere la toma de una decisión; por el contrario, un desastre es como si ya se hubiera tomado una decisión y se revelara el resultado. Es como si el momento de la decisión hubiera llegado y pasado desapercibido; el desastre parece ser resultado del destino, como si algo hubiera salido mal en el universo.

Esto nos lleva a la etimología del concepto de *desastre*, que se puede entender fácilmente cuando se considera el término italiano *disastro*: éste se refiere a una estrella "mala" o "perdida". También se ha definido como "mala fortuna", "calamidad que se atribuye a una posición desfavorable de los planetas".[3] Esta conexión entre el desastre y el destino sugiere por qué, cuando ocurre un desastre, la crítica parece estar fuera de lugar mientras que la astrología y el horóscopo cobran interés. Las referencias a la crisis del capitalismo, la crisis del mercado, la crisis de las humanidades, etc., no logran captar la sensación de devastación y desesperanza asociadas al desastre. Aunque esto puede leerse como un error de juicio, también parece revelar una verdad sobre los límites de la crítica y la crisis. El concepto de crisis seguirá mostrando sus límites a medida que ocurran más desastres como el huracán María.

Otra consideración importante es que la crisis da la sensación de que todavía se puede rescatar algo de valor, o que algo nuevo puede

---

[2] Bo Isenberg, "Critique and Crisis: Reinhart Koselleck's Thesis of the Genesis of Modernity", trad. Emily Rainsford, *Eurozine* (2012): 1.

[3] Ver la entrada para"*disaster*" en Online Etymology Dictionary (https://www.etymonline.com). También consulté el Oxford Living Dictionary en línea (https://en.oxforddictionaries.com/definition/disaster).

surgir de una confrontación dialéctica entre los términos. La crisis mantiene una visión del pasado, su valor y las posibilidades del presente, una visión que pierde relevancia en un contexto de desastre. El desastre no se apega tanto al valor del pasado y pone en duda cualquier noción de dialéctica productiva. Después de un desastre reina el silencio, el lamento y la especulación. Como resultado, se abre una brecha dentro del discurso hegemónico. Surgen provocaciones para identificar y desafiar la modernidad misma, particularmente si el desastre en cuestión ocurre en un lugar como el Caribe, cuya historia está enredada en la creación y el despliegue de la modernidad occidental. Esta brecha y estas provocaciones se vuelven todavía más explícitas en el contexto de la catástrofe.

Si bien algo se gana al referirnos al huracán María como un desastre en vez de simplemente como una crisis, el término más adecuado sería *catástrofe*. La diferencia es importante. Claudia Aradau y Rens Van Munster bien señalan que "aunque 'desastre' y 'catástrofe' a menudo se usan indistintamente. . . las catástrofes parecen traer consigo algo adicional que es indefinible, un elemento de 'desconexión con el ser' que la crisis y el desastre no capturan". Haciéndose eco de Ulrich Beck, sugieren que "las catástrofes son incalculables, incontrolables y, en última instancia, ingobernables. No sólo parecen inmanejables, son inmanejables". [4]

La distinción entre desastre y catástrofe se volvió más relevante después del huracán Katrina.[5] Para propósitos de esta reflexión (después del huracán María), la distinción entre desastre y catástrofe sirve para entender la diferencia entre crítica y teoría crítica, y también entre pensamiento, creación y praxis decolonial. Aquí nuevamente resultan útiles las consideraciones de Aradau y Van Munster:

---

[4] "Although 'disaster' and 'catastrophe' are often used interchangeably ... [c]atastrophes appear to bring that undefined extra, an element of 'un-ness' that crisis and disaster do not capture". / "Catastrophes are incalculable, uncontrollable, and ultimately ungovernable. They do not just seem unmanageable, they *are* unmanageable". Claudia Aradau y Rens Van Munster, *Politics of Catastrophe: Genealogies of the Unknown* (London: Routledge, 2011), 28–29.

[5] Por ejemplo, ver Enrico L. Quarantelli, "Catastrophes Are Different from Disasters: Some Implications for Crisis Planning and Managing Drawn from Katrina", *Social Science Research Council* (2006), http://understandingka- trina.ssrc.org/Quarantelli/.

La catástrofe que se avecina induce nuevas problematizaciones y modos de cuestionamiento que están relacionados (pero no se pueden reducir a esto) a problemas de peligros, riesgos, accidentes, crisis, emergencias o desastres. A diferencia de estos otros términos, catástrofe probablemente capta mejor el sentido del límite o "punto de inflexión" invocado por un futuro inesperado que presenta una interrupción temporal con el presente. Su etimología (en oposición a las de desastre, crisis o emergencia) sugiere este sentido de ruptura, sorpresa y novedad.[6]

La etimología de *catástrofe* es distinta a las etimologías de *crisis* y *desastre*. La catástrofe no apunta a decisiones o destinos, sino a un giro dramático de los acontecimientos, una "inversión de lo que se espera" (como en el drama), o "un vuelco; un final repentino". Deriva del griego, de las palabras *kata* (abajo) y *strephein* (turno). La catástrofe es, literalmente, un "giro hacia abajo", un "declive" inmenso inesperado de los acontecimientos frente al cual, según afirman Aradau y Van Munster, "el conocimiento experto necesita llegar a su límite: lo desconocido".[7] A diferencia del desastre que nos hace preguntarnos por el destino, pero similar a la crisis que nos pide un diagnóstico, la catástrofe nos obliga a pensar. Sin embargo, a diferencia de la crisis, la catástrofe desafía todos los marcos cognitivos existentes e "induce nuevas problematizaciones y modos de cuestionamiento", para usar las palabras de Aradau y Van Munster, irreductibles ante la crítica.

Quizás, el impacto del huracán María en Puerto Rico se puede entender y teorizar mejor como una catástrofe; al menos parece ser que el concepto de catástrofe resulta relevante y ofrece elementos indispensables. Desde la obra de teatro *¡Ay María!* hasta los múlti-

---

[6] "The catastrophe to come induces new problematizations and modes of questioning that are related but not reducible to problems of dangers, risks, accidents, crises, emergencies, or disasters. In distinction to these other terms, catastrophe probably captures best the sense of the limit or 'tipping point' invoked by an unexpected future that introduces a temporal disruption with the present. Its etymology (as opposed to those of disaster, crisis, or emergency) hints at this sense of rupture, surprise, and novelty." Aradau y Van Munster, *Politics of Catastrophe*, 2.

[7] "[E]xpert knowledge needs to tackle its very limit: the unknown". Aradau y Van Munster, *Politics of Catastrophe*, 6.

ples testimonios y análisis incluidos en este libro, se presentan voces y marcos de referencia que no se conforman con la aportación de los críticos o los astrólogos. El huracán María exige otro tipo de intervención discursiva (y práctica); este libro contribuye mucho a esa búsqueda. La estructura del libro es evidencia de esto: combina una obra de teatro, una conversación, las reflexiones de periodistas, escritores, artistas visuales y curadores. No sólo conocimiento positivista, ni simplemente "crítica" y mucho menos adivinación. . . más bien una pausa para compartir historias, atar cabos y atestiguar varias dimensiones de la catástrofe.

Deseo agregar que una particularidad del carácter catastrófico del huracán María es su relación directa con otras escalas de catástrofe. Podemos referirnos a las condiciones económicas de Puerto Rico ya no como algo en crisis, sino como catastróficas, en catástrofe o llegando a una etapa catastrófica. La deuda es impagable y se ha utilizado como medio para fortalecer la condición colonial de Puerto Rico. Sin duda, esta condición colonial en sí misma puede entenderse como una catástrofe: 1898 es una "declive" que ha enmarcado en gran medida la historia de Puerto Rico y los/as puertorriqueños/as durante los últimos ciento veinte años. Pero la relación entre Puerto Rico y el colonialismo no comenzó en 1898. Se remonta al período del "descubrimiento" y la conquista del Nuevo Mundo y al largo siglo XVI, momento crucial para la formación y constitución del mundo occidental moderno.

No podemos subestimar los efectos de la catástrofe del "descubrimiento" y la conquista que se dio del siglo XVI en adelante. Consideremos el recuento reciente de Simon L. Lewis y Mark A. Maslin sobre el Antropoceno, o la era en que los humanos se convirtieron en los agentes principales de los cambios de nuestro planeta. Ellos argumentan que

> La "Estaca Orbis" de 1610 [el punto de reconexión entre Occidente y Oriente en el contexto de las expediciones europeas y la colonización, que conduce a una nueva era para la Tierra] marca el comienzo de la economía y la ecología de hoy, globalmente interconectadas, que llevaron a la Tierra a una nueva trayectoria evolutiva. También señala que la segunda transición que pode-

mos identificar —de un modo de vida agrícola a uno con fines de lucro— trae el cambio decisivo en la relación del Homo sapiens con su medio ambiente. En términos narrativos, el Antropoceno comenzó con el despliegue del colonialismo y la esclavitud: es una historia de cómo las personas tratan al medio ambiente y cómo se tratan entre sí.[8]

Para Lewis y Maslin, el comienzo del Antropoceno, que también marca el "nacimiento del mundo moderno", está profundamente vinculado a la "pérdida catastrófica de la forma de vida de los pueblos nativos de América". El Antropoceno es una "nueva época geológica [que] se construye a partir de la esclavitud y el colonialismo, facilitada por una industria financiera de larga distancia". Esto resulta no sólo en "un nuevo modo de vida con fines de lucro", según afirman Lewis y Maslin, sino también en una normalización de la catástrofe, evidente en forma de continua deshumanización, expropiación, esclavitud (y sus consecuencias) y genocidio, un proceso también conocido como colonialidad.[9]

La historia de Puerto Rico no se puede contar sin hacer referencia a la colonialidad y a la catástrofe moderna occidental. El huracán María fue un evento catastrófico que, entre otras cosas, expuso la vulgaridad de la relación colonial entre Puerto Rico y los Estados Unidos. Escuchar las comparaciones inexactas de Donald Trump entre el hu-

---

[8] Simon L. Lewis y Mark A. Maslin, *The Human Planet: How We Created the Anthropocene* (New Haven, CT: Yale University Press, 2018), 13.

[9] Lewis y Maslin, *The Human Planet*, 156, 319-320. Sobre colonialidad y catástrofe, ver Nelson Maldonado-Torres, "Outline of Ten Theses on Coloniality and Decoloniality", *Frantz Fanon Foundation*, octubre de 2016,

http:// fondation-frantzfanon.com/outline-of-ten-theses-on-coloniality-and-decoloniality/.

[10] Kurtis Lee, "Cornel West Endorses Jill Stein and Says She—Not Hillary Clinton—Is the 'Only' Progressive Woman in the Race'", *L.A. Times*, 15 de julio de 2016. https://www.latimes.com/nation/politics/trailguide/la-na-trail-guide-updates-1468606689-htmlstory.html. Ver también, Christina Wilkie, "Trump to Puerto Rico: 'You've thrown our budget out of whack'", *CNBC*, 3 de octubre de 2017. https://www.cnbc.com/2017/10/03/trump-puerto-ri- co-budget.html

[11] Ver Aníbal Quijano, "Coloniality and Modernity/Rationality", *Cultural Studies* 21, no. 2–3 (2007): 168–78. Ver también dos números digitales especiales de libre acceso sobre el "giro decolonial" en *Transmodernity: Journal of*

racán Katrina y el huracán María o sus quejas de que Puerto Rico estaba desperdiciando el presupuesto de los Estados Unidos ("out of whack") y verlo arrojar papel toalla a los/as puertorriqueños/as que pasaban necesidad me recordó la advertencia de Cornel West de que la presidencia de Trump sería una "catástrofe neofascista". En la misma oración, West describió una posible administración de Hillary Clinton como un "desastre neoliberal"[10], lo que apunta a las conexiones y las diferencias entre los conceptos de desastre y catástrofe.

Sin duda, el colonialismo y la esclavitud han tomado muchas otras formas: reservaciones indígenas y tierras robadas, encarcelamiento y criminalización de hombres y mujeres negros/as, etc. Lo que parece catastrófico en el colonialismo moderno no son sólo las relaciones coloniales directas que han existido al menos desde los primeros momentos del "descubrimiento" del Nuevo Mundo, sino también la naturalización de la relación entre colonizador y colonizado y la reproducción de esta naturalización, no sólo en las culturas, las instituciones y las psiques de sujetos normativos, pero también en los pueblos colonizados. Como indican las obras de Aníbal Quijano y de muchos/as otros/as, también se puede usar el término *colonialidad* para referirse a este nexo, esta matriz de poder, conocimiento y forma de ser.[11]

He argumentado anteriormente que la colonialidad puede entenderse como una catástrofe metafísica, demográfica y ambiental, es

---

Peripheral Cultural Production of the Luso-Hispanic World 1, no. 2 (2011); 1, no. 3 (2012). Para discusiones recientes sobre el tema e identificar autores relevantes, ver Nelson Maldonado-Torres, "The Decolonial Turn", en *New Approaches to Latin American Studies: Culture and Power*, ed. Juan Poblete (New York: Routledge, 2018), 118–27; Walter Mignolo y Catherine Walsh, *On Decoloniality: Concepts, Analytics, Praxis* (Durham, NC: Duke University Press, 2018).

[12] Para una descripción más detallada de la colonialidad como catástrofe metafísica, demográfica y ambiental, ver Nelson Maldonado-Torres, "On Metaphysical Catastrophe, Post-Continental Thought", en *Relational Undercurrents: Contemporary Art of the Caribbean Archipelago*, ed. Tatiana Flores y Michelle A. Stephens (Los Angeles: Museum of Latin American Art, 2017), 247–59; Nelson Maldonado-Torres, "Outline of Ten Theses on Coloniality and Decoloniality".

[13] Frantz Fanon, *The Wretched of the Earth*, trad. Richard Philcox (New York: Grove Press, 2004).

decir, como un "declive" significativo en la definición de los pueblos, el medio ambiente y las coordenadas más básicas de lo que constituye a la humanidad.[12] La catástrofe metafísica toma lugar en la base de los sistemas civilizadores y las nociones del ser. En la catástrofe metafísica del mundo moderno, las ideas sobre la civilidad normativa y la subjetividad normativa se fundamentan en la idea de que éstas representan líneas insuperables que supuestamente separan a los seres humanos en más y menos humanos. Este mundo metafísicamente catastrófico establece una división, no entre lo divino y lo mundano, o entre ser y no ser, sino entre personas "civilizadas", la "naturaleza" como un recurso para ser explotado, y aquellos a quienes Fanon se refirió como los *damnés*, o los condenados de la tierra.[13] El mundo moderno se constituye a partir de la fabricación de múltiples líneas de condena que anclan el apartheid y la deshumanización como formas de ser-en-el-mundo.

En la catástrofe metafísica de la modernidad occidental, cada área importante de conceptualización de la existencia alcanza un significado o connotación especial: no sólo hay una diferencia cultural sino también una diferencia colonial; no sólo está presente el poder sino también la colonialidad del poder; no sólo el conocimiento sino también la colonialidad del conocimiento; y así sucesivamente para las categorías de identidad, género y otras.[14] El espacio, el tiempo y la subjetividad se entienden y atienden de manera que sostengan las líneas entre lo completamente humano, lo natural y lo menos humano, siendo esto último distinto y más aterrador y amenazante que la naturaleza. Esto es lo que explica los más de quinientos años de co-

---

[14] Ver, entre otros, Walter Mignolo y Arturo Escobar, *Globalization and the Decolonial Option* (Durham, NC: Duke University Press, 2010); Mignolo y Walsh, *On Decoloniality*.

[15] Para un enfoque decolonial sobre Puerto Rico, ver Ramón Grosfoguel, *Colonial Subjects: Puerto Ricans in a Global Perspective* (Berkeley: University of California Press, 2003). Sobre la modernidad/colonialidad como unidad de análisis, ver Walter Mignolo, *Local Histories/Global Designs: Coloniality, Subalternity, and Border Thinking* (Durham, NC: Duke University Press, 2000).

[16] Ver, por ejemplo, Maldonado-Torres, "The Decolonial Turn". Comenzando con la Revolución Haitiana, el Caribe figura en varios de los momentos más significativos del giro descolonial, o giros decoloniales, descritos en el texto.

[17] Aradau y Van Munster, *Politics of Catastrophe*, 2.

lonialismo y la catástrofe más profunda que afecta no sólo a Puerto Rico sino también al mundo moderno/colonial.[15]

En resumen, la catástrofe metafísica ofrece fundamentos para las catástrofes demográficas y ambientales y se ve fortalecida por ellas. El huracán María es una catástrofe inseparable de la catástrofe del colonialismo en Puerto Rico (un colonialismo que continúa en los tiempos liberales, conservadores, neoliberales y neofascistas) y de la catástrofe de la modernidad/colonialidad. La modernidad/colonialidad y el Caribe son parte de una realidad catastrófica de muchas capas interconectadas. Ante esto, ni la adivinación ni la crítica son respuesta suficiente, incluso cuando ambas pueden tener lugar en este contexto. El "declive" de la modernidad/colonialidad pide giros contra-catastróficos o giros decoloniales (simbólicos, materiales, epistémicos, etc.) que exploren los límites de los marcos cognitivos dominantes y se aventuren a pensar diferente. Estos giros también existen en el Caribe.[16] Me refiero a la creación de actividades y ejecuciones que ayudan a las personas a identificar y cuestionar la catástrofe, y a la producción de marcos de referencia que atienden estas preguntas en favor de la descolonización y la decolonialidad.

El planteamiento principal estriba en que, a diferencia de los conceptos de crisis y desastre, la catástrofe requiere "nuevas problematizaciones y modos de cuestionamiento".[17] Aplicar el concepto de catástrofe al huracán María presenta la necesidad de reconocer un "declive" que resulta más profundo que cualquier crisis o desastre. No es accidental que las condiciones de los/as puertorriqueños/as en la isla durante y después del huracán, y lo que muchas personas interpretaron como una respuesta fallida por parte gobierno de los Estados Unidos, atrajeron mayor atención a la relación entre Puerto Rico y los Estados Unidos en los medios nacionales de EE. UU. Muchas personas descubrieron por primera vez que los/as puertorriqueños/as nacen

---

[18] Ver Lewis R. Gordon, "From the President of the Caribbean Philosophical Association", *Caribbean Studies* 33, no. 2 (2005): xv–xviii; Lewis R. Gordon, "Shifting the Geography of Reason in an Age of Disciplinary Decadence", *Transmodernity: Journal of Peripheral Cultural Production of the Luso-Hispanic World* 1, no. 2 (2011): 95–103.

ciudadanos estadounidenses, lo que llevó a la pregunta de por qué se da un trato diferenciado hacia ciertos/as ciudadanos/as. La respuesta a esta pregunta no se logró separar del asunto del estatus colonial de la isla, y volvió a despertar acalorados debates en la isla y entre muchos/as puertorriqueños/as en los estados incorporados de los Estados Unidos continentales.

La catástrofe del huracán María no puede separarse de la catástrofe del colonialismo estadounidense ni del debate político que genera la cuestión del estatus de la isla. Del mismo modo, la catástrofe del colonialismo en Puerto Rico no puede separarse de los efectos catastróficos de la colonización europea en el Caribe y de la presencia de los Estados Unidos en la región —desde 1898 hasta hoy, Estados Unidos no sólo coloniza a Puerto Rico sino que también mantiene un embargo en Cuba y juega un rol importante en la fabricación de golpes de estado en Venezuela. El colonialismo europeo en el Caribe, a su vez, fue sólo el comienzo de un proyecto mundial de colonización y periferialización bajo una premisa de superioridad europea supuestamente evidenciada en el acto mismo de "descubrimiento" del Nuevo Mundo. Pensar en el huracán María como catástrofe requiere que consideremos cuidadosamente estas diversas capas, mientras exploramos "nuevas problematizaciones y modos de cuestionamiento". Más allá de los diagnósticos erróneos y las respuestas dadas por tendencias de pensamiento crítico y ciencias humanas que se enfocan en el sentido de superioridad o en la crisis de la modernidad occidental, pensar en una catástrofe en el Caribe conduce a respuestas contra-catastróficas como el pensamiento decolonial y la estética y poética decoloniales. Este libro ofrece ejemplos de esto.

El pensamiento contra-catastrófico y el trabajo creativo revelan las diversas capas de catástrofe y dejan en evidencia sus implicaciones. Esto requiere un "cambio en la geografía de la razón", para usar el lema de la Asociación Filosófica del Caribe, que considera el papel prominente del Caribe en la formación del Occidente moderno y el caudal de respuestas a la colonialidad en la región.[18] El pensamiento decolonial requiere exploraciones contra-catastróficas del tiempo y el espacio, hacia dentro, en contra y hacia fuera del mundo moderno/colonial. También conlleva la investigación de las diversas formas de subjetividad, sujeción y liberación que han tenido lugar bajo la catástrofe de la modernidad/colonialidad. Todo esto lleva a una forma global de pensamiento puertorriqueño y caribeño que desafía las restricciones de la teoría crítica, la filosofía tradicional, las ciencias humanas y los estudios de área. Enfrentar la catástrofe del huracán María y sus secuelas requiere de un compromiso vital con el pensamiento decolonial caribeño y el pensamiento decolonial en general.

Biografías de los contribuyentes

Natasha Lycia Ora Bannan es abogada de derechos humanos. Su trabajo se ha centrado en la explotación económica de lxs trabajadorxs de escasos recursos, discriminación de género, justicia racial y los derechos de los inmigrantes, y los procesos de descolonización.

Yarimar Bonilla es profesora en el Departamento de Estudios Africanos, Latinos y Puertorriqueños en Hunter College y el programa doctoral de Antropología en la Universidad de la Ciudad de Nueva York (CUNY). Bonilla es autora de *Non-sovereign Futures: French Caribbean Politics in the Wake of Disaster* (2015) y es una frecuente columnista en publicaciones periódicas como *Washington Post*, *The Nation*, y *El Nuevo Día*. Bonilla escribe sobre soberanía, ciudadanía y raza en las Américas. En el 2018, Bonilla fue nombrada Becaria de Carnegie como apoyo para el desarrollo de su próximo libro, que examina las consecuencias políticas, económicas y sociales del huracán María.

Rima Brusi es ensayista, educadora, investigadora y activista. Anteriormente, fue profesora en la Universidad de Puerto Rico (UPR), donde fue fundadora, directora e investigadora principal del Centro Universitario para el Acceso en la UPR. Esta incitativa se dedica al servicio comunitario, la defensoría y la investigación sobre el acceso justo a la educación pública, y hoy está activa en cinco recintos del sistema UPR. Brusi trabajó además como antropóloga aplicada en The Education Trust y es actualmente distinguished lecturer en Antropología escritora residente en el Centro de Derechos Humanos y Estudios d[...] Paz en CUNY-Lehman College. Publica regularmente en los periód[...] *Claridad*, 80grados, *The Nation* y *El Nuevo Día* y es autora de tres [...] de ensayos: *Mi Tecato Favorito* (EEE,2011), *Entre la Bicha y l*[...]

(Instituto de Cultura PR,2019) y *Fantasmas* (EEE, 2019, ganador del premio de memoria y biografía PEN Internacional Puerto Rico.)

Mariana Carbonell es directora de teatro independiente, productora, traductora y dramaturga en San Juan, Puerto Rico. Ha trabajado con numerosas producciones de teatro y ha servido como coordinadora de producción y directora de escena para Tablado Puertorriqueño, Teatro Breve, entre otros.

Arcadio Díaz-Quiñones es profesor emérito de español en la Universidad de Princeton, donde también fue director del programa de Estudios Latinoamericanos. Previamente, fue profesor en la Universidad de Puerto Rico. Sus publicaciones incluyen una edición de *El prejuicio racial en Puerto Rico de Tomás Blanco* (1985) y dos libros de ensayos: *La memoria rota* (1993) y *El arte de bregar* (2000). Además, editó el volumen *El Caribe entre imperios* (1997). Su libro titulado *Sobre los principios: los intelectuales caribeños y la tradición*, fue publicado en Argentina en el 2006. *A memória rota,* una antología de sus ensayos traducida al portugués, se publicó en Brasil en el 2016.

Sofía Gallisá Muriente es una artista visual que trabaja principalmente con video, cine, fotografía y texto. En el 2011, cofundó IndigNación, un colectivo multimedia en español que emergió del movimiento Occupy Wallstreet. En el 2012, luego del Huracán Sandy, cofundó Restore the Rock, una organización sin fines de lucro para la recuperación de huracanes, dedicada al empoderamiento de la gente. En el 2015, Sofía ganó una beca para artistas emergentes de TEOR/ética, Costa Rica, donde su trabajo se exhibió individualmente, bajo el título *Buscando la Sombra*. Ha presentado su trabajo internacionalmente, más recientemente en ifa-Galerie, Berlin, en Getty PST:LA/LA, California y en Espacio El Dorado, Colombia. Desde el 2014 ha sido codirectora de Beta-Local, una organización dedicada a fomentar el intercambio de conocimiento y las prácticas transdisciplinarias en Puerto Rico.

Isar Godreau es antropóloga cultural e investigadora del Instituto de Investigaciones Interdisciplinarias de la Universidad de Puerto Rico en vey, donde dirige varias iniciativas institucionales y proyectos de stigación. Es autora de *Arrancando mitos de raíz, una guía para la nza antirracista* (2013), y de *Scripts of Blackness: Race, Cultural lism and US Colonialism in Puerto Rico* (2016).

Christopher Gregory es un fotógrafo puertorriqueño con sede en la ciudad de Nueva York. Trabaja extensamente en varios proyectos fotográficos en Puerto Rico y América Latina. En particular, su trabajo examina los residuos del poder político y colonial. Es miembro fundador de Blackbox, una cooperativa visual que fusiona los procesos creativos de la fotografía y el diseño con el propósito de construir historias inmersivas. Además, da clases en el Programa de "New Media Narratives" en el Centro Internacional de Fotografía.

Mónica A. Jiménez es una historiadora y poeta cuyos escritos e investigación exploran las intersecciones de la ley, la raza y el imperio en América Latina y el Caribe, con un enfoque en Puerto Rico. Ha recibido becas para el apoyo de sus proyectos de la Fundación Ford, la Asociación de Estudios Puertorriqueños, el Instituto de Derecho y Política Mundial en la Facultad de Derecho de Harvard, y la Universidad de Texas en Austin. Es becaria de Canto Mundo y profesora adjunta de estudios sobre África y la diáspora africana en la Universidad de Texas en Austin.

Naomi Klein es una autora "best-seller," periodista premiada, y es la cátedra inaugural Gloria Steinem de medios, cultura y estudios feministas en la Universidad de Rutgers en New Brunswick. Klein es corresponsal principal de *Intercept* y colaboradora de la revista *Nation*. También es becaria Puffin en el Instituto Nacional. Su libro más reciente, *La batalla por el paraíso: Puerto Rico y el capitalismo del desastre*, fue publicado en junio de 2018.

Eduardo Lalo es novelista, ensayista, director de cine y fotógrafo. Su novela *Simone* (2012) ganó el premio Rómulo Gallegos en el 2013. Es autor de columnas de crítica literaria en publicaciones como *80 Grados*. Ha dirigido dos mediometrajes: *donde* (2003) y *La ciudad perdida* (2005). Además, ha mostrado su trabajo como fotógrafo en más de una docena de exposiciones.

Marisol LeBrón es profesora adjunta en el Departamento de Estudios México-Americanos y Latinos de la Universidad de Texas en Austin. Una académica interdisciplinaria, trabaja en estudios americanos, estudios latino/a/x y estudios feministas. Su trabajo se centra en la desigualdad social, la policía, la violencia y los movimientos de protesta en Puerto Rico y en las comunidades de color de los Estados Unidos.

Es autora de *Policing Life and Death: Race, Violence, and Resistance in Puerto Rico* (University of California Press, 2019) y es una de los co-creadores del Puerto Rico Syllabus, un recurso digital para entender la crisis económica de Puerto Rico.

Beatriz Llenín Figueroa investiga y produce trabajo creativo en torno a la literatura y filosofía caribeñas, estudios isleños y archipelágicos, teoría de sexualidad y género, teoría decolonial, y teatro y actuación callejera. Enseña en el campus de la UPR-Mayagüez como profesora adjunta, donde también trabaja como editora de la Editorial Educación Emergente. Además, es editora y traductora independiente. A través de su trabajo con los colectivos PROTESTAmos y Taller Libertá, lucha por un futuro decolonial para el archipiélago, por la eliminación de la deuda y por las reparaciones, por la educación pública, y por el arte independiente en Puerto Rico. Algunos de sus trabajos creativos sobre la actual crisis de Puerto Rico han sido recientemente publicados en *Puerto Islas: crónicas, crisis, amor* (2018).

Hilda Lloréns es antropóloga cultural e investigadora decolonial. Es autora de *Imaging the Great Puerto Rican Family: Framing Nation, Race, and Gender during the American Century* (2014). El trabajo de Lloréns se centra en cómo la desigualdad racial y de género se manifiesta en la producción cultural, la construcción de la nación, el acceso a los recursos ambientales y el contacto con la degradación ambiental. La investigación de Lloréns critica las desigualdades estructurales y desmantela las nociones de poder que se dan por sentadas.

Nelson Maldonado-Torres es profesor de estudios latinos y caribeños, y de literatura comparada en la Universidad de Rutgers, New Brunswick. Maldonado-Torres es el director del Instituto Avanzado de Estudios Críticos del Caribe en Rutgers y el expresidente de la Asociación Filosófica del Caribe (2008-2013). Fue seleccionado en 2018-2019 como distinguido académico visitante por la Academia de Ciencias de Sudáfrica. El profesor Maldonado-Torres está trabajando actualmente en dos libros: *Meditaciones Fanonianas*, que explora las bases epistemológicas de los "estudios étnicos", y *Teorizando el giro decolonial*, que provee una visión histórica y teórica del "giro decolonial.

Arturo Massol-Deyá es el director ejecutivo de Casa Pueblo. Es de la zona montañosa de Puerto Rico del municipio de Adjuntas, donde sus padres fundaron la organización comunitaria Casa Pueblo. Massol-Deyá se crio a la par que el proyecto y ha formado parte de su junta directiva desde 2007. Un graduado del sistema escolar público (1986) y la Universidad de Puerto Rico (1990), obtuvo su doctorado en el Centro de Ecología Microbiana en la Universidad Estatal de Michigan en 1994. Desde entonces, ha sido miembro de la facultad en el Departamento de Biología de la UPR en el recinto de Mayagüez.

Carla Minet es periodista y directora ejecutiva del Centro de Periodismo Investigativo en Puerto Rico y durante seis años fue directora ejecutiva de la organización de base llamada Prensa Comunitaria. Su trabajo de investigación abarca temas que van desde las donaciones de las campañas políticas, hasta los asuntos ambientales y gubernamentales. Durante los últimos quince años trabajó como reportera, investigadora, editora y productora de radio, televisión y en línea, en los medios de comunicación tanto tradicionales como independientes. Ha colaborado en el Canal 6 de la televisión pública, en Radio Universidad, en *El Nuevo Día*, Univisión, en *NotiCel*, en *80grados*, y en *Diálogo*. Ha sido ponente en diferentes conferencias y foros, entrenadora de medios de comunicación, y profesora de la Universidad de Puerto Rico.

Sarah Molinari es candidata doctoral en antropología en el Centro Graduado de CUNY e investigadora visitante en el Instituto de Estudios Caribeños en la Universidad de Puerto Rico, Río Piedras. También es colaboradora en el proyecto del Puerto Rico Syllabus y miembro de la junta ejecutiva de la Asociación de Estudios Puertorriqueños. Previo a sus estudios graduados, Sarah codirigió un proyecto de historia oral en el Centro de Estudios Puertorriqueños en Hunter College. Actualmente, lleva a cabo un trabajo etnográfico en Puerto Rico sobre la política de la resistencia a la deuda y la recuperación de huracanes con una beca de la Fundación Nacional de la Ciencia.

Ed Morales ha escrito para *Nation*, el *New York Times*, el *Washington Post*, *Rolling Stone* y el *Guardian*, y fue escritor del *Village Voice* y columnista de *Newsday*. Es autor de *Latinx: The New Force in Politics and Culture* (2018), *The Latin Beat* (2003), y *Living in Spanglish* (2002). Mientras era Becario Revson de la Universidad de Columbia, produjo y codirigió *Whose Barrio?* (2009), un premiado documental sobre el aburguesamiento de East Harlem, inspirado en su ensayo del *New York Times*, "Spanish Harlem on His Mind". Su libro más reciente, *Fantasy Island: Colonialism, Exploitation, and the Betrayal of Puerto Rico*, fue publicado en el 2019. Actualmente, Morales es profesor en el Centro para el Estudio de Etnia y Raza de la Universidad de Columbia y en la Escuela de Periodismo de Posgrado en CUNY.

Frances Negrón-Muntaner es cineasta, escritora, curadora y profesora de inglés y literatura comparada en la Universidad de Columbia. Negrón-Muntaner es la curadora fundadora del *Latino Arts and activism Archive* de la Universidad de Columbia. Entre sus libros y publicaciones se encuentran: *Boricua Pop: Puerto Ricans and The Latinization of Americal Culture* (Premio CHOICE, 2004), *The Latino Media Gap* (2014), y *Sovereign Acts: Contesting Colonialism in Native Nations and Latinx America* (2017). Actualmente es directora de Unpayable Debt, un grupo de trabajo de la Universidad de Columbia que estudia los regímenes de deuda en el mundo. Es curadora y colaboradora de NoMoreDebt: Caribbean Syllabus (primera y segunda edición) y directora de Valor y Cambio, un proyecto narrativo, artístico y del uso de moneda comunitaria en Puerto Rico.

Patricia Noboa Ortega es Catedrática Asociada de ciencias sociales en la Universidad de Puerto Rico, Recinto de Cayey. Noboa Ortega es la presidenta de la junta directiva de la Sociedad Psicoanalítica de Puerto Rico. Su trabajo de investigación examina los factores que median en las decisiones que toman las mujeres latinas sobre su sexualidad y salud sexual, específicamente en Puerto Rico. Colaboró en un proyecto que desarrolló una intervención de VIH/ITS para las mujeres latinas, que fue reconocido por las Naciones Unidas SIDA. Estudió psicoanálisis en Quebec, Canadá, y ha difundido sus trabajos de investigación en revistas académicas. Es fundadora de la Clínica Legal Psicológica, junto a la Lcda. Belinés Ramos

Ana Portnoy Brimmer es poeta-performera, escritora y organizadora. Obtuvo un BA y MA de la Universidad de Puerto Rico, y es egresada del MFA en Redacción Creativa de Rutgers University-Newark. Es la ganadora del 92Y Discovery Poetry Contest 2020, y su manuscrito, "To Love An Island", es el ganador del YesYes Books 2019 Vinyl 45 Chapbook Contest, una versión ampliada del cual será publicada en Inglés y Español por YesYes Books y La Impresora en el 2022. Su trabajo ha sido publicado en el *Paris Review, Gulf Coast, Society and Space, Periódico de Poesía-UNAM, Sx Salon,* entre otros. Ana vive en Puerto Rico, y vive por el bailoteo y la revolución.

Erika P. Rodríguez es una fotógrafa independiente y su trabajo ha aparecido en el *New York Times*, el *Washington Post* y *CNN*, entre otros medios. El hecho de ser de un lugar que es culturalmente latinoamericano, pero políticamente un territorio de los Estados Unidos ha sido un asunto que ha interesado a Rodríguez en su trabajo como fotógrafa documental y que le ha servido para explorar los temas de la comunidad y la identidad. Después de que el huracán María asolara el Caribe, ella fue una de las principales fotógrafas en cubrir las consecuencias para los medios de comunicación internacionales. Actualmente, con sede en San Juan, Puerto Rico, Rodríguez cubre la crisis económica de la Isla, su lenta recuperación del desastre y su condición colonial.

Eva Prados Rodríguez es abogada y defensora de los derechos humanos. Es portavoz del Movimiento Amplio de Mujeres de Puerto Rico y del Frente Ciudadano para la Auditoría de la Deuda, un colectivo de organizaciones e individuos que están exigiendo una auditoría integral y ciudadana de la deuda pública de Puerto Rico.

Marianne Ramírez-Aponte es directora ejecutiva y Curadora en Jefe del Museo de Arte Contemporáneo de Puerto Rico. Bajo su mandato, el MAC ha sido galardonado con el Premio a la Solidaridad en la Educación 2017, otorgado por la Fundación Miranda. Es cofundadora y miembro de la junta directiva de importantes organizaciones de defensa y servicio público como la Asociación de Museos de Puerto Rico, la Alianza Cultural Arte Santurce y el Movimiento Una Sola Voz.

Carlos Rivera Santana es un estudioso de la cultura visual y decolonial. Rivera Santana es actualmente investigador asociado del Centro de Estudios Puertorriqueños de Hunter College-Universidad de la Ciudad de Nueva York (CUNY). Durante más de siete años Rivera Santana estuvo en Australia, donde completó su doctorado en estudios culturales y filosofía, en la Universidad de Queensland, universidad en la que se convirtió en profesor adjunto especializado en estudios culturales y poscoloniales. Su libro más reciente, titulado *Archaeology of Colonization: From Aesthetics to Biopolitics*, fue publicado en el 2019 como parte de la serie de libros Critical Perspectives in Theory, Culture and Politics.

Giovanni Roberto es un organizador de justicia social y director de Centro para el Desarrollo Político, Educativo y Cultural, una organización que estableció cocinas comunitarias después del huracán M y que ahora tiene varios centros de ayuda mutua en toda la isla. Fue líder estudiantil durante las huelgas de 2010-2011 en la Universidad de Puerto Rico.

Sandra Rodríguez Cotto es una experimentada periodista de investigación y consultora de relaciones públicas. Además, es analista política y de medios de comunicación, bloguera y autora premiada. Rodríguez Cotto escribe una columna semanal de opinión para *NotiCel*, contribuye a varios medios de comunicación en América Latina y los Estados Unidos, y escribe un blog, *En Blanco y Negro con Sandra*. Es presentadora de un programa de radio diario en la *Red Informativa* y cubrió el huracán María en WAPA Radio 680, la única red de radio que permaneció en el aire durante la tormenta. Sus libros incluyen *Frente a los medios* (2014), *En Blanco y Negro con Sandra* (2016); *Bitácora de una transmisión radial* (2018) que recibió el prestigioso premio del Instituto de Literatura Puertorriqueña, y *Mass Media in Puerto Rico* (2019).

Adrián Román es un artista de medios mixtos que se centra en la escultura y el dibujo. La obra de Román está informada por cuestiones de raza, migración e identidad. Además, explora tanto la memoria personal como la histórica de los dos mundos dispares en los que habita: el paisaje tropical de Puerto Rico y el superpoblado paisaje urbano de Nueva York. Su práctica combina el dibujo, la pintura y la escultura en instalaciones inmersivas compuestas por objetos recogidos de diferentes comunidades, desde madera recuperada y marcos de ventanas, hasta artefactos históricos y fotografías antiguas. Los resultados se basan en la historia y la memoria incrustada en los objetos. Román es miembro de la fundación NARS y ha trabajado en estrecha colaboración con organizaciones como Semilla Arts Initiative en Filadelfia y el Centro Cultural del Caribe y la Diáspora Africana en Nueva York. El trabajo de Adrián ha sido exhibido en varias exposiciones individuales y colectivas en Puerto Rico y los Estados Unidos.

Raquel Salas Rivera es poeta laureado del 2018-19 de Filadelfia y el ganador inaugural del Premio Ambroggio de la Academia de Poetas Americanos. Su cuarto libro, *lo terciario/the tertiary*, estuvo en la lista de candidatos al Premio Nacional del Libro 2018, y fue seleccionado por Remezcla, *Entropy*, Literary Hub, mitú, Book Riot, y *Publishers Weekly* como uno de los mejores libros de poesía de 2018. Ha recibido becas y residencias del Sundance Institute, el Kimmel Center for Performing

Arts, el Arizona Poetry Center, y CantoMundo.

TIAGO (Richard Santiago) obtuvo un bachillerato de Marist College en Nueva York y una maestría de bellas artes de la Escuela de Pintura Hoffberger del Instituto de Arte de Maryland en Baltimore, bajo la tutela de Grace Hartigan. Fue profesor universitario en la Escuela de Artes Plásticas y Diseño de Puerto Rico. Ha trabajado en muchos géneros, incluyendo cine, música, escultura, artes gráficas y arte callejero. Recientemente, se ha centrado en la creación de proyectos artísticos colectivos que se enfocan en temas sociales y giran en torno a los conceptos de empatía y solidaridad.

Benjamín Torres Gotay estudió periodismo en la Universidad del Sagrado Corazón en San Juan, Puerto Rico. Ha trabajado para varios medios de comunicación y para *El Nuevo Día* desde 1997, donde, actualmente, es escritor y columnista de temas especiales. Es autor de la novela *Tatuajes en cuerpo de niña*.

Rocío Zambrana tiene un bachillerato en filosofía de la Universidad de Puerto Rico, Recinto Universitario de Mayagüez, y una maestría y un doctorado en filosofía de la New School for Social Research. Es profesora asociada de filosofía en Emory. Su trabajo examina el pensamiento y la praxis descolonial, especialmente en el contexto del capitalismo financiero neoliberal, particularmente en el Caribe. Es autora de *Colonial Debts: The Case of Puerto Rico* (Duke University Press, 2021) y *Hegel's Theory of Intelligibility* (University of Chicago Press, 2015). Es co-editora de la revista *Hypatia: A Journal of Feminist Philosophy* y columnista para *80grados* (San Juan, Puerto Rico).

CPSIA information can be obtained
at www.ICGtesting.com
Printed in the USA
JSHW040801221121
20654JS00002B/4